U0151107

新一代产品几何技术规范（GPS）及应用图解

图解 GPS 表面结构精度规范及应用

赵凤霞　方东阳　张琳娜　等编著

机械工业出版社

本书以示例、图解及对照分析等形式图文并茂地诠释了产品GPS表面结构规范及其应用方法，阐述了表面结构的规范设计与检测验证技术的最新动态和研究成果。本书内容包括：概论、表面结构轮廓法的参数及表示法图解、复合加工表面轮廓的高度特性表征图解、表面结构区域法的参数及表示法图解、表面结构的测量方法及测量标准图解、表面结构中的滤波技术及应用图解、表面结构参数的选择及应用。

本书主要适用于从事机械设计（包括机械CAD、机械制图）的设计人员，从事加工、检验、装配和产品质量管理的工程技术人员，以及各级技术管理人员。本书也可作为表面结构的规范设计与检测验证相关国家标准的宣贯教材、大学毕业生岗前培训的参考资料和高等工科院校机械类及相关专业的教学参考书。

图书在版编目（CIP）数据

图解GPS表面结构精度规范及应用/赵凤霞等编著. —北京：机械工业出版社，2023.11

（新一代产品几何技术规范（GPS）及应用图解）

ISBN 978-7-111-74080-3

Ⅰ.①图⋯　Ⅱ.①赵⋯　Ⅲ.①形位公差-图解　Ⅳ.①TG801.3-64

中国国家版本馆CIP数据核字（2023）第198622号

机械工业出版社（北京市百万庄大街22号　邮政编码100037）
策划编辑：李万宇　　　　　　责任编辑：李万宇　章承林
责任校对：韩佳欣　张　薇　　封面设计：马精明
责任印制：李　昂
北京新华印刷有限公司印刷
2024年1月第1版第1次印刷
184mm×260mm·16.25印张·398千字
标准书号：ISBN 978-7-111-74080-3
定价：85.00元

电话服务　　　　　　　　　网络服务
客服电话：010-88361066　　机　工　官　网：www.cmpbook.com
　　　　　010-88379833　　机　工　官　博：weibo.com/cmp1952
　　　　　010-68326294　　金　书　网：www.golden-book.com
封底无防伪标均为盗版　　机工教育服务网：www.cmpedu.com

丛书序言

　　制造业是国民经济的物质基础和工业化的产业主体。制造业技术标准是组织现代化生产的重要技术基础。在制造业技术标准中，最重要的技术标准是产品几何技术规范（geometrical product specification，GPS），其应用涉及所有几何形状的产品，既包括机械、电子、仪器、汽车、家电等传统机电产品，也包括计算机、航空航天等高新技术产品。20 世纪，国内外大部分产品几何技术规范，包括极限与配合、几何公差、表面粗糙度等，基本上是以几何学为基础的传统技术标准，或称为第一代产品几何技术规范，其特点是概念明确、简单易懂，但不能适应制造业信息化生产的发展和 CAD/CAM/CAQ/CAT 等的实用化进程。1996年，国际标准化组织（ISO）通过整合优化组建了一个新的技术委员会 ISO/TC 213——尺寸规范和几何产品规范及检验技术委员会，全面开展基于计量学的新一代 GPS 的研究和标准制定。新一代 GPS 是引领世界制造业前进方向的新型国际标准体系，是实现数字化设计、检验与制造技术的基础。新一代 GPS 是用于新世纪的技术语言，在国际上特别受重视。

　　在国家标准化管理委员会的领导下，我国于 1999 年组建了与 ISO/TC 213 对口的全国产品几何技术规范标准化技术委员会（SAC/TC 240）。在国家科技部重大技术标准专项等计划项目的支持下，SAC/TC 240 历届全体委员共同努力，开展了对新一代 GPS 体系基础理论及重要标准的跟踪研究，及时将有关国际标准转化为我国相应国家标准，同时积极参与有关国际标准的制定。尽管目前我国相关标准的制修订工作基本跟上了国际上新一代 GPS 的发展步伐，但仍然存在一定的差距，尤其是新一代 GPS 标准的贯彻执行缺乏技术支持，"落地"困难。基于计量学的新一代 GPS 标准体系，旨在引领产品几何精度设计与计量实现数字化的规范统一，系列标准的规范不仅科学性、先进性强，而且系统性、集成性、可操作性突出。其贯彻执行的关键问题是内容涉及大量的计量数学、误差理论、信号分析与处理等理论及技术，必须有相应的应用指南（方法、示例、图解等）及数字化应用工具系统（应用软件等）配套支持。为了尽快将新一代 GPS 的主要技术内容贯彻到企业、学校、科研院所和管理部门，让更多的技术人员和管理干部学习理解，并积极支持、参与研究相应国家标准的制定和推广工作，作者团队编撰了这套"新一代产品几何技术规范（GPS）及应用图解"系列丛书。这套丛书反映了编著者十余年来在该领域研究工作的成果，包括承担的国家自然科学基金项目"基于 GPS 的几何误差数字化测量认证理论及方法研究（50975262）"、国家重大科技专项及河南省系列科技计划项目的 GPS 基础及应用研究成果。

　　"新一代产品几何技术规范（GPS）及应用图解"系列丛书由四个分册组成：《图解

GPS 几何公差规范及应用》《图解 GPS 尺寸精度规范及应用》《图解 GPS 表面结构精度规范及应用》《图解产品几何技术规范 GPS 数字化基础及应用》，各分册内容相对独立。该套丛书由张琳娜教授（SAC/TC 240 副主任委员）任主编，赵凤霞教授（SAC/TC 240 委员）任副主编。

"新一代产品几何技术规范（GPS）及应用图解"系列丛书以"先进实用"为宗旨，面向制造业数字化、信息化的需要，跟踪 ISO 的发展更新，以产品几何特征的规范设计与检测验证为对象，着重通过示例、图解及对照分析等手段实现对 GPS 数字化规范及应用方法的详细阐述，图文并茂、实用性强。全套丛书采用现行国家（国际）标准，体系完整、内容全面、文字简明、图表数据翔实，通过详细的应用示例图解，力求增强可读性、易懂性和实用性。

"新一代产品几何技术规范（GPS）及应用图解"系列丛书可供从事机械设计（包括机械 CAD、机械制图）的设计人员，从事加工、检验、装配和产品质量管理的工程技术人员使用；也可作为产品几何公差的规范设计与检测验证相关国家标准的宣贯教材，以及大学毕业生岗前培训的参考资料和高等工科院校机械类及相关专业的教学参考书。

SAC/TC 240 主任委员　强　毅
SAC/TC 240 秘书长　明翠新

前　言

　　本书是"新一代产品几何技术规范（GPS）及应用图解"系列丛书分册之一，主要以产品表面结构为对象，着重通过示例、图解以及对照分析等手段实现对 GPS 表面结构及应用方法的详细阐述，图文并茂、实用性强。本书是国家重点研发计划科技专项"产品质量精度测量方法标准研制"（2017YFF0206501）项目的研究成果之一，本书采用现行的国家（国际）标准，体系完整、内容全面、文字简明、图表数据翔实，通过详细的应用示例图解，力求增强可读性和实用性。

　　本书共 7 章。第 1 章是概论，重点介绍了表面结构的含义，表面结构标准体系的发展概况，表面结构精度对产品性能的影响，本书的框架结构。第 2 章是表面结构轮廓法的参数及表示法图解，介绍了表面结构轮廓法的术语及评定参数，表面粗糙度参数值，表面结构的图形参数，表面缺陷参数，表面结构的表示法，评定表面结构的规则和方法。第 3 章是复合加工表面轮廓的高度特性表征图解，介绍了滤波和一般测量条件，用线性化的支承率曲线表征高度特性，用概率支承率曲线表征高度特性。第 4 章是表面结构区域法的参数及表示法图解，介绍了表面结构区域法的术语及评定参数，表面结构区域法的表示法，规范操作集，表面结构区域法与表面结构轮廓法的差异。第 5 章是表面结构的测量方法及测量标准图解，介绍了表面结构的测量方法，参数测量的通用术语，仪器的标称特性，仪器的校准，实物测量标准，软件测量标准。第 6 章是表面结构中的滤波技术及应用图解，介绍了 GPS 滤波标准的总体规划，GPS 滤波的基本概念，线性轮廓滤波器，稳健轮廓滤波器，形态学轮廓滤波器，线性区域滤波器。第 7 章是表面结构参数的选择及应用，介绍了表面结构参数的典型测量过程，规定表面粗糙度要求的一般规则，表面粗糙度中线制参数的选用方法，表面粗糙度中线制参数值的选用原则，表面粗糙度的选用实例。

　　本书主要由全国产品几何技术规范标准化技术委员会（SAC/TC 240）专家和多年来从事该领域研究及有关标准制修订的专业技术人员负责编著。本书编写的人员有：赵凤霞（SAC/TC 240 委员）、方东阳、张琳娜（SAC/TC 240 副主任委员）、郑鹏（SAC/TC 240 委员）、明翠新（SAC/TC 240 主任委员）、金少搏、王庆海、张瑞、潘康华（SAC/TC 240 秘书长）、韩思蒙、王颖迪、刘明岗。赵晨、姚松臣、王吉庆、郑晨晨、费文倩、郑嘉琦等参与了本书图表及相关内容的整理工作。本书由赵凤霞、方东阳、张琳娜任主编。

　　由于编著者水平有限，书中难免存在不当之处，欢迎读者批评指正。

编著者

目 录

第1章

概　　论

1.1　表面结构的含义

对于一个实际零件，由加工形成的实际表面呈非理想状态，通过滤波技术，非理想表面一般包括表面粗糙度、表面波纹度及形状误差三种成分，如图 1-1 所示。采用一些特殊的滤波技术，还可以分离出各种表面缺陷。通常将表面粗糙度、表面波纹度和表面缺陷统称为表面结构，它是评定零件表面质量和保证表面功能的重要技术指标。

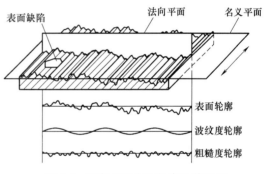

图 1-1　零件表面实际轮廓及其组成

表面粗糙度主要是由于加工过程中刀具和工件表面之间的摩擦、切削分离时的塑性变形，以及工艺系统中存在的高频振动等形成的，属于微观几何误差。它影响工件的摩擦系数、密封性、耐蚀性、疲劳强度、接触刚度及导电、导流性能等。

表面波纹度主要是由于在加工过程中加工系统的振动、发热，以及刀具和工件在回转过程中的质量不均衡等形成的，具有较强的周期性，属于微观和宏观之间的几何误差。它影响工件的运动精度及配合性能等。

表面缺陷是零件在加工、贮存或使用期间，非故意或偶尔形成的一种表面状况。它不存在周期性及规律性，但发生缺陷也有其内在的规律。在实际表面上存在缺陷并不表示该表面不适用，缺陷的可接受性取决于表面的用途或功能，并由适当的项目来确定，即长度、宽度、深度、高度、单位面积上的缺陷数等。因此，控制缺陷也是合理地控制产品质量的生产环节之一。

区分形状误差、表面粗糙度与表面波纹度，通常由在表面轮廓截面上采用三种不同的频率范围的定义来划定，也有以波形峰与峰之间的间距区分界限，如对于间距 $\lambda < 1mm$ 的称为表面粗糙度；$\lambda = 1 \sim 10mm$ 的称为表面波纹度；$\lambda > 10mm$ 的视为形状误差，如图 1-2 所示。这样划分是不够严密的，因为零件大小不一，工艺条件变化会影响这种区分原则。另一种是用波形起伏的间距和幅度比来划分，比值小于50的为表面粗糙度，在50~1000范围内的为表面波纹度；大于1000的则视为形状误差。这种比值的划分是在生产实际中由统计规律得出的，也没有严格的理论支持。

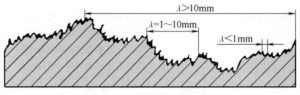

图1-2 表面结构的区分

1.2 表面结构标准体系的发展概况

表面结构标准的提出和发展与工业生产技术的发展密切相关，它经历了由定性评定到定量评定两个阶段。

1.2.1 表面结构的ISO标准发展概况

ISO/TC 57（现ISO/TC 213）于1954年开始制定表面粗糙度国际标准，1966年2月，国际上第一个有关表面粗糙度参数的建议标准发布，即ISO 468：1966《表面粗糙度》，它采用Ra和Rz两个参数。1982年，颁布为正式标准ISO 468：1982《表面粗糙度参数、参数值和给定要求的通则》，在参数方面，增加了Ry、Sm、S和tp四个参数，并规定了各自的参数系列值。此外，ISO/TC 57还制定了有关表面粗糙度术语、比较样块、量仪、检测以及区域法等标准。

ISO/TC 10于1971年制定了ISO/R 1302推荐标准，1978年正式颁布ISO 1302：1978《技术制图 图样上表面特征的表示法》。

1996年成立了ISO/TC 213技术委员会，ISO相继发布了《产品几何技术规范（GPS） 表面结构》几十项有关表面结构的国际标准。现行的表面结构ISO标准的GPS矩阵模型见表1-1。

表1-1 现行的表面结构ISO标准的GPS矩阵模型

几何特征	链环						
	A	B	C	D	E	F	G
	符号和标注	要素要求	要素特征	符合与不符合	测量	测量设备	校准
轮廓表面结构	ISO 21920-1	ISO 21920-2	ISO 21920-3 ISO 16610-2× ISO 16610-3× ISO 16610-4×	ISO 14253系列标准		ISO 25178-6 ISO 25178-6××	ISO 25178-7× ISO 25178-80× ISO 12179 ISO 5436-1 ISO 5436-2
区域表面结构	ISO 25178-1	ISO 25178-2	ISO 25178-3 ISO 16610-6× ISO 16610-7× ISO 16610-8×	ISO 14253系列标准		ISO 25178-6 ISO 25178-6××	ISO 25178-7× ISO 25178-70×

1.2.2 表面结构的国家标准发展概况

我国最早的表面粗糙度标准是 1956 年制定的机 50-56《表面光洁度等级及代号》，它和苏联的 ГОСТ 2789-51 是完全一致的，1960 年修订为 JB 178—1960。1963 年，我国开始制定表面粗糙度国家标准，1968 年颁布了 GB 1031—1968《表面光洁度》，它与 ISO/R 468 推荐标准基本一致，标准规定了表面光洁度的评定参数、分级和代号。我国表面粗糙度标注标准 GB 131—1959 是参照苏联标准制定的，并于 1970 年和 1974 年进行了两次修订。

1981 年到 1982 年期间，我国对 GB/T 131—1974 进行了修订，经过修订后的标准改为三个标准，即 GB/T 3505—1983《表面粗糙度 术语 表面及其参数》、GB/T 1031—1983《表面粗糙度 参数及其数值》和 GB/T 131—1983《机械制图 表面粗糙度代号及其注法》。GB/T 3505—1983《表面粗糙度 术语 表面及其参数》是参考当时的国际标准草案 ISO/DIS 4287/1（1984 年已转为正式标准）制定的。这是首次发布的有关表面粗糙度的术语标准，标准系统完整地给出了两大类术语，一类是关于表面、轮廓、基准以及为定义表征表面粗糙度参数而需的一般性术语，共 34 个，另一类是表征表面粗糙度的各个参数术语，共 27 个。GB/T 1031—1983《表面粗糙度 参数及其数值》等效采用 ISO 468：1982《表面粗糙度 参数、参数值和给定要求的通则》，代替 GB 1031—1968。GB/T 131—1983《机械制图 表面粗糙度代号及其注法》等效采用 ISO 1302：1978《在图样上表面特征的表示法》，代替 GB 131—1974《表面光洁状况、镀涂和热处理的代（符）号及标注》。同时，还发布了 GB/T 6060.1~5—1985《表面粗糙度比较样块》系列标准、GB/T 6061—1985《轮廓法测量表面粗糙度的仪器 术语》、GB/T 6062—1985《轮廓法触针式表面粗糙度测量仪 轮廓记录仪及中线制轮廓计》、GB/T 10610—1989《触针式仪器测量表面粗糙度的规则和方法》等标准。

随着我国加入 WTO 和与国际标准接轨，我国又修订颁布了 GB/T 1031—1995《表面粗糙度 参数及其数值》和 GB/T 131—1993《机械制图 表面粗糙度符号、代号及其注法》。

1996 年，ISO/TC 213 成立，颁布了新一代 GPS 标准体系下的一些表面结构标准，我国追踪 ISO 最新标准，修订颁布了 GB/T 3505—2009《产品几何技术规范（GPS） 表面结构 轮廓法 术语、定义及表面结构参数》、GB/T 1031—2009《产品几何技术规范（GPS） 表面结构 轮廓法 表面粗糙度参数及其数值》和 GB/T 131—2006《产品几何技术规范（GPS） 技术产品文件中表面结构的表示法》，以及有关表面波纹度词汇和表面缺陷术语等方面的标准。同时，为了更加有效地评定表面轮廓，滤波技术也在不断地改进，从 2RC 滤波器发展到相位校准滤波器，再到高斯滤波器，目前我国发布了十几项滤波系列标准。表 1-2 列出了表面结构的现行国家标准。

表 1-2 表面结构的现行国家标准

类型	现行国家标准	对应的 ISO 标准
表面结构轮廓法的参数及表示方法	GB/T 131—2006《产品几何技术规范(GPS) 技术产品文件中表面结构的表示法》	ISO 1302:2002[①]
	GB/T 3505—2009《产品几何技术规范(GPS) 表面结构 轮廓法 术语、定义及表面结构参数》	ISO 4287:1997[②]
	GB/T 1031—2009《产品几何技术规范(GPS) 表面结构 轮廓法 表面粗糙度参数及其数值》	ISO 468:1982

（续）

类型	现行国家标准	对应的ISO标准
表面结构轮廓法的参数及表示方法	GB/T 18618—2009《产品几何技术规范（GPS）　表面结构　轮廓法　图形参数》	ISO 12085:1996[②]
	GB/T 16747—2009《产品几何技术规范（GPS）　表面结构　轮廓法　表面波纹度　词汇》	ISO/DIS 10479:1993
	GB/T 15757—2002《产品几何量技术规范（GPS）　表面缺陷　术语、定义及参数》	ISO 8785:1998
	GB/T 7220—2004《产品几何量技术规范（GPS）　表面结构　轮廓法　表面粗糙度　术语　参数测量》	ISO 4287-2:1984
具有复合加工特征的表面	GB/T 18778.1—2002《产品几何量技术规范（GPS）　表面结构　轮廓法　具有复合加工特征的表面　第1部分：滤波和一般测量条件》	ISO 13565-1:1996
	GB/T 18778.2—2003《产品几何量技术规范（GPS）　表面结构　轮廓法　具有复合加工特征的表面　第2部分：用线性化的支承率曲线表征高度特性》	ISO 13565-2:1996[②]
	GB/T 18778.3—2006《产品几何技术规范（GPS）　表面结构　轮廓法　具有复合加工特征的表面　第3部分：用概率支承率曲线表征高度特性》	ISO 13565-3:1998[②]
表面结构轮廓法的测量仪器和测量标准	GB/T 10610—2009《产品几何技术规范（GPS）　表面结构　轮廓法　评定表面结构的规则和方法》	ISO 4288:1996[③]
	GB/T 19067.1—2003《产品几何量技术规范（GPS）　表面结构　轮廓法　测量标准　第1部分：实物测量标准》	ISO 5436-1:2000
	GB/T 19067.2—2004《产品几何量技术规范（GPS）　表面结构　轮廓法　测量标准　第2部分：软件测量标准》	ISO 5436-2:2001
	GB/T 18777—2009《产品几何技术规范（GPS）　表面结构　轮廓法　相位修正滤波器的计量特性》	ISO 11562:1996
	GB/T 6062—2009《产品几何技术规范（GPS）　表面结构　轮廓法　接触（触针）式仪器的标称特性》	ISO 3274:1996
	GB/T 19600—2004《产品几何量技术规范（GPS）　表面结构　轮廓法　接触（触针）式仪器的校准》	ISO 12179:2000
	GB/T 6060.1—2018《表面粗糙度比较样块　第1部分：铸造表面》	无
	GB/T 6060.2—2006《表面粗糙度比较样块　磨、车、镗、铣、插及刨加工表面》	ISO 2632-1:1985
	GB/T 6060.3—2008《表面粗糙度比较样块　第3部分：电火花、抛（喷）丸、喷砂、研磨、锉、抛光加工表面》	无
表面结构区域法的参数和表示法	GB/T 33523.1—2020《产品几何技术规范（GPS）　表面结构　区域法　第1部分：表面结构的表示法》	ISO 25178-2:2016
	GB/T 33523.2—2017《产品几何技术规范（GPS）　表面结构　区域法　第2部分：术语、定义及表面结构参数》	ISO 25178-2:2012
	GB/T 33523.3—2022《产品几何技术规范（GPS）　表面结构　区域法　第3部分：规范操作集》	ISO 25178-3:2016
表面结构区域法的测量仪器和测量标准	GB/T 33523.6—2017《产品几何技术规范（GPS）　表面结构　区域法　第6部分：表面结构测量方法的分类》	ISO 25178-6:2010
	GB/T 33523.601—2017《产品几何技术规范（GPS）　表面结构　区域法　第601部分：接触（触针）式仪器的标称特性》	ISO 25178-601:2010
	GB/T 33523.602—2022《产品几何技术规范（GPS）　表面结构　区域法　第602部分：非接触（共聚焦色差探针）式仪器的标称特性》	ISO 25178-602:2010

（续）

类型	现行国家标准	对应的 ISO 标准
表面结构区域法的测量仪器和测量标准	GB/T 33523.603—2022《产品几何技术规范（GPS）　表面结构　区域法　第603 部分：非接触（相移干涉显微）式仪器的标称特性》	ISO 25178-603:2013
	GB/T 33523.604—2022《产品几何技术规范（GPS）　表面结构　区域法　第604 部分：非接触（相干扫描干涉）式仪器的标称特性》	ISO 25178-604:2013
	GB/T 33523.605—2022《产品几何技术规范（GPS）　表面结构　区域法　第605 部分：非接触（点自动对焦探针）式仪器的标称特性》	ISO 25178-605:2014
	GB/T 33523.606—2022《产品几何技术规范（GPS）　表面结构　区域法　第606 部分：非接触（变焦）式仪器的标称特性》	ISO 25178-606:2015
	GB/T 33523.701—2017《产品几何技术规范（GPS）　表面结构　区域法　第701 部分：接触（触针）式仪器的校准与测量标准》	ISO 25178-701: 2010
	GB/T 33523.70—2020《产品几何技术规范（GPS）　表面结构　区域法　第70 部分：实物测量标准》	ISO 25178-70:2014
	GB/T 33523.71—2020《产品几何技术规范（GPS）　表面结构　区域法　第71 部分：软件测量标准》	ISO 25178-71:2017
滤波系列标准	GB/Z 26958.1—2011《产品几何技术规范（GPS）　滤波　第 1 部分：概述和基本概念》	ISO/TS 16610-1:2006
	GB/Z 26958.20—2011《产品几何技术规范（GPS）　滤波　第 20 部分：线性轮廓滤波器　基本概念》	ISO/TS 16610-20:2006
	GB/Z 26958.21—2020《产品几何技术规范（GPS）　滤波　第 21 部分：线性轮廓滤波器　高斯滤波器》	ISO 16610-21:2011
	GB/Z 26958.22—2011《产品几何技术规范（GPS）　滤波　第 22 部分：线性轮廓滤波器　样条滤波器》	ISO/TS 16610-22:2006
	GB/Z 26958.28—2020《产品几何技术规范（GPS）　滤波　第 28 部分：线性轮廓滤波器　端部效应》	ISO 16610-28:2016
	GB/Z 26958.29—2011《产品几何技术规范（GPS）　滤波　第 29 部分：线性轮廓滤波器　样条小波》	ISO/TS 16610-29:2006
	GB/Z 26958.30—2017《产品几何技术规范（GPS）　滤波　第 30 部分：稳健轮廓滤波器　基本概念》	ISO/TS 16610-30:2009
	GB/Z 26958.31—2011《产品几何技术规范（GPS）　滤波　第 31 部分：稳健轮廓滤波器　高斯回归滤波器》	ISO/TS 16610-31:2010
	GB/Z 26958.32—2011《产品几何技术规范（GPS）　滤波　第 32 部分：稳健轮廓滤波器　样条滤波器》	ISO/TS 16610-32:2009
	GB/Z 26958.40—2011《产品几何技术规范（GPS）　滤波　第 40 部分：形态学轮廓滤波器　基本概念》	ISO/TS 16610-40:2009
	GB/Z 26958.41—2011《产品几何技术规范（GPS）　滤波　第 41 部分：形态学轮廓滤波器　圆盘和水平线段滤波器》	ISO/TS 16610-41:2009
	GB/Z 26958.49—2011《产品几何技术规范（GPS）　滤波　第 49 部分：形态学轮廓滤波器　尺度空间技术》	ISO/TS 16610-49:2009
	GB/T 26958.60—2023《产品几何技术规范（GPS）　滤波　第 60 部分：线性区域滤波器　基本概念》	ISO 16610-60:2015
	GB/T 26958.61—2023《产品几何技术规范（GPS）　滤波　第 61 部分：线性区域滤波器　高斯滤波器》	ISO 16610-61:2015

（续）

类型	现行国家标准	对应的 ISO 标准
滤波系列标准	GB/T 26958.71—2022《产品几何技术规范（GPS） 滤波 第71部分：稳健区域滤波器 高斯回归滤波器》	ISO 16610-71：2014
	GB/T 26958.85—2022《产品几何技术规范（GPS） 滤波 第85部分：形态学区域滤波器 分割》	ISO 16610-85：2014
非切削加工和非金属表面粗糙度	GB/T 12472—2003《产品几何量技术规范（GPS） 表面结构 轮廓法 木制件表面粗糙度参数及其数值》	无
	GB/T 14495—2009《产品几何技术规范（GPS） 表面结构 轮廓法 木制件表面粗糙度比较样块》	无
	GB/T 12767—1991《粉末冶金制品 表面粗糙度 参数及其数值》	无
	GB/T 13841—1992《电子陶瓷件表面粗糙度》	无
	GB/T 14234—1993《塑料件表面粗糙度》	无

① ISO 1302：2002（GB/T 131—2006）目前被 ISO 21920-1：2021 Geometrical product specifications（GPS）—Surface texture：Profile—Part 1：Indication of surface texture 替代，我国相应国家标准的制修订计划正在启动中。

② ISO 4287：1997（GB/T 3505—2009）、ISO 12085：1996（GB/T 18618）、ISO 13565-2：1996（GB/T 18778.2—2003）、ISO 13565-3：1998（GB/T 18778.3—2003）目前被 ISO 21920-2：2021 Geometrical product specifications（GPS）—Surface texture：Profile—Part 2：Terms，definitions and surface texture parameters 替代，我国相应国家标准的制修订计划正在启动中。

③ ISO 4288：1996（GB/T 10610—2009）目前被 ISO 21920-3：2021 Geometrical product specifications（GPS）—Surface texture：Profile—Part 3：Specification operators 替代，我国相应国家标准的制修订计划正在启动中。

1.3　表面结构精度对产品性能的影响

表面结构精度是对机器零件表面质量的一项基本要求，它对工件的多种功能有十分重要的影响，尤其是对在高温、高压和高速条件下工作的机械零件影响更大，其影响主要表现在以下几个方面。

（1）对摩擦和磨损的影响　一般来说，零件表面越粗糙，则摩擦阻力越大，零件的磨损也越快。但是需要指出，并不是零件表面越光滑，其摩擦阻力（或磨损量）就一定越小。因为摩擦阻力（或磨损量）除受表面粗糙度影响，还与磨损下来的金属微粒的刻划作用、润滑油被挤出以及分子间的吸附作用等因素有关。所以，特别光滑表面的摩擦阻力增大，或磨损有时反而加剧。

（2）对配合性能的影响　对于间隙配合，相对运动的表面因其粗糙不平而迅速磨损，致使间隙增大，特别是在公称尺寸较小、公差较小的情况下，表面粗糙度对间隙的影响更大。对于过渡配合，如果零件表面粗糙，在重复拆装过程中，间隙会增大，从而会降低定心和导向精度。对于过盈配合，表面轮廓峰顶在装配时容易被挤平，使实际有效过盈量减小，致使连接强度降低。因此，表面粗糙度影响配合性质的稳定性。

（3）对耐蚀性的影响　粗糙的表面，易使腐蚀性物质在表面的微观凹谷处存积，并渗入金属内部，致使腐蚀加剧。因此，要增强零件表面耐蚀能力，必须要提高表面质量。

（4）对疲劳强度的影响　零件表面越粗糙，凹痕就越深。当零件承受交变载荷时，凹痕部分引起应力集中，产生疲劳裂纹，导致零件表面因产生裂纹而损坏。表面粗糙度值越小，表面缺陷越少，零件耐疲劳性能越好。

（5）对接触刚度的影响 接触刚度影响零件的工作精度和抗振性。由于表面粗糙，使表面间只有一部分面积接触。表面越粗糙，受力后局部变形越大，接触刚度也越低。

（6）对接合面密封性的影响 粗糙的表面接合时，两表面只在局部点上接触，中间有缝隙，影响密封性。

（7）对零件其他性能的影响 表面粗糙度对零件其他性能（如测量精度、流体流动的阻力及零件外形的美观）都有很大的影响。

因此，为了保证机械零件的使用性能及寿命，在对零件进行精度设计时，必须合理地提出表面结构精度的要求。

1.4 本书的框架结构

本书共分 7 章，其框架结构如图 1-3 所示。

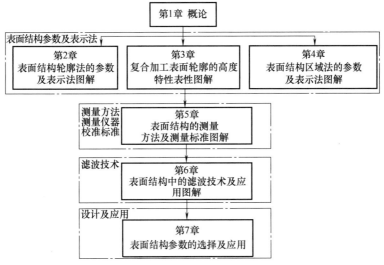

图 1-3 本书的框架结构

第2章

表面结构轮廓法的参数及表示法图解

产品的表面结构精度是评价产品质量的重要指标，也是评价产品设计、制造工艺等环节的重要内容。传统上常采用轮廓法对表面结构精度进行评定，评定的参数有三大类，即轮廓参数（GB/T 3505）、图形参数（GB/T 18618）和支承率曲线参数（GB/T 18778.2 和 GB/T 18778.3）。其中轮廓参数又分为三种，即 R 轮廓参数（粗糙度参数）、W 轮廓参数（波纹度参数）和 P 轮廓参数（原始轮廓参数）。本章主要介绍表面结构轮廓法的术语及评定参数、表面粗糙度参数值、表面结构的图形参数、表面缺陷参数、表面结构的表示法，以及评定表面结构的规则和方法，其内容体系及涉及的标准如图 2-1 所示。

图 2-1 本章的内容体系及涉及的标准

2.1 表面结构轮廓法的术语及评定参数

GB/T 3505—2009《产品几何技术规范（GPS） 表面结构 轮廓法 术语、定义及表面结构参数》等同采用了 ISO 4287：1997，规定了用轮廓法确定表面结构（粗糙度、波纹度和原始轮廓）的术语、定义和参数。

注意：ISO 4287：1997 目前已由 ISO 21920-2：2021 *Geometrical product specifications （GPS）—Surface texture：Profile —Part 2：Terms，definitions and surface texture parameters* 替代。

2.1.1　一般术语

一般术语涉及轮廓、中线、取样长度及测试仪器的基本术语，见表2-1。

表 2-1　一般术语及定义

序号	术语	定义或解释
1	轮廓滤波器	把轮廓分成长波和短波成分的滤波器 由两个不同截止波长的滤波器分离获得的轮廓波长范围称为传输频带 在测量粗糙度、波纹度和原始轮廓的仪器中使用三种滤波器，它们的传输特性相同，截止波长不同，由小到大顺次分别为λs、λc 和 λf 三种，见下图 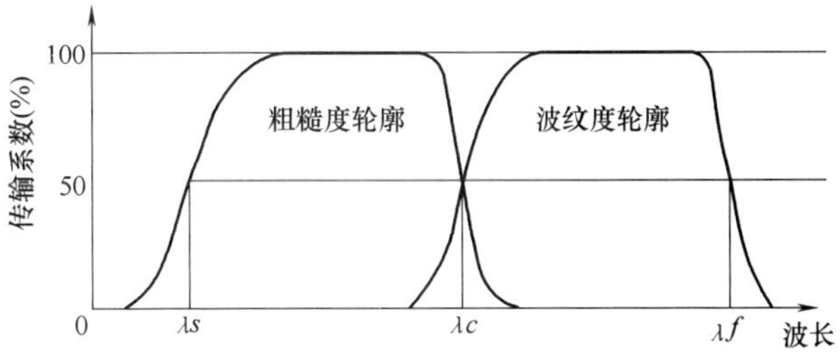
2	λs 轮廓滤波器	确定存在于表面上的粗糙度与比它更短的波的成分之间相交界限的滤波器 λs 轮廓滤波器指去除较小频率成分的滤波器（低通滤波器）。使用触针式表面粗糙度测量仪时，可去除由于触针针尖形状而产生的干扰
3	λc 轮廓滤波器	确定粗糙度与波纹度成分之间相交界限的滤波器
4	λf 轮廓滤波器	确定存在于表面上的波纹度与比它更长的波的成分之间相交界限的滤波器
5	坐标系	定义表面结构参数的坐标体系。通常采用一个直角坐标系，其轴线形成一个右手笛卡儿坐标系，X 轴与中线方向一致，Y 轴也处于实际表面上，而 Z 轴则在从材料到周围介质的外延方向上
6	实际表面	物体与周围介质分离的表面。实际表面是由粗糙度、波纹度和形状叠加而成的 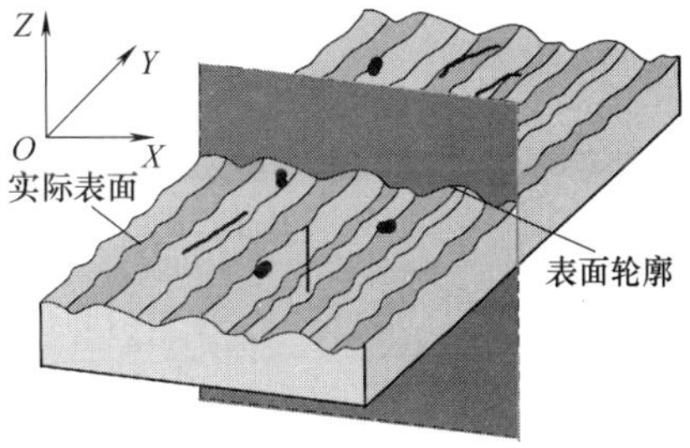
7	表面轮廓	一个指定平面与实际表面相交所得的轮廓 注意:通常采用一条名义上与实际表面平行和在一个适当方向的法线来选择一个平面 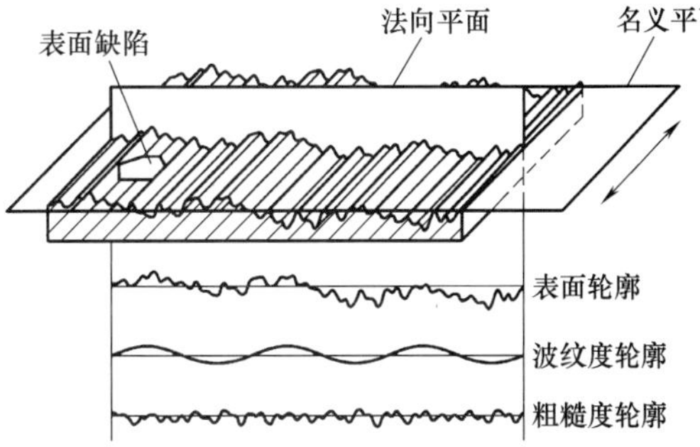

（续）

序号	术语	定义或解释
8	原始轮廓（P 轮廓）	通过 λs 轮廓滤波器后的总轮廓。原始轮廓是评定原始轮廓参数的基础 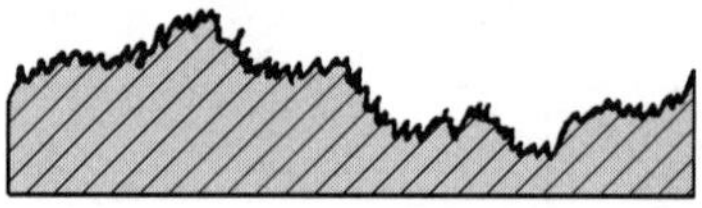
9	粗糙度轮廓（R 轮廓）	对原始轮廓采用 λc 轮廓滤波器抑制长波成分以后形成的轮廓，是经过人为修正的轮廓，如下图所示 粗糙度轮廓的传输频带是由 λs 和 λc 轮廓滤波器来限定的 粗糙度轮廓是评定粗糙度轮廓参数的基础 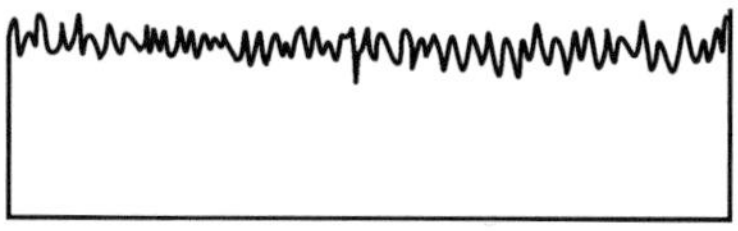
10	波纹度轮廓（W 轮廓）	对原始轮廓连续应用 λf 和 λc 两个轮廓滤波器以后形成的轮廓。采用 λf 轮廓滤波器抑制长波成分，而采用 λc 滤波器抑制短波成分。这是经过人为修正的轮廓 在运用分离波纹度轮廓的 λf 轮廓滤波器以前，应首先通过最小二乘法的最佳拟合从总轮廓中提取标称的形状，并将形状成分从总轮廓中去除。对于标称形状为圆的轮廓，建议在最小二乘的优化计算中考虑实际半径的影响，而不是采用固定的标称值。这个分离波纹度轮廓的过程定义了理想的波纹度操作算子 波纹度轮廓的传输频带是由 λf 和 λc 轮廓滤波器来限定的 波纹度轮廓是评定波纹度轮廓参数的基础 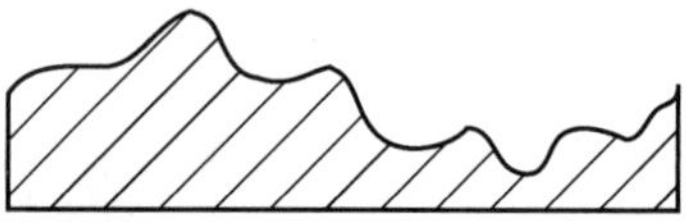
11	中线	具有几何轮廓形状并划分轮廓的基准线，如下图所示的轮廓中线 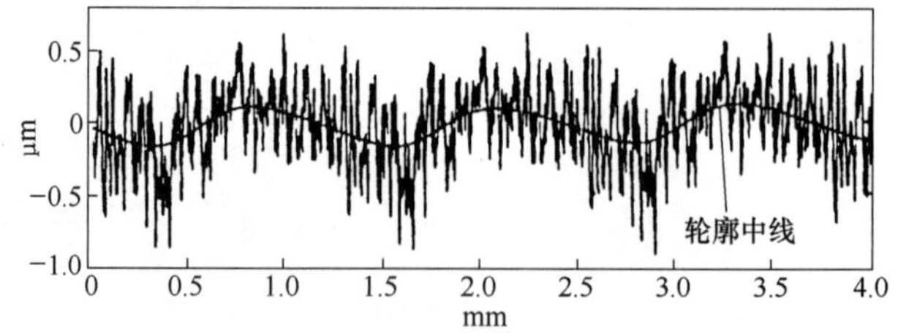
12	粗糙度轮廓中线	用 λc 轮廓滤波器所抑制的长波轮廓成分对应的中线
13	波纹度轮廓中线	用 λf 轮廓滤波器所抑制的长波轮廓成分对应的中线
14	原始轮廓中线	在原始轮廓上按照标称形状用最小二乘法拟合确定的中线，如下图所示 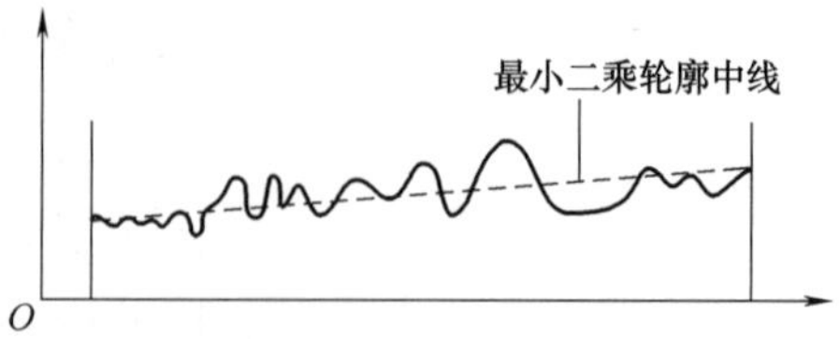

（续）

序号	术语	定义或解释
15	取样长度 lp、lr、lw	在 X 轴方向判别被评定轮廓不规则特征的长度,如序号 16 图所示中的 lr 评定粗糙度和波纹度轮廓的取样长度 lr 和 lw 在数值上分别与 λc 和 λf 轮廓滤波器的截止波长相等。原始轮廓的取样长度 lp 等于评定长度
16	评定长度 ln	用于判别被评定轮廓的 X 轴方向上的长度 评定长度包含一个或几个取样长度,如下图所示 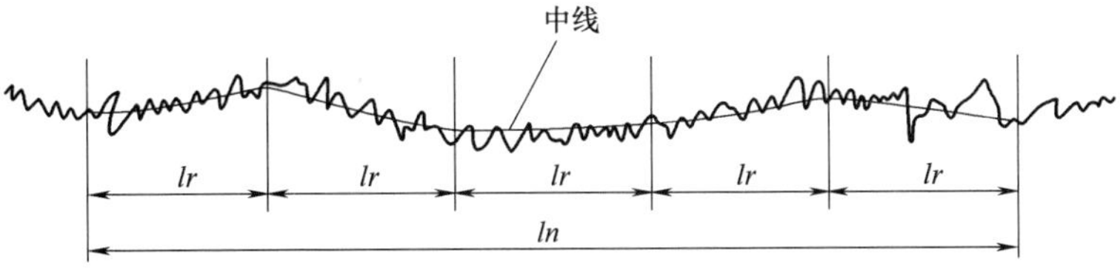

2.1.2　几何参数术语

几何参数术语包括在原始轮廓、粗糙度轮廓及波纹度轮廓上计算所得的轮廓及参数,与其有关的术语及定义见表 2-2。

表 2-2　几何参数术语及定义

序号	术语	定义或解释
1	P 参数	在原始轮廓上计算所得的参数
2	R 参数	在粗糙度轮廓上计算所得的参数
3	W 参数	在波纹度轮廓上计算所得的参数
4	轮廓峰	被评定轮廓上连接轮廓与 X 轴两相邻交点的向外(从材料到周围介质)的轮廓部分
5	轮廓谷	被评定轮廓上连接轮廓与 X 轴两相邻交点的向内(从周围介质到材料)的轮廓部分
6	高度和/或间距分辨力	应计入被评定轮廓的轮廓峰和轮廓谷的最小高度和最小间距 轮廓峰和轮廓谷的最小高度通常用 Pz、Rz、Wz 或任一幅度参数的百分率来表示,最小间距则以取样长度的百分率表示
7	轮廓单元	轮廓峰和相邻轮廓谷的组合,如下图所示为一个轮廓单元 在取样长度始端或末端的被评定轮廓的向外部分或向内部分应看作一个轮廓峰或一个轮廓谷。当在若干个连续的取样长度上确定若干轮廓单元时,在每一个取样长度的始端或末端评定的峰和谷仅在每个取样长度的始端计入一次 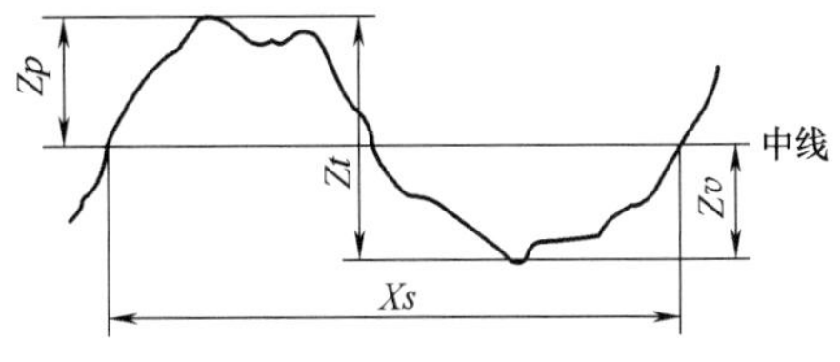
8	纵坐标值	被评定轮廓在任一位置距 X 轴的高度 若纵坐标值位于 X 轴下方,则该高度被视作负值,反之则为正值

（续）

序号	术语	定义或解释
9	局部斜率 $\dfrac{\mathrm{d}Z}{\mathrm{d}X}$	评定轮廓在某一位置 xi 的斜率，如下图所示 局部斜率和参数 $P\Delta q$、$R\Delta q$、$W\Delta q$ 的数值主要视坐标间距 ΔX 而定。计算局部斜率的公式之一为 $$\frac{\mathrm{d}Z_i}{\mathrm{d}X}=\frac{1}{60\Delta X}(Z_{i+3}-9Z_{i+2}+45Z_{i+1}-45Z_{i-1}+9Z_{i-2}-Z_{i-3})$$ 式中，Z_i 是第 i 个轮廓点的高度；ΔX 是相邻两轮廓点之间的水平间距 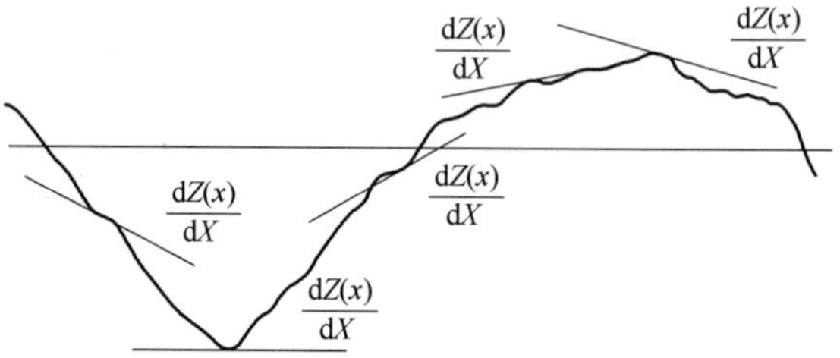
10	轮廓峰高 Zp	轮廓峰的最高点距 X 轴的距离（见序号 7 图）
11	轮廓谷深 Zv	轮廓谷的最低点距 X 轴的距离（见序号 7 图）
12	轮廓单元高度 Zt	一个轮廓单元的轮廓峰高和轮廓谷深之和（见序号 7 图）
13	轮廓单元宽度 Xs	一个轮廓单元与 X 轴相交线段的长度（见序号 7 图）
14	在水平截面高度 c 上轮廓的实体材料长度 $Ml(c)$	在一个给定水平截面高度 c 上用一条平行于 X 轴的线与轮廓单元相截所获得的各段截线长度之和，如下图所示 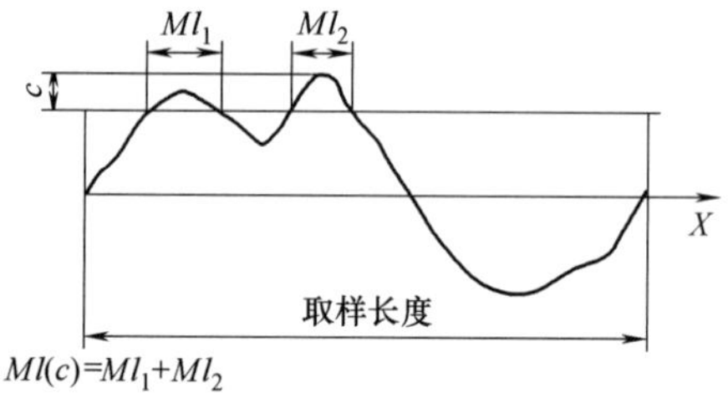 $Ml(c)=Ml_1+Ml_2$

2.1.3 表面轮廓参数定义

表面轮廓参数包括以峰和谷之间关系表示的参数，以纵坐标平均值定义的幅值参数、间距参数和混合参数，见表 2-3。

表 2-3 表面轮廓参数定义

类型	符号	参数	定义或解释
幅度参数（峰和谷）	Pp、Rp、Wp	最大轮廓峰高	在一个取样长度内，最大的轮廓峰高 Zp 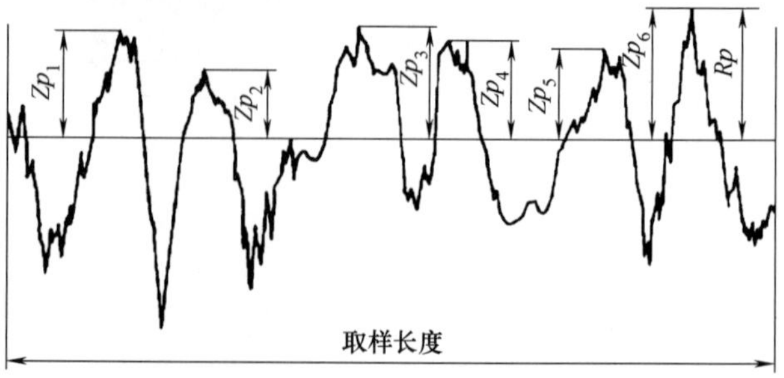 最大轮廓峰高（以粗糙度轮廓为例）

（续）

类型	符号	参数	定义或解释
幅度参数（峰和谷）	Pv、Rv、Wv	最大轮廓谷深	在一个取样长度内，最大的轮廓谷深 Zv 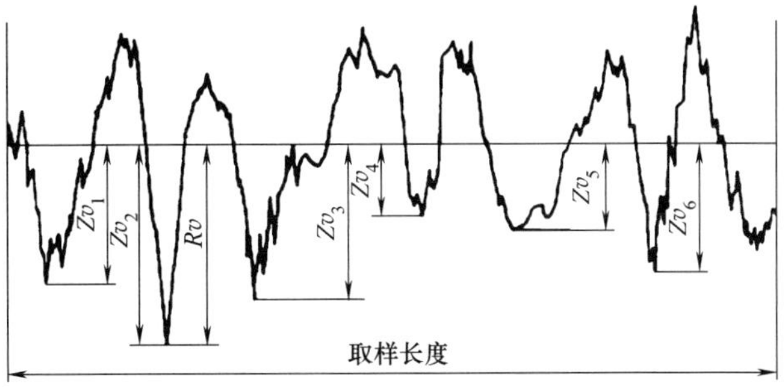 最大轮廓谷深（以粗糙度轮廓为例）
	Pz、Rz、Wz	轮廓最大高度	在一个取样长度内，最大的轮廓峰高 Zp 和最大的轮廓谷深 Zv 之和 注意：在 GB/T 3505—1983 中，R_z 符号曾用于表示"不平度的十点高度" 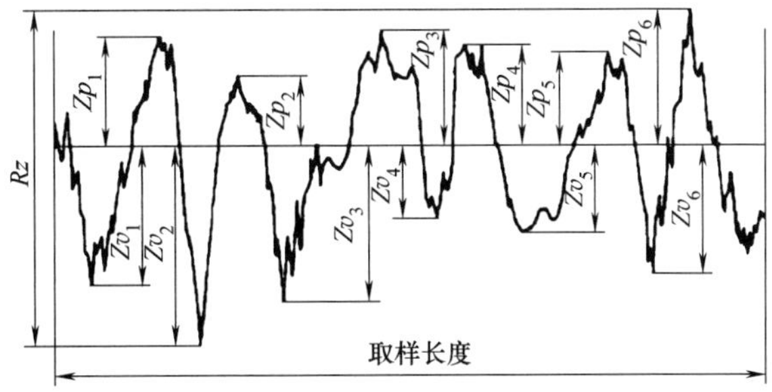 轮廓最大高度（以粗糙度轮廓为例）
	Pc、Rc、Wc	轮廓单元的平均高度	在一个取样长度内，轮廓单元高度 Zt 的平均值，即 Pc、Rc、$Wc = \dfrac{1}{m}\sum\limits_{i=1}^{m} Zt_i$ 注意：在计算参数 Pc、Rc、Wc 时，需要判断轮廓单元的高度和间距，除非另有要求，默认的高度分辨力应分别按 Pz、Rz、Wz 的 10% 选取。默认的间距分辨力应按取样长度的 1% 选取。上述两个条件都应满足 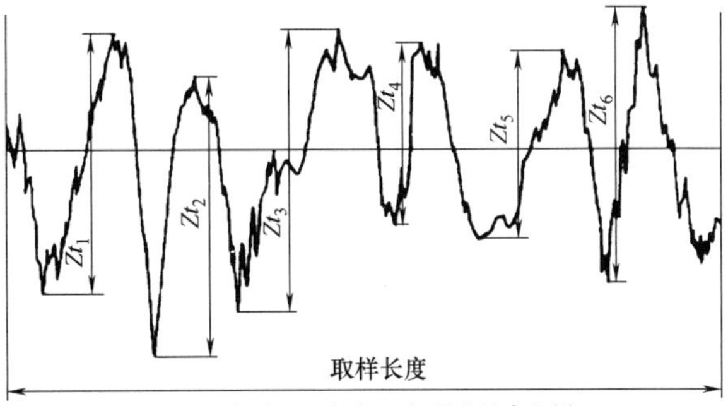 轮廓单元的高度（以粗糙度轮廓为例）
	Pt、Rt、Wt	轮廓总高度	在评定长度内，最大轮廓峰高和最大轮廓谷深之和 由于 Pt、Rt、Wt 是在评定长度上而不是在取样长度上定义的，以下关系对任何轮廓来讲都成立：$Pt \geqslant Pz$；$Rt \geqslant Rz$；$Wt \geqslant Wz$。在未规定的情况下，Pz 和 Pt 是相等的，此时建议采用 Pt

（续）

类型	符号	参数	定义或解释
幅度参数(纵坐标平均值)	Pa、Ra、Wa	评定轮廓的算术平均偏差	在一个取样长度内，纵坐标值 $Z(x)$ 绝对值的算术平均值，即 $$Pa、Ra、Wa = \frac{1}{l}\int_0^l |Z(x)|\,\mathrm{d}x$$ 式中，$l = lp$、lr 或 lw 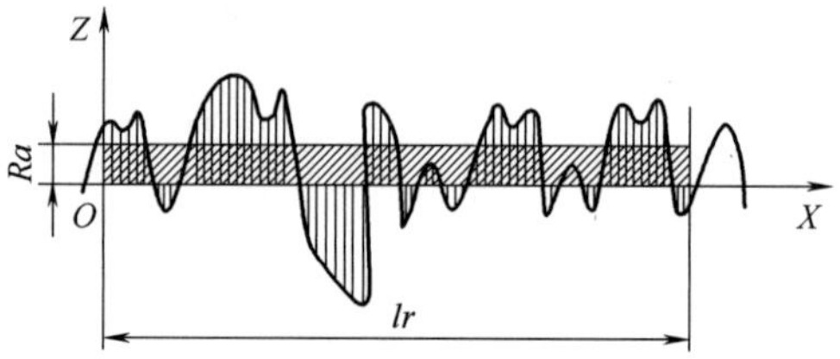 轮廓的算术平均偏差
	Pq、Rq、Wq	评定轮廓的均方根偏差	在一个取样长度内，纵坐标值 $Z(x)$ 的均方根值，即 $$Pq、Rq、Wq = \sqrt{\frac{1}{l}\int_0^l Z^2(x)\,\mathrm{d}x}$$ 式中，$l = lp$、lr 或 lw
	Psk、Rsk、Wsk	评定轮廓的偏斜度	在一个取样长度内，纵坐标值 $Z(x)$ 三次方的平均值分别与 Pq、Rq 或 Wq 的三次方的比值，即 $$Rsk = \frac{1}{Rq^3}\left[\frac{1}{lr}\int_0^{lr} Z^3(x)\,\mathrm{d}x\right]$$ 可以用类似的方法定义 Psk、Wsk。 Rsk、Psk 和 Wsk 是纵坐标值概率密度函数的不对称性的测定。这些参数受独立的峰或独立的谷的影响很大 下图所示为具有不同 Rsk 的三种轮廓。可以看出，Rsk 可以反映出表面轮廓的正态分布特性 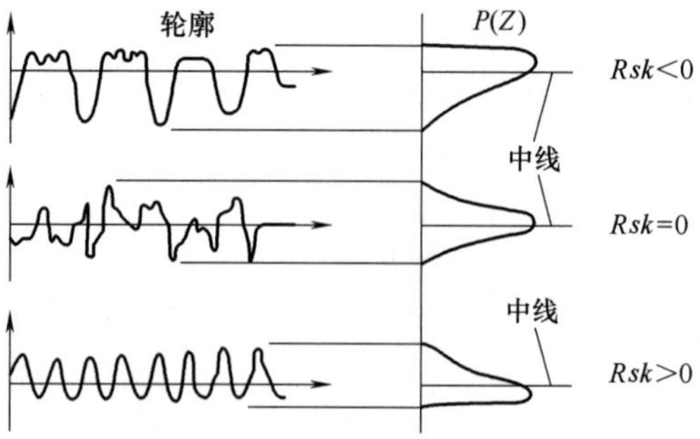 三种不同Rsk轮廓的概率密度函数图
	Pku、Rku、Wku	评定轮廓的陡度	在取样长度内，纵坐标值 $Z(x)$ 四次方的平均值分别与 Pq、Rq、Wq 的四次方的比值，即 $$Rku = \frac{1}{Rq^4}\left[\frac{1}{lr}\int_0^{lr} Z^4(x)\,\mathrm{d}x\right]$$ 可以用类似的方式定义 Pku 和 Wku。Rku、Pku 和 Wku 是纵坐标值概率密度函数锐度的测定

（续）

类型	符号	参数	定义或解释
幅度参数（纵坐标平均值）	Pku、Rku、Wku	评定轮廓的陡度	下图所示为具有不同 Rku 的三种轮廓。可以看出，Rku 可以反映出表面轮廓的尖锐程度 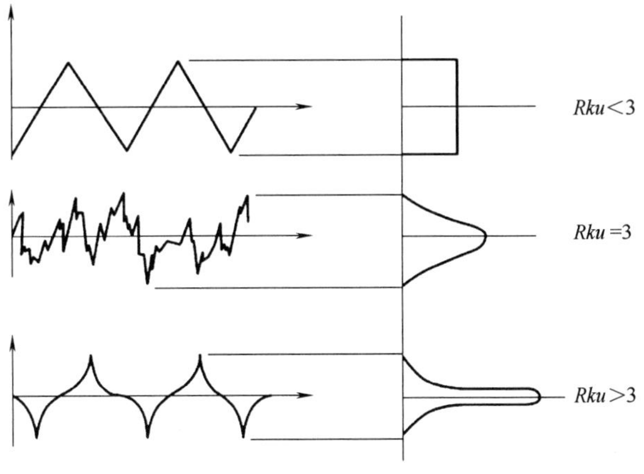 $Rku<3$ $Rku=3$ $Rku>3$ **三种不同Rku轮廓的概率密度函数图**
间距参数	Psm、Rsm、Wsm	轮廓单元的平均宽度	在一个取样长度内，轮廓单元宽度 Xs 的平均值，即 $$Psm、Rsm、Wsm = \frac{1}{m}\sum_{i=1}^{m} Xs_i$$ 在计算参数 Psm、Rsm、Wsm 时，需要判断轮廓单元的高度和间距，除非另有要求，默认的高度分辨力应分别按 Pz、Rz、Wz 的10%选取。默认的水平间距分辨力应按取样长度的1%选取。上述两个条件都应满足 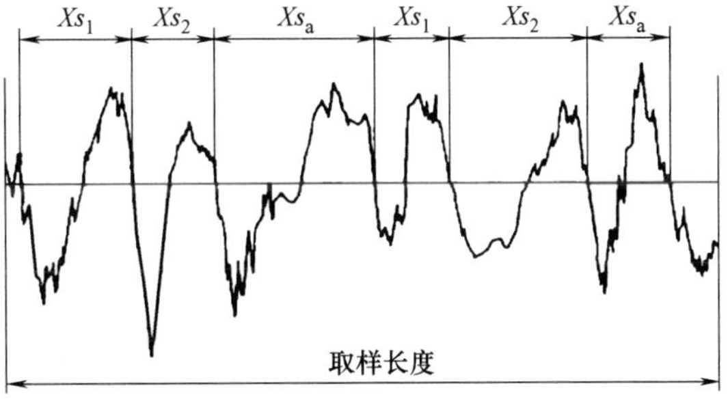 Xs_1 Xs_2 Xs_a Xs_1 Xs_2 Xs_a **取样长度** **轮廓单元的宽度**
混合参数	$P\Delta q$、$R\Delta q$、$W\Delta q$	评定轮廓的均方根斜率	在取样长度内，纵坐标斜率 dZ/dX 的均方根值
曲线和相关参数	$Pmr(c)$、$Rmr(c)$、$Wmr(c)$	轮廓支承长度率	在给定水平截面高度 c 上，轮廓的实体材料长度 $Ml(c)$ 与评定长度的比率，即 $$Pmr(c)、Wmr(c)、Rmr(c)=\frac{Ml(c)}{ln}$$
	—	轮廓支承长度率曲线	表示轮廓支承率随水平截面高度 c 变化关系的曲线 注意：这个曲线可理解为在一个评定长度内，各个坐标值 $Z(x)$ 采样累积的分布概率函数

(续)

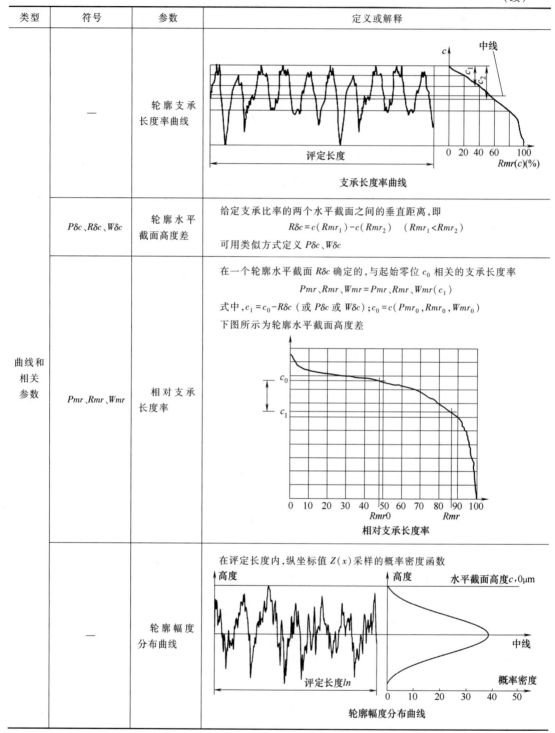

类型	符号	参数	定义或解释
曲线和相关参数	—	轮廓支承长度率曲线	支承长度率曲线
	$P\delta c$、$R\delta c$、$W\delta c$	轮廓水平截面高度差	给定支承比率的两个水平截面之间的垂直距离，即 $$R\delta c = c(Rmr_1) - c(Rmr_2) \quad (Rmr_1 < Rmr_2)$$ 可用类似方式定义 $P\delta c$、$W\delta c$
	Pmr、Rmr、Wmr	相对支承长度率	在一个轮廓水平截面 $R\delta c$ 确定的，与起始零位 c_0 相关的支承长度率 $$Pmr、Rmr、Wmr = Pmr、Rmr、Wmr(c_1)$$ 式中，$c_1 = c_0 - R\delta c$（或 $P\delta c$ 或 $W\delta c$）；$c_0 = c(Pmr_0, Rmr_0, Wmr_0)$ 下图所示为轮廓水平截面高度差 相对支承长度率
	—	轮廓幅度分布曲线	在评定长度内，纵坐标值 $Z(x)$ 采样的概率密度函数 轮廓幅度分布曲线

2.1.4 新旧国家标准的差异

GB/T 3505—1983《表面粗糙度　术语　表面及其参数》(以下简称旧标准) 只是对表面

粗糙度而言的，即只将粗糙度轮廓及其参数定义为表面结构特性的唯一组成部分，给出了相关的术语及其定义。GB/T 3505—2009（以下简称新标准）是等效 ISO 4287：1997 对 GB/T 3505—1983 的修订，新标准对粗糙度、波纹度和原始轮廓三种特性都给出了定义和评定参数，即规定了用轮廓法确定表面结构（粗糙度、波纹度和原始轮廓）的术语、定义及参数。两者之间一般术语和表面结构参数的差异分别见表 2-4 和表 2-5。

表 2-4　一般术语的差异

一般术语	1983 版本	2009 版本
取样长度	l	lp、lr、lw [1]
评定长度	l_n	ln
纵坐标值	y	$Z(x)$
局部斜率		$\dfrac{\mathrm{d}Z}{\mathrm{d}X}$
轮廓峰高	y_p	Zp
轮廓谷深	y_v	Zv
轮廓单元的高度		Zt
轮廓单元的宽度		Xs
在水平截面高度 c 上轮廓的实体材料长度	η_p	$Ml(c)$

[1] lp、lr、lw 分别对应于原始轮廓 P、粗糙度轮廓 R 和波纹度轮廓 W 的取样长度。

表 2-5　表面结构参数的差异

参数	1983 版本	2009 版本	在测量范围内	
			评定长度 ln	取样长度 [1]
最大轮廓峰高	R_p	Rp [2]		√
最大轮廓谷深	R_m	Rv [2]		√
轮廓的最大高度	R_y	Rz [2]		√
轮廓单元的平均高度	R_c	Rc [2]		√
轮廓总高度		Rt	√	
评定轮廓的算术平均偏差	R_a	Ra [2]		√
评定轮廓的均方根偏差	R_q	Rq [2]		√
评定轮廓的偏斜度	S_k	Rsk [2]		√
评定轮廓的陡度	—	Rku [2]		√
轮廓单元的平均宽度	S_m	Rsm [2]		√
评定轮廓的均方根斜率	Δ_q	$R\Delta q$ [2]		√
轮廓支承长度率	—	$Rmr(c)$ [2]	√	
轮廓水平截面高度	—	$R\delta c$	√	
相对支承长度率	t_p	Rmr [2]	√	
十点高度	R_z	—		

注：表中符号"√"，表示在测量范围内，现采用的评定长度和取样长度。

[1] 表中取样长度是 lr、lw 和 lp，分别对应于 R、W 和 P 参数，$lp = ln$。

[2] 在规定的三个轮廓参数中，表中只列出了粗糙度轮廓参数。例如：三个参数为 Pa（原始轮廓）、Ra（粗糙度轮廓）、Wa（波纹度轮廓）。

2.1.5 表面结构评定的流程

表面结构评定的流程如图 2-2 所示。

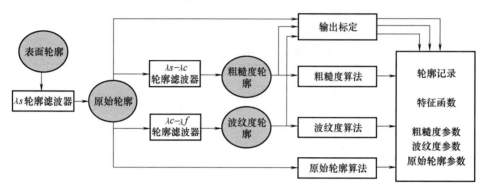

图 2-2 表面结构评定的流程

2.2 表面粗糙度参数值

GB/T 1031—2009《产品几何技术规范（GPS） 表面结构 轮廓法 表面粗糙度参数及其数值》参照 ISO 468：1982 规定了表面粗糙度的参数值和评定表面粗糙度时的一般规则。

2.2.1 幅度参数值

表面粗糙度的幅度参数有：

1）轮廓算术平均偏差 Ra，其数值见表 2-6，其补充系列值见表 2-7。

2）轮廓最大高度 Rz，其数值见表 2-8，其补充系列值见表 2-9。

表 2-6 轮廓算术平均偏差 Ra 的数值 （单位：μm）

Ra	0.012	0.1	0.8	6.3	50
	0.025	0.2	1.6	12.5	100
	0.05	0.4	3.2	25	

表 2-7 轮廓算术平均偏差 Ra 的补充系列值 （单位：μm）

Ra 的补充系列值	0.008	0.040	0.25	1.25	8.0	40
	0.010	0.063	0.32	2.0	10.0	63
	0.016	0.080	0.50	2.5	16.0	80
	0.020	0.125	0.63	4.0	20	
	0.032	0.160	1.00	5.0	32	

表 2-8 轮廓最大高度 Rz 的数值 （单位：μm）

Rz	0.025	0.2	1.6	12.5	100	800
	0.05	0.4	3.2	25	200	1600
	0.1	0.8	6.3	50	400	

表 2-9 轮廓最大高度 *Rz* 的补充系列值　　　　　　　　　（单位：μm）

	0.032	0.25	2.0	16.0	125	1000
	0.040	0.32	2.5	20	160	1250
Rz 的补充	0.063	0.50	4.0	32	250	
系列值	0.080	0.63	5.0	40	320	
	0.125	1.00	8.0	63	500	
	0.160	1.25	10.0	80	630	

2.2.2 间距参数值和曲线参数值

轮廓单元的平均宽度 *Rsm* 的数值见表 2-10，其补充系列值见表 2-11。

表 2-10 轮廓单元的平均宽度 *Rsm* 的数值　　　　　　　（单位：mm）

	0.006	0.1	1.6
Rsm	0.0125	0.2	3.2
	0.025	0.4	6.3
	0.05	0.8	12.5

表 2-11 轮廓单元的平均宽度 *Rsm* 的补充系列值　　　　（单位：mm）

	0.002	0.020	0.25	2.5
	0.003	0.023	0.32	4.0
	0.004	0.040	0.5	5.0
Rsm 的补充系列值	0.005	0.063	0.63	8.0
	0.008	0.080	1.00	10.0
	0.010	0.125	1.25	
	0.016	0.160	2.0	

轮廓支承长度率 $Rmr(c)$ 的数值见表 2-12。它是控制微观不平度高度和间距的综合性参数，是度量表面耐磨性的参数。选用轮廓支承长度率参数时，应同时给出轮廓水平截面高度 c 值，它可用微米或 *Rz* 的百分数表示，即 $c = x\% Rz$。x 值为 5、10、15、20、25、30、40、50、60、70、80、90。例如，$Rmr(c)$ 70%、c50%表示轮廓水平截面高度 c 在轮廓最大高度 *Rz* 的 50%位置上，支承长度率的最小允许值为 70%。

表 2-12 轮廓支承长度率 $Rmr(c)$ 的数值

$Rmr(c)$	10	15	20	25	30	40	50	60	70	80	90

2.2.3 取样长度和评定长度值

由于加工表面不均匀，在评定表面粗糙度时，其评定长度应根据不同的加工方法和相应的取样长度来确定。一般情况下，当测量 *Ra* 和 *Rz* 时，推荐按表 2-13 和表 2-14 选用对应的评定长度 *ln*，此时取样长度值的标注在图样上或技术文件中可省略。当有特殊要求时，应给出相应的取样长度值，并在图样上或技术文件中注出。

如果被测表面均匀性较好，测量时可选小于 5*lr* 的评定长度值；均匀性较差的表面可选大于 5*lr* 的评定长度。对于微观不平度间距较大的端铣、滚铣及其他大进给量的加工表面，应按标准中规定的取样长度系列选取较大的取样长度值。

表 2-13 *Ra* 参数值与取样长度 *lr* 值的对应关系

Ra/μm	lr/mm	ln(ln = 5lr)/mm
≥0.008~0.02	0.08	0.4
>0.02~0.1	0.25	1.25
>0.1~2.0	0.8	4.0
>2.0~10.0	2.5	12.5
>10.0~80.0	8.0	40.0

表 2-14 *Rz* 参数值与取样长度 *lr* 值的对应关系

Rz/μm	lr/mm	ln(ln = 5lr)/mm
≥0.025~0.10	0.08	0.4
>0.10~0.50	0.25	1.25
>0.50~10.0	0.8	4.0
>10.0~50.0	2.5	12.5
>50~320	8.0	40.0

2.3 表面结构的图形参数

GB/T 18618—2009《产品几何技术规范（GPS） 表面结构 轮廓法 图形参数》等同采用了 ISO 12085：1996，规定了用图形法评定表面结构的术语、定义和参数，构成了一个不同于 GB/T 3505—2009 所采用的中线制体系，避免了采用中线制评定表面结构精度的误差，仅适用于粗糙度和波纹度轮廓。

注意：ISO 12085：1996 已被 ISO 21920-2：2021 *Geometrical product specifications（GPS）— Surface texture：Profile—Part 2：Terms，definitions and surface texture parameters* 替代。

2.3.1 基本术语

图形法的基本术语和定义见表 2-15。

表 2-15 图形法的基本术语和定义

序号	术语	定义或解释
1	图形（motif）	不一定相邻的两个轮廓单峰的最高点之间的原始轮廓部分，如下图所示为一个粗糙度图形 用以下参量来描述图形的特征： 1）图形的长度 AR_i 或 AW_i，在平行于轮廓的总方向上测得 2）两个深度 H_j 和 H_{j+1} 或 HW_j 和 HW_{j+1}，在垂直于原始轮廓的总方向上测得 3）图形的 T 型特征，两个深度中的最小深度 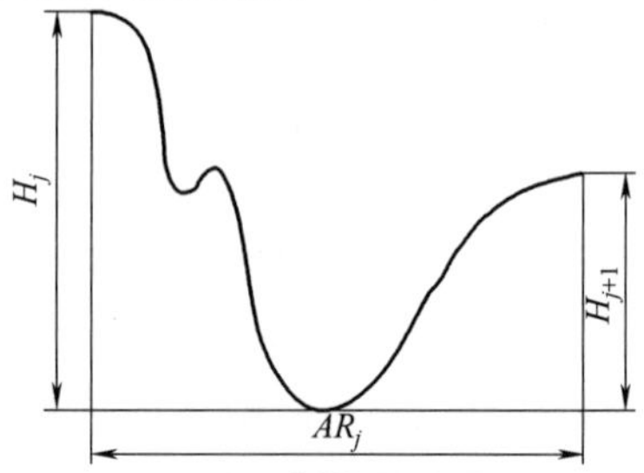 $$T = \min[H_j, H_{j+1}] = H_{j+1}$$ 粗糙度图形

（续）

序号	术语	定义或解释
2	轮廓单峰	两相邻轮廓最低点之间的轮廓部分,如下图所示 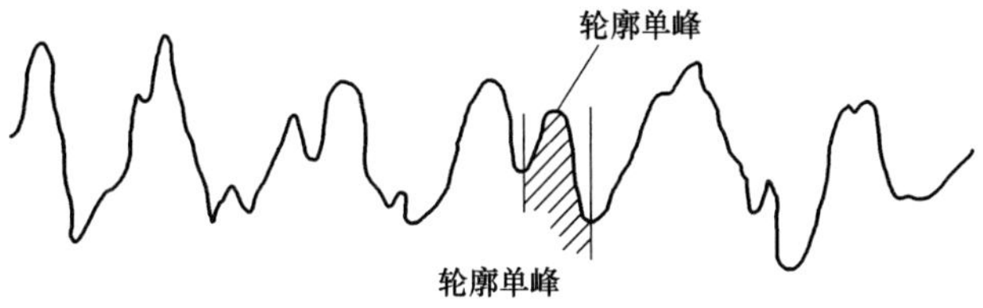
3	轮廓单谷	两相邻轮廓最高点之间的轮廓部分,如下图所示 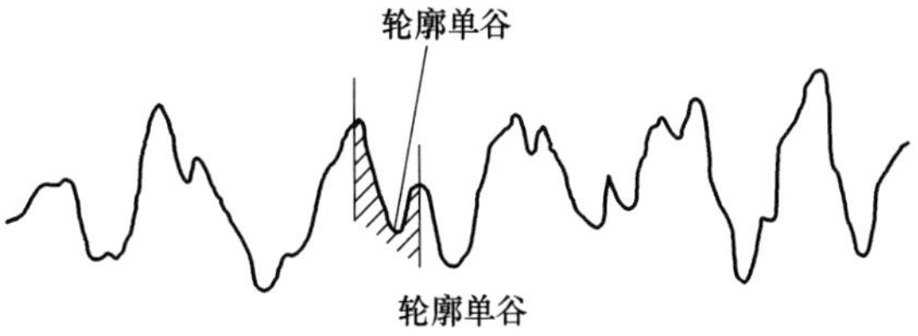
4	粗糙度图形	用有界限值 A 的完整的规范操作集提取的图形。一个粗糙度图形的长度 AR_i 应小于或等于 A,如序号 1 图所示
5	原始轮廓的上包络线(波纹度轮廓)	经过对轮廓峰的常规识别后,连接原始轮廓各个峰的最高点的折线,如下图所示 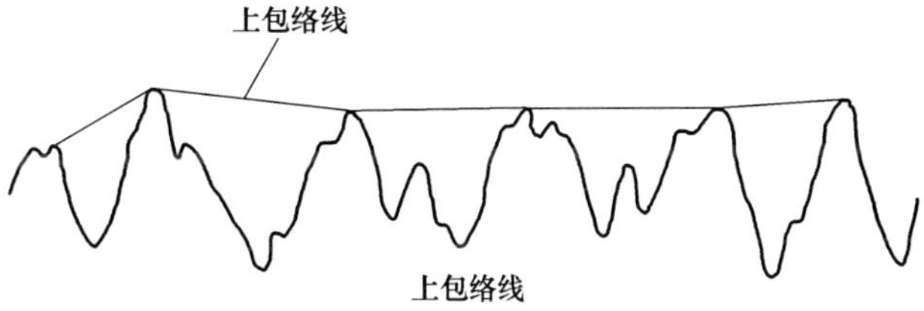
6	波纹度图形	用有界限值 B 的完整的规范操作集从上包络线上提取的图形,如下图所示 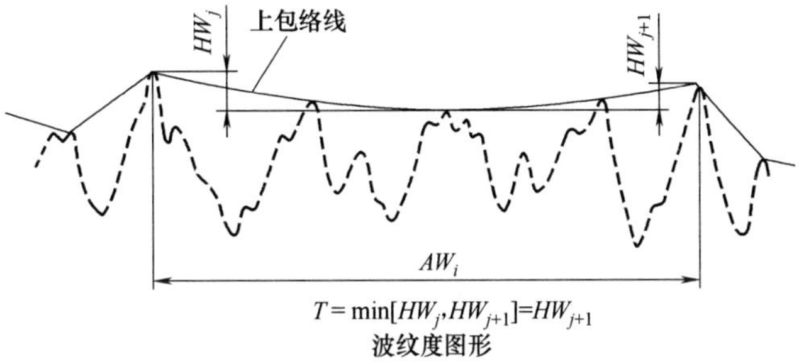 $$T = \min[HW_j, HW_{j+1}] = HW_{j+1}$$ 波纹度图形

2.3.2 图形参数

图形参数的定义见表2-16。

表 2-16　图形参数的定义

序号	参数	符号	定义或解释
1	粗糙度图形的平均间距	AR	在评定长度内，各粗糙度图形长度 AR_i 的算术平均值，即 $$AR = \frac{1}{n}\sum_{i=1}^{n} AR_i$$ 式中　n—粗糙度图形的数量（与 AR_i 的数量相等）
2	粗糙度图形的平均深度	R	在评定长度内，各粗糙度图形深度 H_j 的算术平均值，即 $$R = \frac{1}{m}\sum_{j=1}^{m} H_j$$ 式中　m—H_j 值的数量；H_j 值的数量是 AR_i 数量的两倍（$m=2n$）
3	轮廓微观不平度的最大深度	R_x	在评定长度内，图形深度 H_j 的最大值，如图2-3所示，$R_x = H_3$
4	波纹度图形的平均间距	AW	在评定长度内，各波纹度图形长度 AW_i 的算术平均值（见图2-4），即 $$AW = \frac{1}{n}\sum_{i=1}^{n} AW_i$$ 式中　n—波纹度图形的数量（与 AW_i 的数量相等）
5	波纹度图形的平均深度	W	在评定长度内，各波纹度图形深度 HW_j 的算术平均值，即 $$W = \frac{1}{m}\sum_{j=1}^{m} HW_j$$ 式中　m—HW_j 值的数量；HW_j 值的数量是 AW_j 值数量的两倍（$m=2n$）
6	波纹度的最大深度	W_x	在评定长度内，深度 HW_j 的最大值（见图2-4）
7	波纹度的总深度	W_{te}	在与原始轮廓总方向垂直的方向上，原始轮廓上包络线的最高点与最低点之间的距离（见图2-4）

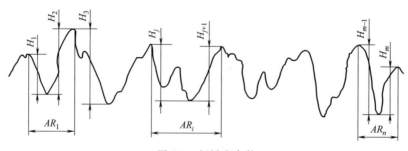

图 2-3　粗糙度参数

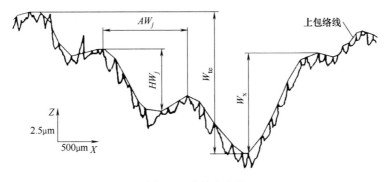

图 2-4　波纹度参数

2.3.3　图形参数的测量条件

（1）推荐的测量条件　图形法在轮廓间距方向使用界限值 A 和 B 来分离粗糙度和波纹度。A 和 B 的推荐值见表 2-17。粗糙度图形界限值 A 如图 2-5a 所示；波纹度图形界限值 B 如图 2-5b 所示。

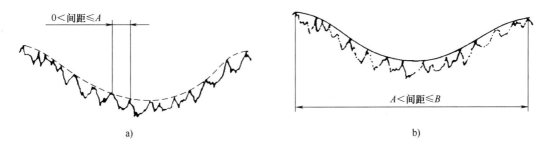

a)　　　　　　　　　　　　　　　　　　　　b)

图 2-5　图形的常用界限值
a）粗糙度图形　b）波纹度图形

表 2-17　界限值 A 和 B 的推荐值

A/mm	B/mm	评定长度/mm	λs/μm	行程长度/mm	最大触针半径/μm
0.02	0.1	0.64	2.5	0.64	2±0.5
0.1	0.5	3.2	2.5	3.2	2±0.5
0.5	2.5	16	8	16	5±1
2.5	12.5	80	25	80	10±2

注：如果没有其他特殊要求，默认值将分别为 $A=0.5$mm 和 $B=2.5$mm。

（2）轮廓量化步距　只有在原始轮廓包含至少 150 个垂直量化步距的情况下，求出的图形参数才具有意义。

在计算波纹度图形参数时，应以导向基准（定义见表 5-3）为基面测得原始轮廓。

（3）评定规则　采用 GB/T 10610 中给出的 16% 规则。

2.3.4 图形参数的评定程序

2.3.4.1 表面粗糙度原始轮廓的深度识别

在进行图形评定之前，首先需要对原始轮廓进行最小深度和最大深度识别，以剔除轮廓中的非显著峰，修正孤立的奇异峰，提高图形评定方法的鲁棒性。

（1）最小深度的识别 将原始轮廓分成宽度为 $A/2$ 的单元，并计算出每个长方形的高度。深度大于这些矩形平均高度的5%的单峰可被计入，如图2-6所示。

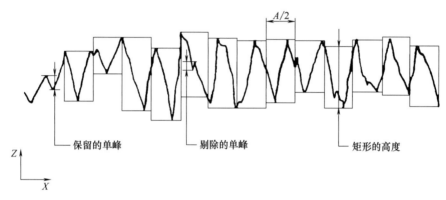

图2-6 基于最小深度的识别

（2）最大深度的识别 对于深度为 H_j 的粗糙度图形，计算 $\overline{H}_j$（H_j 的平均值）和 σ_{H_j}（标准偏差），若存在任何深度值大于 $H = \overline{H}_j + 1.65\sigma_{H_j}$ 的单峰或单谷，则使其深度等于 H，如图2-7所示。最大深度识别避免了孤立的高单峰对包络线的干扰。

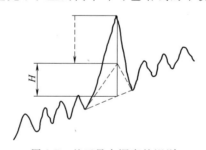

图2-7 基于最大深度的识别

2.3.4.2 图形合并的判别条件

在深度识别的基础上，进行图形的合并，通过图形的合并识别粗糙度图形和波纹度图形，合并的流程如图2-8所示。图形合并的判别条件有4个：

1）条件Ⅰ：包络条件，保留比一个相邻的峰更高的峰。

2）条件Ⅱ：长度条件，将图形长度限制在界限值 A 值或 B 值之内。

3）条件Ⅲ：扩展条件，通过寻找尽可能大的图形来剔除最小的峰。在将两个图形合并为一个图形时，如果得到图形的 T 值小于两个原来的图形的 T 值，则不能进行这种合并。

4）条件Ⅳ：深度条件，任一深度小于等于所检查图形的 T 特性的60%可以合并，否则不合并。该条件限制具有相似深度的图形的合并，尤其是对于周期性表面。

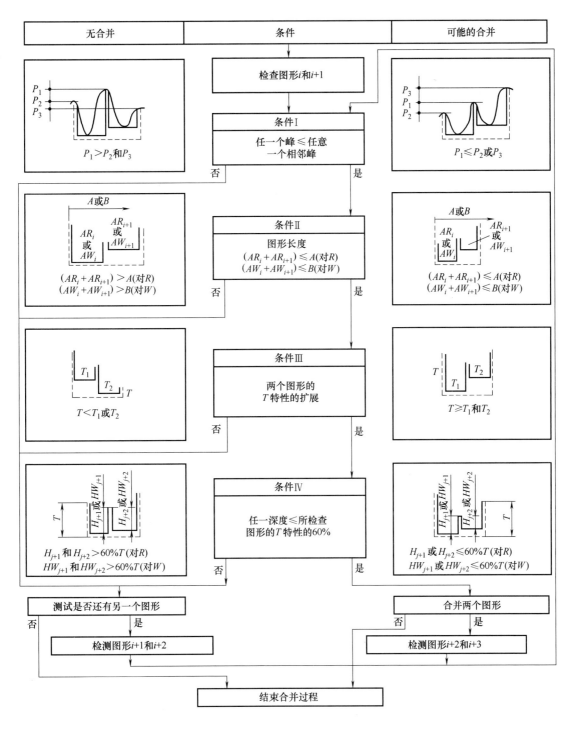

图 2-8　图形的合并流程

2.3.4.3　图形合并流程

图形合并图解如图 2-9 所示。

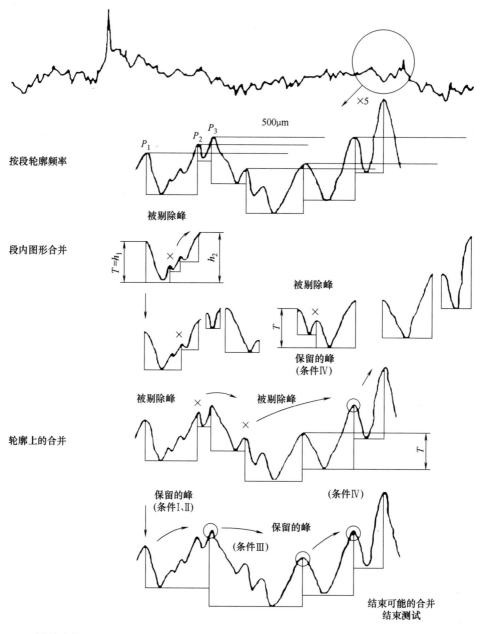

图 2-9 图形合并图解

首先将轮廓分解为段（粗糙度的段长≤A，波纹度的段长≤B）。寻找满足如下条件的两个峰 P_i、P_{i+1}：

1）两峰间的水平距离最大。

2）水平距离小于或等于 A 或 B。

3）两峰之间没有比两个峰中任一个峰更高的峰。

包含在两峰间的轮廓部分称为段。

然后进行段内图形合并。在每段中，顺序判别第一对图形是否满足条件Ⅰ、Ⅲ、Ⅳ，只有完全满足这三个条件时才能合并两个单独的图形。当顺序差别了段内所有单独的图形后，合并操作要再次从段的起始点开始进行，直到段内不可能有合并发生。

最后在整个轮廓范围内进行图形的合并。对于由前面的步骤得到的所有图形，在整个轮廓范围内进行两两合并，对于每一对图形顺序进行条件Ⅰ、Ⅱ、Ⅲ、Ⅳ的差别，只有在完全满足这四个条件时，才可以合并所差别的两个图形。当顺序差别了轮廓上段内所有的图形后，合并操作要再次从轮廓的起始点开始进行，直到没有合并发生。

2.3.4.4　图形参数的计算

图形参数的计算步骤如图 2-10 所示。注意：①计算 R 和 AR 参数至少要有三个图形。②计算 W 和 AW 参数至少要有三个图形；③若图形少于三个，则用 R_x 或 W_x 计算。

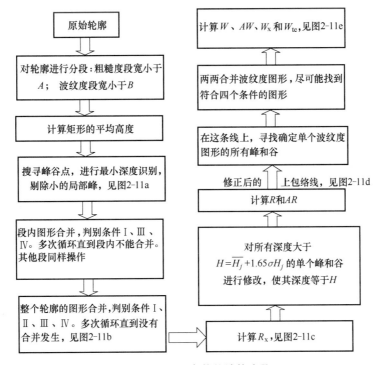

图 2-10　图形参数的计算步骤

图形参数的计算步骤图解如图 2-11 所示。

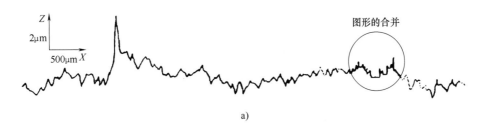

a)

图 2-11　图形参数的计算步骤图解

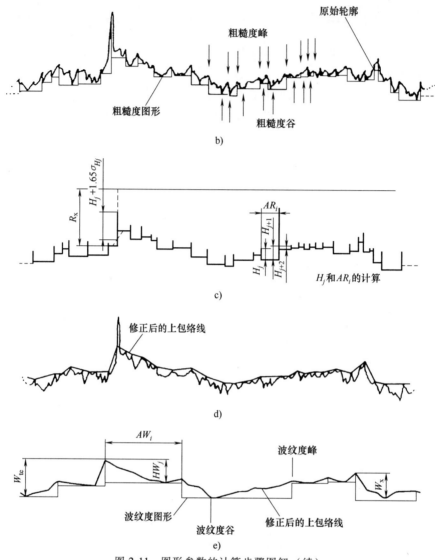

图 2-11 图形参数的计算步骤图解（续）

a）原始轮廓　b）迭加在原始轮廓上的粗糙度图形　c）粗糙度图形
d）迭加在原始轮廓上的波纹度轮廓　e）迭加在波纹度轮廓上的波纹度图形

2.3.5 图形参数与表面功能的关系

图形参数与表面功能的关系见表 2-18。

表 2-18　图形参数与表面功能的关系

表面	适用的表面功能		参数								
			粗糙度轮廓			波纹度轮廓				原始轮廓	
	名称	符号[①]	R	R_x	AR	W	W_x	W_{te}	AW	Pt	$P\delta c$
两个接触表面 有相对位移	滑动（有润滑）	FG	●			≤0.8R			○		●
	干摩擦	FS	●		○		●		○		

（续）

表面		适用的表面功能			参数								
					粗糙度轮廓			波纹度轮廓				原始轮廓	
		名称		符号①	R	R_x	AR	W	W_x	W_{te}	AW	Pt	$P\delta c$
两个接触表面	有相对位移	滚动		FR	●			≤0.3R	●		○		○
		阻抗锤击		RM	○		○	○			○		●
		流体摩擦		FF	●						○		
		动态密封	有垫片	ED	●	○	○	≤0.6R	●		○		
			无垫片		○	●		≤0.6R					
	无相对位移	静态密封	有垫片	ES	○	●		≤R		○	○		
			无垫片		●	●		≤R					
		无位移有应力的调整		AC	○								●
		黏附度（粘结）		AD	●							○	
单独表面	有应力	工具（切削表面）		OC	○		○	●			●		
		疲劳强度		EA	○	●							
	无应力	腐蚀阻抗		RC	●	●							
		喷涂		RE	●						○		
		电解涂层		DE	●	≤2R	●						
		量具		ME	●			≤R					
		外观		AS	●		○	○			○		

注：1. ●为最重要的参数，至少要标注一个。
　　2. ○为第二重要的参数，根据部件功能，如果需要，也要标注。
　　3. 例如，标注值≤0.8R意思是：如果在图样上标注了符号 FG，但未标注 W，则 W 的上公差为 R 的上公差乘以 0.8。
① 符号（FG 等）是法语名称的缩写。

2.4　表面缺陷参数

GB/T 15757—2002《产品几何量技术规范（GPS）　表面缺陷　术语、定义及参数》等同采用了 ISO 8785：1998，规定了有关表面缺陷的术语、允许表面缺陷的程度及测量表面缺陷方法的技术规范等内容。

2.4.1　一般术语及定义

表面缺陷的一般术语及定义见表 2-19。

表 2-19　表面缺陷的一般术语及定义

序号	术语	定义
1	基准面	用以评定表面缺陷参数的一个几何表面 基准面通过除缺陷之外的实际表面的最高点，且与最小二乘法确定的表面等距 基准面是一定的表面区域或表面区域的某有限部分上确定的，这个区域和单个缺陷的尺寸大小有关。该区域的大小须足够用来评定缺陷，同时在评定时能控制表面形状误差的影响。基准面具有几何表面形状，它的方位和实际表面在空间与总的走向一致

(续)

序号	术语	定义
2	表面缺陷评定区域(A)	工件实际表面的局部或全部,在该区域上,检验和确定表面缺陷
3	表面缺陷(SIM)	在加工、储存或使用期间,非故意或偶然生成的实际表面的单元体、成组的单元体、不规则体 这些单元体或不规则体的类型,明显区别于构成一个粗糙度表面的那些单元体或不规则体。在实际表面上存在缺陷并不表示该表面不可用。缺陷的可接受性取决于表面的用途或功能,并由适当的特征和参数,即长度、宽度、深度、高度、单位面积上的缺陷数等来确定

2.4.2 表面缺陷的特征和参数

表面上允许的表面缺陷参数和特征的最大值,是一个规定的极限值,零件的表面缺陷不允许超过这个极限值。表面缺陷的特征和参数见表 2-20。

表 2-20 表面缺陷的特征和参数

序号	术语	定义或解释
1	表面缺陷长度(SIM_e)	平行于基准面测得的表面缺陷最大尺寸
2	表面缺陷宽度(SIM_w)	平行于基准面且垂直于表面缺陷长度测得的表面缺陷最大尺寸
3	单一表面缺陷深度(SIM_{sd})	从基准面垂直测得的表面缺陷最大深度
4	混合表面缺陷深度(SIM_{cd})	从基准面垂直测得的该基准面和表面缺陷中的最低点之间的距离
5	单一表面缺陷高度(SIM_{sh})	从基准面垂直测得的表面缺陷最大高度
6	混合表面缺陷高度(SIM_{ch})	从基准面垂直测得的该基准面和表面缺陷中的最高点之间的距离
7	表面缺陷面积(SIM_a)	单个表面缺陷投影在基准面上的面积
8	表面缺陷总面积(SIM_t)	在商定的判别极限内,各单个表面缺陷面积之和
9	表面缺陷数(SIM_n)	在商定判别极限内,实际表面上的表面缺陷总数 例如:$SIM_n = 60$
10	单位面积上表面缺陷数(SIM_n/A)	在给定的评定区域面积内,表面缺陷的个数 例如:$SIM_n/A = 60/1$ 个/m^2,$SIM_n/A = 10/50$ 个/m^2

2.4.3 表面缺陷的类型

常见的表面缺陷类型见表 2-21。

表 2-21 常见的表面缺陷类型

序号	术语	定义	图例
1	沟槽	具有一定长度的、底部圆弧形的或平的凹缺陷	
2	擦痕	形状不规则和没有确定方向的凹缺陷	

（续）

序号	术语	定义	图例
3	破裂	由于表面和基体完整性的破损造成具有尖锐底部的条状缺陷	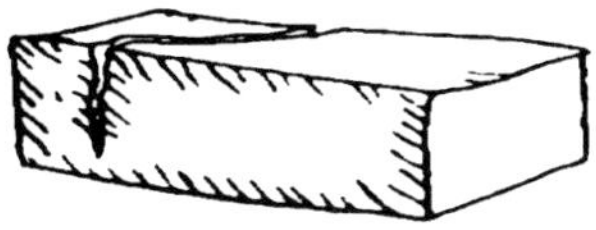
4	毛孔	尺寸很小、斜壁很陡的孔穴，通常带锐边，孔穴的上边缘不高过基准面的切平面	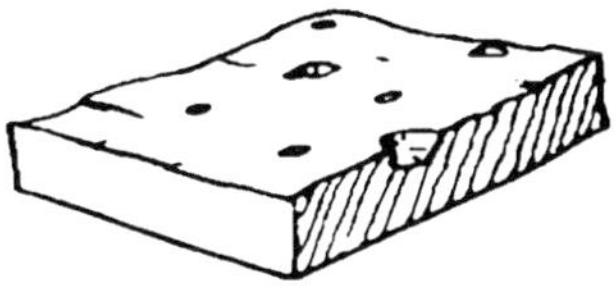
5	砂眼	由于杂粒失落、侵蚀或气体影响形成的以单个凹缺陷形式出现的表面缺陷	
6	缩孔	铸件、焊缝等在凝固时，由于不均匀收缩所引起的凹缺陷	
7	裂缝、缝隙、裂隙	条状凹缺陷，呈尖角形，有很浅的不规则开口	
8	缺损	在工件两个表面的相交处呈圆弧状的缺陷	
9	（凹面）瓢曲	板材表面由于局部弯曲形成的凹缺陷	
10	窝陷	无隆起的凹坑，通常由于压印或打击产生塑性变形而引起的凹缺陷	
11	树瘤	小尺寸和有限高度的脊状或丘状凸起	

（续）

序号	术语	定义	图例
12	疱疤	由于表面下层含有气体或液体所形成的局部凸起	
13	（凸面）瓢曲	板材表面由于局部弯曲所形成的拱起	
14	氧化皮	和基体材料成分不同的表皮层剥落形成局部脱离的小厚度鳞片状凸起	
15	夹杂物	嵌入工件材料里的杂物	
16	飞边	表面周边上尖锐状的凸起，通常在对应的一边出现缺损	
17	缝脊	工件材料的脊状凸起，是由于模铸或模锻等成形加工时材料从模子缝隙挤出，或在电阻焊接两表面（电阻对焊、熔化对焊等）时，在受压面的垂直方向形成	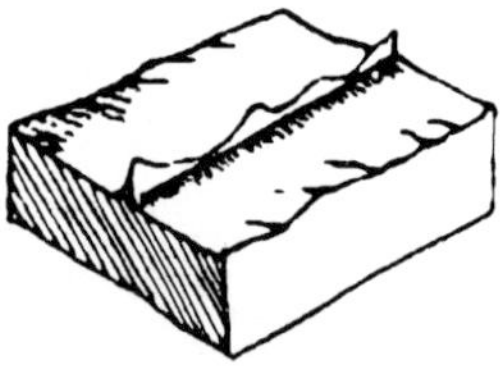
18	附着物	堆积在工件上的杂物或另一工件的材料	
19	环形坑	环形周围隆起、类似火山口的坑，它的周边高出基准面	
20	折叠	微小厚度的蛇状隆起，一般呈皱纹状，是滚压或锻压时的材料被褶皱压向表层所形成	

（续）

序号	术语	定义	图例
21	划痕	由于外来物移动,划掉或挤压工件表层材料而形成的连续凹凸状缺陷	
22	切屑残余	由于切屑去除不良引起的带状隆起	
23	滑痕	由于间断性过载在表面上不连续区域出现,如滚动轴承、滑动轴承和轴承座圈上形成的雾状表面损伤	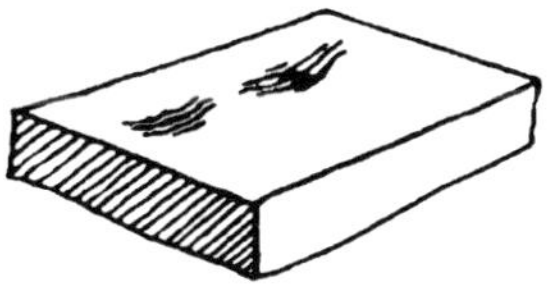
24	磨蚀	由于物理性破坏或磨损而造成的表面损伤	
25	腐蚀	由于化学性破坏造成的表面损伤	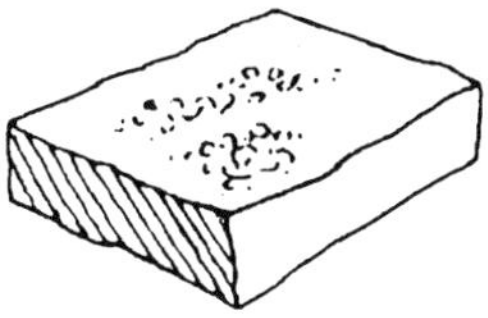
26	麻点	在表面上大面积分布,往往是深得凹点状和小孔状缺陷	
27	裂纹	表面上呈网状破裂的缺陷	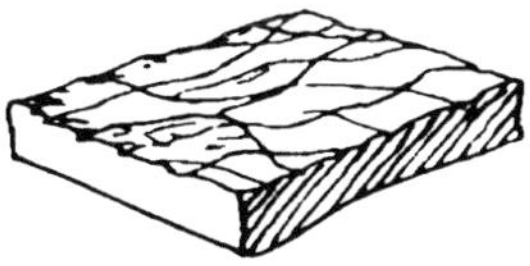
28	斑点、斑纹	外观与相邻表面不同的区域	
29	褪色	表面上脱色或颜色变淡的区域	

（续）

序号	术语	定义	图例
30	条纹	深度较浅的呈带状的凹陷区域,或表面结构呈异样的区域	
31	劈裂、鳞片	局部工件表层部分分离所形成的缺陷	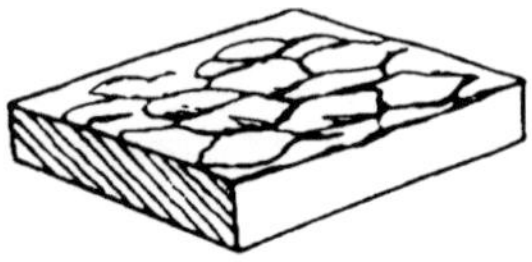

2.5 表面结构的表示法

图样上所标注的表面结构符号、代号,是该表面完工后的要求。表面结构的标注应符合GB/T 131—2006。

GB/T 131—2006《产品几何技术规范（GPS） 技术产品文件中表面结构的表示法》,等同采用了 ISO 1302：2002,规定了技术产品文件（技术产品文件包括图样、说明书、合同、报告等）中表面结构的表示法,同时给出了表面结构标注用图形符号和标注方法。本标准适用于对表面结构有要求时的表示法。其中表示法涉及的参数有：

（1）轮廓参数 与 GB/T 3505 标准相关的 R 轮廓参数（粗糙度参数）、W 轮廓参数（波纹度参数）和 P 轮廓参数（原始轮廓参数）,见2.1节。

（2）图形参数 与 GB/T 18618 标准相关的粗糙度图形和波纹度图形参数,见2.3节。

（3）支承率曲线参数 与 GB/T 18778.2 和 GB/T 18778.3 相关的支承率曲线参数,见第4章。

本标准不适用于对表面缺陷（如孔、划痕等）的标注方法,如果对表面缺陷有要求时,参见 GB/T 15757。

2.5.1 表面结构的符号

在技术产品文件中对表面结构的要求可用几种不同的图形符号表示,每个符号都有特定含义。表面结构的符号见表2-22。

表 2-22 表面结构的符号

符号	分类	含义
	基本图形符号	对表面结构有要求的图形符号,简称基本符号 基本图形符号由两条不等长的与标注表面成60°夹角的直线构成,表示未指定工艺方法的表面,当通过一个注释解释时可单独使用
	扩展图形符号	对表面结构要求去除材料的图形符号 在基本图形符号上加一短横,表示指定表面是用去除材料的方法获得,如通过机械加工获得的表面

（续）

符号	分类	含义
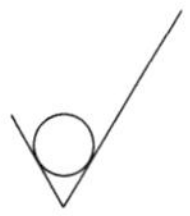	扩展图形符号	对表面结构不去除材料的图形符号 在基本图形符号上加一个圆圈,表示指定表面是用不去除材料方法获得的
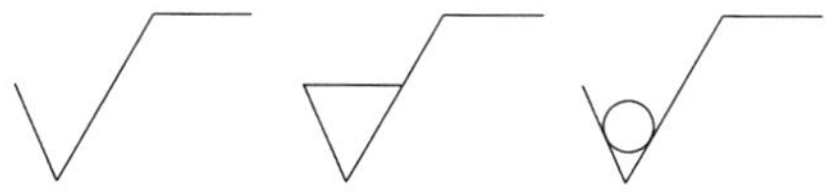	完整图形符号	对基本图形符号或扩展图形符号扩充后的图形符号。用于对表面结构有补充要求的标注 当要求标注表面结构特征的补充信息时,应在上图所示的图形符号的长边上加一横线
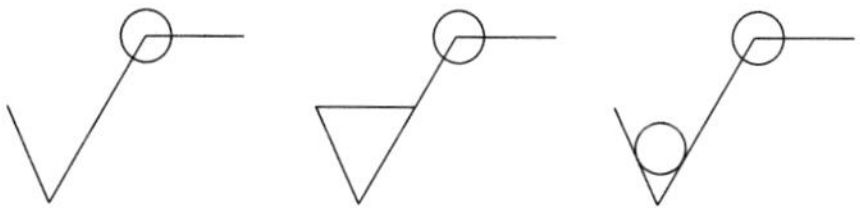	工件轮廓各表面的图形符号	当图样某个视图上构成封闭轮廓的各表面有相同的表面结构要求时,应在完整图形符号上加一圆圈,标注在图样中工件的封闭轮廓线上

2.5.2 表面结构的完整图形符号

表面结构完整图形符号及符号中各字母位置注写的含义见表2-23。

表2-23 表面结构的完整图形符号及符号中各字母位置注写的含义

符号	各位置字母注写的含义
	a、b——表面结构参数代号、极限值和传输带或取样长度。在参数代号和极限值间应插入空格。传输带或取样长度后应有一个斜线"/",之后是表面结构参数代号,最后是数值 示例1:0.0025-0.8/Rz 6.3（传输带标注） 示例2:-0.8/Rz 6.3（取样长度标注） 对图形法应标注传输带,后面应有一斜线"/",之后是评定长度值,再后是斜线"/",最后是表面结构参数代号及其数值 示例3:0.008-0.5/16/R 10 在位置a注写第一个表面结构要求,在位置b注写第二个表面结构要求。如果要注写第三个或更多个表面结构要求,图形符号应在垂直方向扩大,以空出足够的空间 示例4:

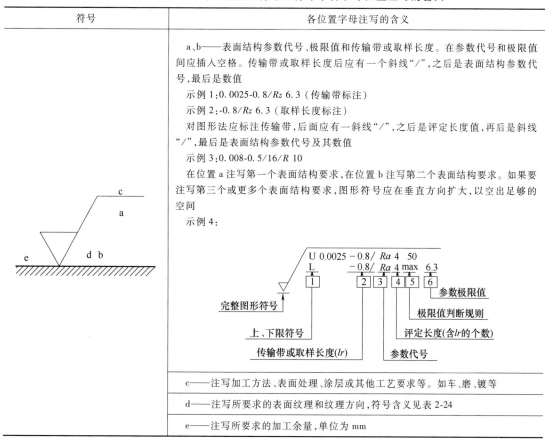

c——注写加工方法、表面处理、涂层或其他工艺要求等。如车、磨、镀等

d——注写所要求的表面纹理和纹理方向,符号含义见表2-24

e——注写所要求的加工余量,单位为mm

表 2-24　表面纹理的符号含义

符号	说明	2D 视图标注	3D 视图标注	纹理示意图
=	纹理平行于标注代号的视图的投影面	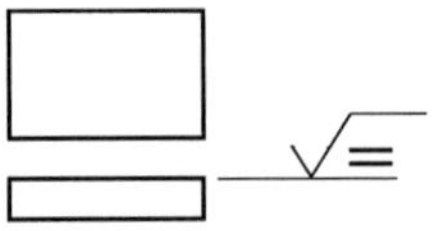	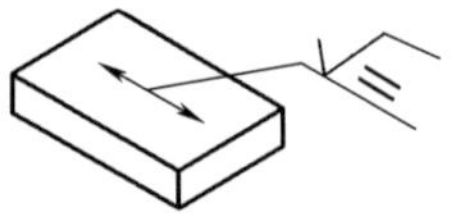	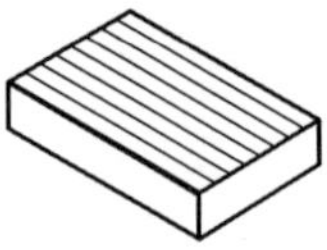
⊥	纹理垂直于标注代号的视图的投影面	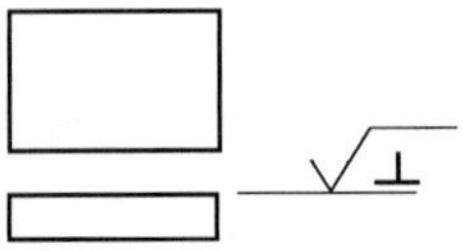	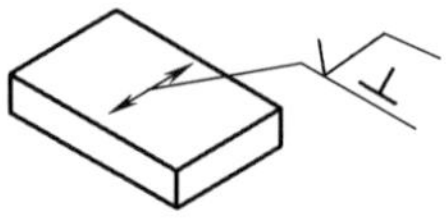	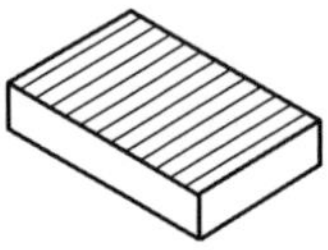
×	纹理呈两斜向交叉且与视图所在的投影面相交	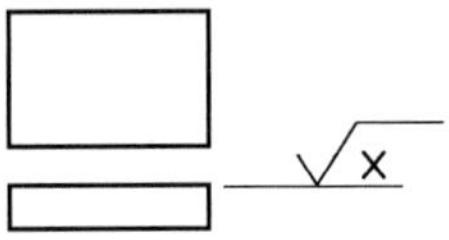	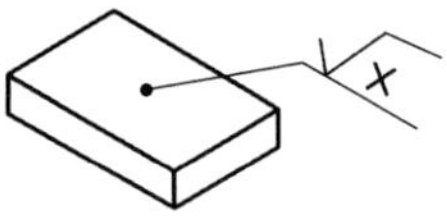	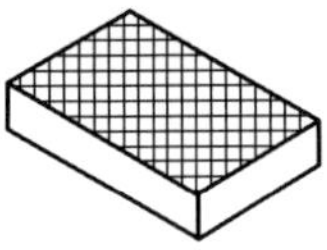
M	纹理呈多方向	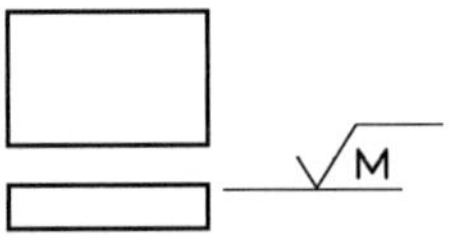	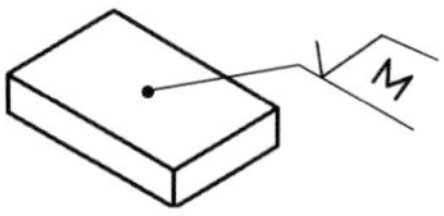	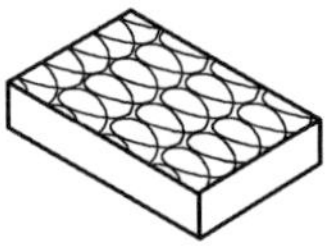
C	纹理呈近似同心圆且圆心与表面中心相关	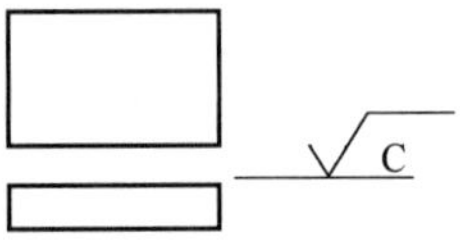	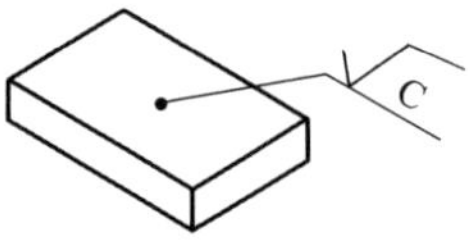	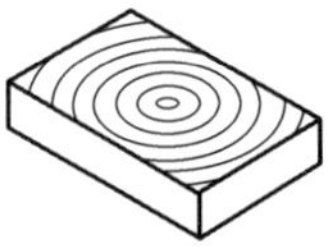
R	纹理呈近似放射状且与表面圆心相关	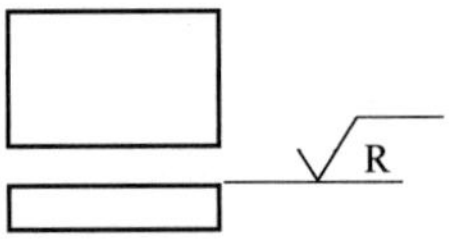	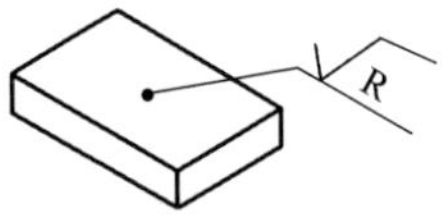	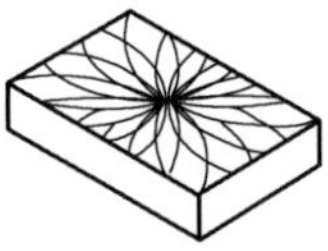
P	纹理无方向或呈凸起的微粒状	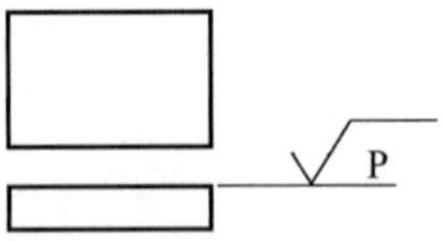	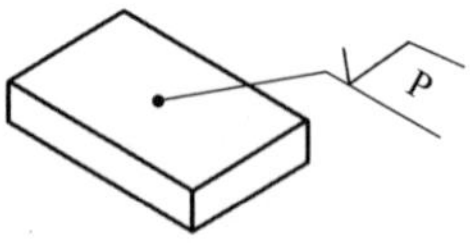	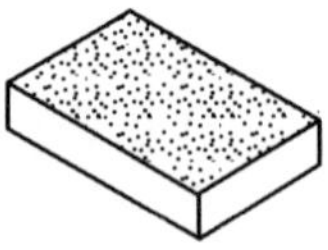

2.5.3　表面结构参数代号

轮廓法表面结构参数组主要有三类，即中线制表面轮廓参数（见 GB/T 3505）、表面结构图形参数（见 GB/T 18618）和表面结构支承率曲线参数（见 GB/T 18778.2 和 GB/T 18778.3），它们的参数代号见表 2-25～表 2-27。

2.5.3.1　表面轮廓参数代号

中线制表面轮廓参数针对三种表面轮廓：粗糙度轮廓、波纹度轮廓和原始轮廓，参数代号见表 2-25，参数的定义见表 2-3。

表 2-25　表面轮廓参数代号

参数类型	高度参数									间距参数	混合参数	曲线和相关参数		
	峰谷值					平均值								
R 轮廓参数	Rp	Rv	Rz	Rc	Rt	Ra	Rq	Rsk	Rku	Rsm	$R\Delta q$	$Rmr(c)$	$R\delta c$	Rmr
W 轮廓参数	Wp	Wv	Wz	Wc	Wt	Wa	Wq	Wsk	Wku	Wsm	$W\Delta q$	$Wmr(c)$	$W\delta c$	Wmr
P 轮廓参数	Pp	Rv	Rz	Rc	Rt	Ra	Rq	Rsk	Rku	Rsm	$R\Delta q$	$Rmr(c)$	$R\delta c$	Rmr

2.5.3.2　图形参数代号

表面结构图形参数仅适用于粗糙度轮廓和波纹度轮廓,参数代号见表 2-26,参数的定义见表 2-16。

表 2-26　表面结构的图形参数代号

参数类型	参数			
R 轮廓图形参数	R	R_x	AR	—
W 轮廓图形参数	W	W_x	AW	W_{te}

2.5.3.3　表面结构支承率曲线参数代号

与支承率曲线相关的参数体系有两个,分别是基于线性支承率曲线的参数(见 GB/T 18778.2)和基于概率支承率曲线的参数(见 GB/T 18778.3),参数代号见表 2-27。基于线性支承率曲线相关的参数采用不同的滤波方法,即采用相位修正滤波器(见 GB/T 18778.1)和图形法滤波器(见 GB/T 18618)。概率支承率曲线参数针对 R 轮廓和 P 轮廓。

表 2-27　表面结构支承率曲线参数代号

参数类型		参数				
线性支承率曲线参数	R 轮廓参数(滤波器根据 GB/T 18778.1 选择)	Rk	Rpk	Rvk	Mr_1	Mr_2
	R 轮廓图形参数(滤波器根据 GB/T 18618 选择)	Rke	$Rpke$	$Rvke$	Mr_1e	Mr_2e
概率支承率曲线参数	R 轮廓参数(滤波器根据 GB/T 18778.1 选择)	Rpq		Rvq		Rmq
	P 轮廓参数(原始轮廓滤波器 λs)	Ppq		Pvq		Pmq

2.5.4　表面结构参数的标注规则

给出表面结构要求时,应标注其参数代号和相应数值,并包括要求解释的以下 4 项重要信息:

1)R 轮廓、W 轮廓或 P 轮廓。

2)轮廓特征。

3)满足评定长度要求的取样长度的个数。

4)要求的极限值。

表面结构各参数的标注规则见表 2-28。

表 2-28　表面结构各参数的标注规则

序号	类型	标注规则
1	评定长度 ln 的标注	若所标注参数代号后没有"max",表明采用的是有关标准中默认的评定长度。若不存在默认的评定长度时,参数代号中应标注取样长度的个数
1	评定长度 ln 的标注	1. 轮廓参数 R 轮廓:如果评定长度的取样长度个数不等于 5,应在相关参数代号后标注其个数。如:$Ra3$、$Rz3$、$Rsm3$。如果个数等于 5,则默认标注 W 轮廓:波纹度轮廓目前不存在默认评定长度。取样长度个数必须在相关波纹度参数代号后标注。如 $Wz5$ 或 $Wa3$ P 轮廓:取样长度等于评定长度,并且评定长度等于测量长度。因此,在参数代号中无需标注取样长度个数 标注示例见表 2-30
		2. 图形参数 如果评定长度不是默认值16mm时,应将其数值标注在两斜线"/"中间 示例:0.008-0.5/12/R 10(表示评定长度为 12mm) 在图形参数中,不存在取样长度的概念,因此无需标注取样长度个数
		3. 基于支承率曲线的参数 R 轮廓:如果评定长度内的取样长度个数不等于 5(默认值),应在相应参数代号后标注其个数。示例:$Rk8$、$Rpk8$、$Rvk8$、$Rpq8$、$Rmq8$(要求评定长度为 8 个取样长度) P 轮廓:取样长度等于评定长度,并且评定长度等于测量长度。因此,在参数代号中,无需标注取样长度个数
2	极限值判断规则的标注	表面结构要求中给定极限值的判断规则有两种:16%规则和最大规则 16%规则是所有表面结构要求标注的默认规则。当允许在表面粗糙度参数的所有实测值中,超过规定值的个数少于总数的 16%时,采用这个默认的规则 　　　　MRR Ra 0.8;　$Rz1$ 3.2　　　　　　　$\sqrt{\begin{array}{l}Ra\ 0.8\\Rz1\ 3.2\end{array}}$ 　　　　a) 在文本中　　　　　　　　b) 在图样上 最大规则:当要求表面粗糙度参数所有实测值不允许超过规定值时,应在参数代号中加上"max"。最大规则不适用于图形参数 　　　　MRR Ramax 0.8;　$Rz1$max 3.2　　　　$\sqrt{\begin{array}{l}Ra\ \max\ 0.8\\Rz1\ \max\ 3.2\end{array}}$ 　　　　a) 在文本中　　　　　　　　b) 在图样上
3	传输带和取样长度的标注	当参数代号中没有标注传输带时,表面结构要求采用默认的传输带 如果表面结构参数没有定义默认传输带,默认的短波滤波器或默认的取样长度(长波滤波器),则表面结构标注应该指定传输带,即短波滤波器或长波滤波器,以保证表面结构明确的要求。传输带应标注在参数代号的前面,并用斜线"/"隔开。 传输带标注包括滤波器截止波长(mm),短波滤波器在前,长波滤波器在后,并用连字号"-"隔开,如图 a 所示 在某些情况下,传输带中只标注两个滤波器中的一个。如果存在第二个滤波器,使用默认的截止波长值。如果只标注一个滤波器,应保留连字号"-"来区分是短波滤波器(见图 b)还是长波滤波器,如图 c 所示 一般而言,表面结构定义在传输带中,传输带的波长范围在两个定义的滤波器(见表 5-4)之间或图形法的两个极限值之间。这意味着传输带即是评定时的波长范围。传输带被一个截止短波的滤波器(短波滤波器)和另一个截止长波的滤波器(长波滤波器)所限制。滤波器由截止波长值表示 　$\sqrt{0.0025\text{-}0.8/Ra\ 3.2}$　　$\sqrt{0.0025\text{-}/Ra\ 3.2}$　　$\sqrt{\text{-}0.8/Ra\ 3.2}$ 　　　　a)　　　　　　　　b)　　　　　　　　c)

（续）

序号	类型	标注规则
3	传输带和取样长度的标注	1. 轮廓参数 R 轮廓:传输带的截止波长值代号是 λs(短波滤波器)和 λc(长波滤波器), λc 表示取样长度 如果标注传输带,可能只需要标注长波滤波器 λc(如-0.8)。短波滤波器 λs 值由 GB/T 6062 给定(见表 5-4) W 轮廓:传输带的截止波长值代号是 λc(短波滤波器)和 λf(长波滤波器), λf 表示取样长度。没有定义默认值,也没有定义 λc 和 λf 的比率 波纹度应标注传输带,即给出两个截止波长,传输带可根据 GB/T 10610 规定的表面粗糙度默认的同一表面的截止波长值 λc 确定,传输带可表示为 λc-$n\times\lambda c$,n 值由设计值选择 MRR λc-12λc/Wz 125　　　　　　λc-12λc/Wz 125 a) 在文本中　　　　　b) 在图样上 P 轮廓:传输带的截止波长值代号是 λs(短波滤波器)。应标注短波滤波器的截止波长值 λs。P 参数没有默认长波滤波器(取样长度)代号。如果对工件功能有要求,对 P 参数可以标注长波滤波器(取样长度) 示例:-25/Pz 225 2. 图形参数 粗糙度轮廓:如果相应的组合(λs、A)采用默认值(A 值见表 2-17),就不必标注评定长度值,但仍应标出两条斜线。如果不标注短波长度界限值,默认值是 λs=0.008mm 波纹度轮廓:短波长度界限 A 和长波长度界限 B 应该一起标注,如果采用默认值(A、B 值见表 2-17),就不必标注评定长度值,但仍应标出两条斜线。如果不标注短波长度界限值,默认值是 A=0.5mm,B=2.5mm 3. 基于支承率曲线的参数 R 轮廓:只有一对默认的和一对非默认的标准化值。其中默认的截止波长值 λc=0.8mm(长波滤波器)和 λs=0.025mm(短波滤波器),非默认的标准化值是 0.008~2.5mm P 轮廓:应标注短波滤波器的截止波长值 λs。在默认情况下,P 参数没有任何长波滤波器(取样长度)。如果对工件功能有要求,应对 P 参数标注长波滤波器(取样长度)
4	单向极限或双向极限的标注	单向极限:当只标注参数代号、参数值或传输带时,应默认认为是参数的上限值(16%规则或最大规则的极限值);当参数代号、参数值和传输带作为参数的单向下限值标注时,参数代号前应加 L 示例:L Ra 0.32 双向极限:在完整符号中表示双向极限时应标注极限代号。上限值在上方用 U 表示,下限值在下方用 L 表示,如下图所示。如果同一参数具有双向极限要求,在不引起歧义的情况下,可以不加 U、L 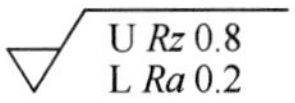 U Rz 0.8 L Ra 0.2
5	加工方法或相关信息的注法	加工方法或相关信息用文字标注在符号长边的横线上面 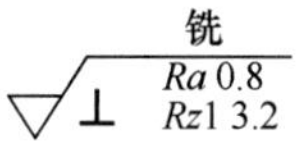 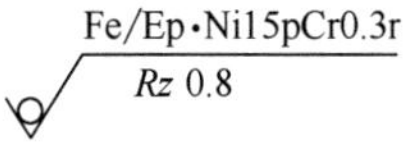 铣　　　　　Fe/Ep·Ni15pCr0.3r Ra 0.8　　　　Rz 0.8 Rz1 3.2 a) 加工工艺和表面粗糙度要求的注法　　b) 镀覆和表面粗糙度要求的注法
6	表面纹理的注法	表面纹理及其方向用表 2-24 中规定的符号标注在完整符号中。标注示例见表 2-30 的例14

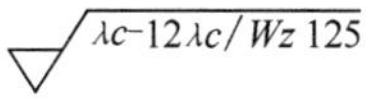

（续）

序号	类型	标注规则
7	加工余量的注法	在同一图样中有多个加工工序表面时,可标注加工余量 当标注加工余量时,加工余量可能是加注在完整符号上的唯一要求。加工余量也可以同表面结构要求一起标注 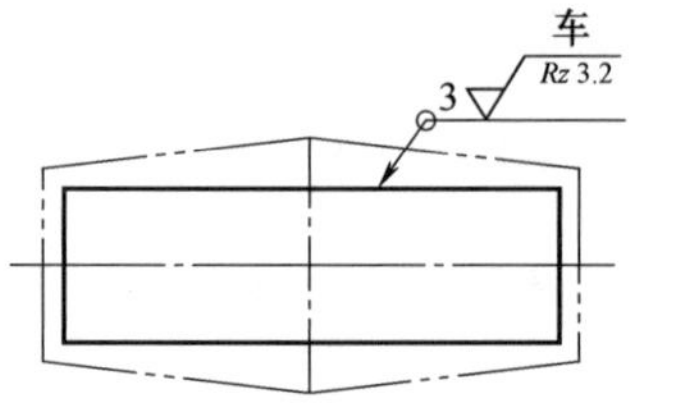

2.5.5 表面结构要求在图样和其他技术产品文件中的注法

表面结构要求在图样和其他技术产品文件中的注法见表2-29。

表2-29 表面结构要求在图样和其他技术产品文件中的注法

序号	类型	标注规则
1	概述	表面结构要求对每一表面一般只标注一次,并尽可能注在相应的尺寸及其公差的同一视图上。除非另有说明,所标注的表面结构要求是对完工零件表面的要求
2	表面结构符号、代号的标注位置与方向	总的原则:表面结构的注写和读取方向与尺寸的注写和读取方向一致 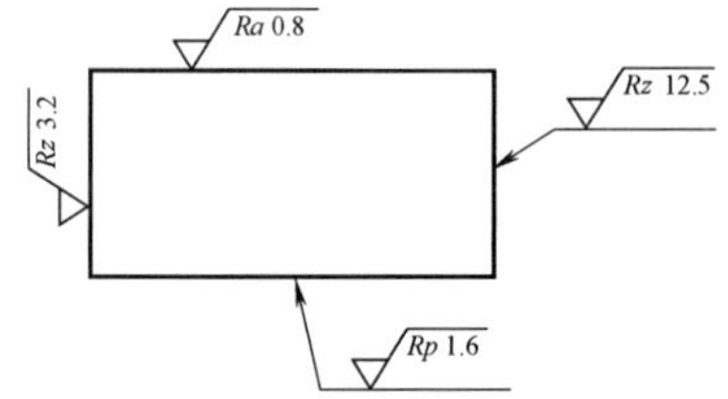
3	标注在轮廓线上或指引线上	表面结构要求可标注在轮廓线上,其符号应从材料外指向并接触表面。必要时,表面结构符号也可用带箭头或黑点的指引线上引出标注 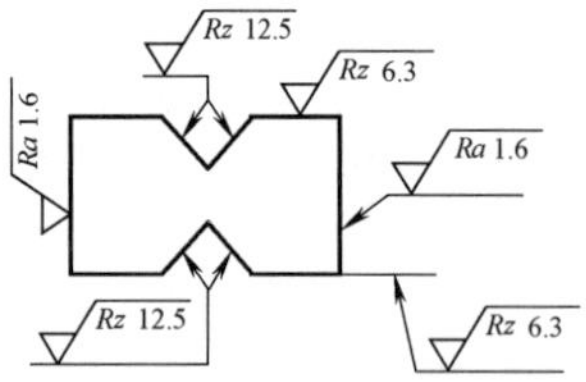 a) 在轮廓线上的标注 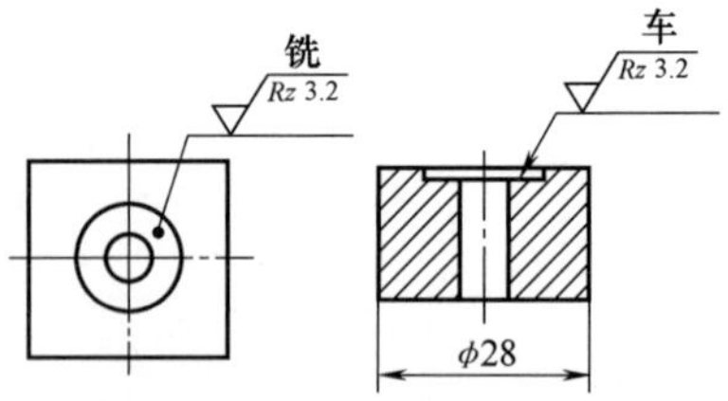　　b) 用指引线引出标注表面结构要求
4	标注在特征尺寸的尺寸线上	在不致引起误解时,表面结构要求可以标注在给定的尺寸线上 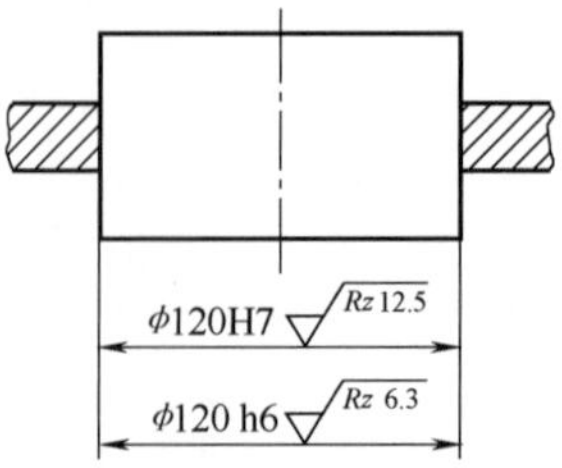

40

（续）

序号	类型	标注规则
5	标注在几何公差框格上	表面结构要求可标注在几何公差框格的上方 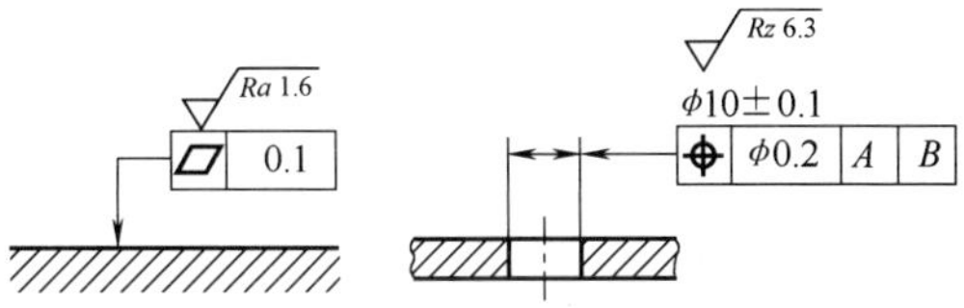
6	标注在延长线上	表面结构要求可以直接标注在延长线上(见图a)，或用带箭头的指引线引出标注(见图a)。圆柱和棱柱表面的表面结构要求只标注一次，如果每个棱柱表面有不同的表面结构要求，则应分别单独标注(见图b) 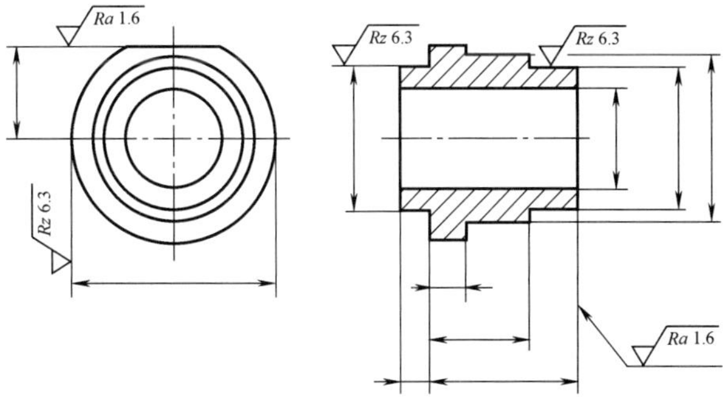 a) 表面结构要求标注在延长线上示例 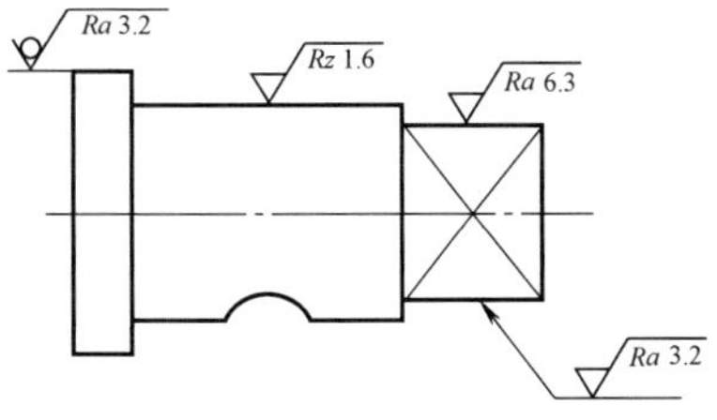 b) 圆柱和棱柱表面上表面结构要求的注法
7	表面结构要求的简化注法	1. 有相同表面结构要求的简化注法 　如果工件的多数(包括全部)表面有相同的表面结构要求，则其表面结构要求可统一标注在图样的标题栏附近。表面结构要求的符号后面应有： 　在圆括号内给出无任何其他标注的基本符号，如图a所示。在圆括号内给出不同的表面结构要求，如图b所示 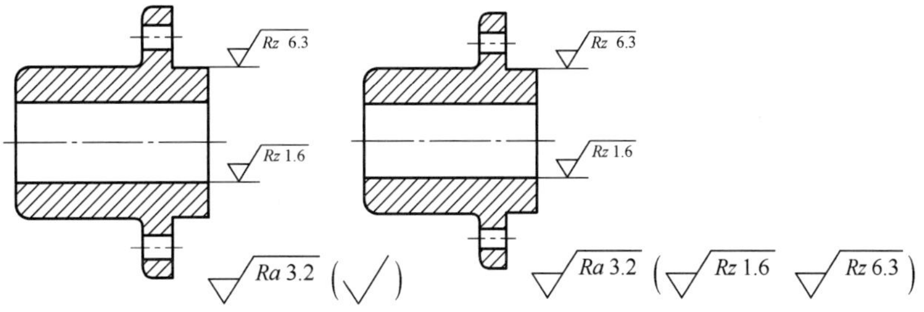 　　　a)　　　　　　　　　b)

（续）

序号	类型	标注规则
7	表面结构要求的简化注法	2. 多个表面有共同要求的简化注法 可用带字母的完整符号,以等式的形式在图形或标题栏附近,对有相同表面结构要求的表面进行简化标注,如图 c 所示 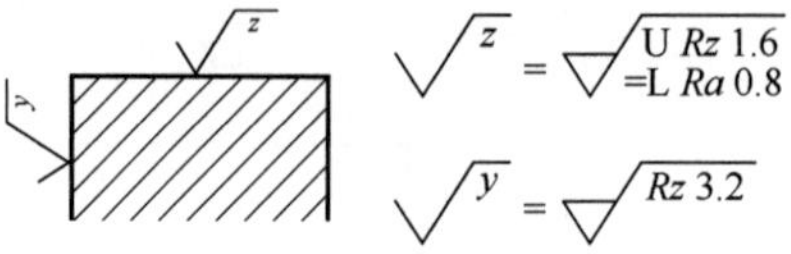 c) 3. 可用表面结构符号,以等式的形式给出对多个表面共同的表面结构要求,如图 d~f 所示  d)  e)  f)
8	两种或多种工艺获得的同一表面的注法	由几种不同的工艺方法获得的同一表面,当需要明确每种工艺方法的表面结构要求时可按下图标注 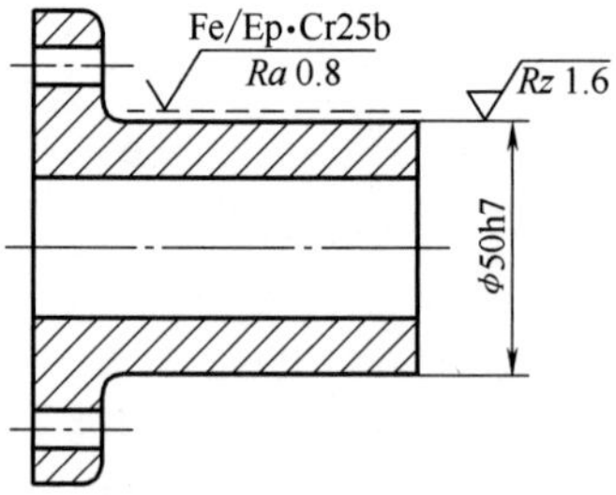

2.5.6 表面结构要求的标注示例

表面结构要求的标注示例见表 2-30。

表 2-30 表面结构要求的标注示例

序号	要求	示例
例 1	表示不允许去除材料,单向上极限,默认传输带,R 轮廓,粗糙度的最大高度是 0.4μm,评定长度为 5 个取样长度(默认),"16%规则"(默认)	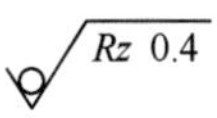

（续）

序号	要求	示例
例2	表示去除材料,单向上极限,默认传输带,R 轮廓,粗糙度最大高度的最大值是 0.2μm,评定长度为 5 个取样长度（默认）,"最大规则"	$\sqrt{}$ Rzmax 0.2
例3	表示去除材料,单向上极限,传输带 0.008-0.8mm,R 轮廓,算术平均极限值 3.2μm,评定长度为 5 个取样长度（默认）,"16% 规则"（默认）	$\sqrt{}$ 0.008-0.8/Ra 3.2
例4	表示去除材料,单向上极限,传输带:取样长度为 0.8μm（根据 GB/T 6062,λs 默认 0.0025mm）,R 轮廓,算术平均极限值 3.2μm,评定长度包含 3 个取样长度,"16% 规则"（默认）	$\sqrt{}$ -0.8/Ra3 3.2
例5	表示不允许去除材料,双向极限值,两极限值均使用默认传输带,上极限值:R 轮廓,算术平均偏差值 3.2μm,评定长度为 5 个取样长度（默认）,"最大规则",下极限值:算术平均偏差 0.8μm,评定长度为 5 个取样长度（默认）,"16% 规则"（默认）	$\sqrt{}$ U Ramax 3.2 L Ra 0.8
例6	表示去除材料,单向上极限,传输带 0.8-25mm,W 轮廓,波纹度最大高度 10μm,评定长度包含 3 个取样长度,"16% 规则"（默认）	$\sqrt{}$ 0.8-25/Wz3 10
例7	表示去除材料,单向上极限,传输带:λs = 0.008mm,无长波滤波器,P 轮廓,轮廓总高 25μm,评定长度等于工件长度（默认）,"最大规则"	$\sqrt{}$ 0.008-/Ptmax 25
例8	表示任意加工方法,单向上极限,传输带 λs = 0.0025mm,A = 0.1mm,评定长度 3.2mm（默认）,粗糙度图形参数,粗糙度图形最大深度 0.2μm,"16% 规则"（默认）	$\sqrt{}$ 0.0025-0.1//Rx 0.2
例9	表示不允许去除材料,单向上极限,传输带 λs = 0.008mm（默认）,A = 0.5mm（默认）,评定长度 10mm,粗糙度图形参数,粗糙度图形平均深度 10μm,"16% 规则"（默认）	$\sqrt{}$ /10/R 10
例10	表示去除材料,单向上极限,传输带 A = 0.5mm（默认）,B = 2.5mm（默认）,评定长度 16mm（默认）,波纹度图形参数,波纹度图形平均深度 1mm,"16% 规则"（默认）	$\sqrt{}$ W 1
例11	表示任意加工方法,单向上极限,传输带 λs = 0.008mm（默认）,A = 0.3mm（默认）,评定长度 6mm,粗糙度图形参数,粗糙度图形平均间距 0.09mm,"16% 规则"（默认）	$\sqrt{}$ -0.3/6/AR 0.09
例12	加工方法:铣,表面纹理呈近似同心圆且圆心与表面中心相关 表面粗糙度;双向极限值;上限值 Ra = 50μm;下限值 Ra = 6.3μm;均为"16% 规则"（默认）;两个传输带均为 0.008-4mm;默认的评定长度 5×4mm = 20mm 注意:因为不会引起争议,不必加 U 和 L	铣 $\sqrt{}$ 0.008-4/Ra 50 ⌐ 0.008-4/Ra 6.3
例13	$\sqrt{Rz\ 6.3}$ （$\sqrt{}$）的含义: 除一个表面以外,所有表面的粗糙度为: 表面纹理没有要求;去除材料的工艺;单向上限值;Rz = 6.3μm;"16% 规则"（默认）;默认传输带;默认评定长度（5×λc） $\sqrt{Ra\ 0.8}$ 的含义: 表面纹理没有要求;去除材料的工艺;单向上限值;Ra = 0.8μm;"16% 规则"（默认）;默认传输带;默认评定长度（5×λc）	

（续）

序号	要求	示例
例14	表面纹理垂直于视图的投影面；加工方法：磨削 表面粗糙度要求。两个单向上限值： 1）$Ra = 1.6\mu m$；"16%规则"（默认）；默认传输带；默认评定长度（5×λc）（GB/T 10610） 2）$Rzmax = 6.3\mu m$；最大规则；传输带-2.5μm（GB/T 6062）；评定长度默认（5×2.5mm）	磨 Ra 1.6 ⊥ -2.5/Rz max 6.3
例15	表面纹理没有要求；表面处理：铜件，镀镍/铬；表面要求对封闭轮廓的所有表面有效 表面粗糙度：单向上限值；$Rz = 0.8\mu m$；"16%规则"（默认）（GB/T 10610）；默认传输带（GB/T 10610 和 GB/T 6062）；默认评定长度（5×λc）（GB/T 10610）	Cu/Ep·Ni5bCr0.3r Rz 0.8
例16	表面处理：钢件，镀镍/铬 表面粗糙度：一个单向上限值和一个双向极限值： 1）单向 $Ra = 1.6\mu m$；"16%规则"（默认）（GB/T 10610）；传输带-0.8mm（λs 根据 GB/T 6062 确定）；评定长度 5×0.8 = 4mm（GB/T 10610） 2）双向 Rz；上限值 $Rz = 12.5\mu m$；下限值 $Rz = 3.2\mu m$；"16%规则"（默认）；上下极限传输带均为-2.5mm，其中 λs 根据 GB/T 6062 确定；上下极限评定长度均为 5×2.5 = 12.5mm （即使不会引起争议，也可以标注 U 和 L 符号）	Fe/Ep·Ni10bCr0.3r -0.8/Ra 1.6 U -2.5/Rz 12.5 L -2.5/Rz 3.2
例17	键槽侧壁的表面粗糙度：一个单向上限值；$Ra = 6.3\mu m$；"16%规则"（默认）（GB/T 10610）；默认评定长度（5×λc）（GB/T 6062）；默认传输带（GB/T 10610 和 GB/T 6062）；表面纹理没有要求；去除材料的工艺 倒角的表面粗糙度：一个单向上限值；$Ra = 3.2\mu m$；"16%规则"（默认）（GB/T 10610）；默认评定长度（5×λc）（GB/T 6062）；默认传输带（GB/T 10610 和 GB/T 6062）；表面纹理没有要求；去除材料的工艺	
例18	示例中的三个表面粗糙度要求为： 单向上限值；分别是：$Ra = 1.6\mu m$，$Ra = 6.3\mu m$，$Rz = 12.5\mu m$；"16%规则"（默认）（GB/T 10610）；默认评定长度（5×λc）（GB/T 6062）；默认传输带（GB/T 10610 和 GB/T 6062）；表面纹理没有要求；去除材料的工艺	
例19	示例是三个连续的加工工序 第一道工序：单向上限值；$Rz = 1.6\mu m$；"16%规则"（默认）（GB/T 10610）；默认评定长度（5×λc）（GB/T 6062）；默认传输带（GB/T 10610 和 GB/T 6062）；表面纹理没有要求；去除材料的工艺 第二道工序：镀铬，无其他表面结构要求 第三道工序：一个单向上限值，仅对长为 50mm 的圆柱表面有效；$Rz = 6.3\mu m$；"16%规则"（默认）（GB/T 10610）；默认评定长度（5×λc）（GB/T 6062）；默认传输带（GB/T 10610 和 GB/T 6062）；表面纹理没有要求；磨削加工工艺	

2.6　评定表面结构的规则和方法

GB/T 10610—2009《产品几何技术规范（GPS）　表面结构　轮廓法　评定表面结构的规则和方法》等同采用了 ISO 4288：1996，规定了 GB/T 3505、GB/T 18618、GB/T 18778.2、GB/T 18778.3 定义的各种表面结构参数的测得值和公差极限相比较的规则。还规定了应用 GB/T 6062 规定的触针式仪器测量 GB/T 3505 定义的粗糙度轮廓参数时选用截止波长 λc 的默认规则。

注意：ISO 4288：1996 已被 ISO 21920-3：2021 *Geometrical product specifications（GPS）—Surface texture：Profile—Part 3：Specification operators* 替代。

2.6.1　参数测定方法

表面结构参数的测定方法见表 2-31。

表 2-31　表面结构参数的测定方法

参数	参数测定方法
在取样长度上定义的参数	1）参数测定：仅由一个取样长度测得的数据计算出参数值的一次测定 2）平均参数测定：把所有按单个取样长度算出的参数值，取算术平均求得一个平均参数的测定 当取 5 个取样长度（默认值）测定粗糙度轮廓参数时，不需要在参数符号后面做出标记 如果参数值不是在 5 个取样长度上测得的，则必须在参数符号后面标记取样长度的个数，例如：$Rz1$、$Rz3$
在评定长度上定义的参数	对于在评定长度上定义的参数：Pt、Rt 和 Wt，参数值的测定是由在评定长度（取 GB/T 1031 规定的评定长度默认值）上的测量数据计算得到的
曲线及相关参数	对于曲线及相关参数的测定，首先以评定长度为基础求解这曲线，再利用这曲线上测得的数据计算出某一参数数值
默认评定长度	如果在图样上或技术产品文件中没有其他标注，默认评定长度应遵循以下规定： 1）R 参数，按表 2-13 和表 2-14 规定的评定长度 2）P 参数，评定长度等于被测特征的长度 3）图形参数：评定长度的规定见表 2-17 4）支承特性参数：采用 $\lambda c = 0.8mm$ 的截止波长，此时评定长度 $ln = 4mm$。在允许的例外情况下，也可采用 $\lambda c = 2.5mm$ 的截止波长，此时评定长度 $ln = 12.5mm$

2.6.2　测得值与公差极限值相比较的规则

（1）被检特征的区域　被检验工件各个部位的表面结构，可能呈现均匀一致状况，也可能差别很大，这点通过目测表面就能看出。在表面结构看来均匀的情况下，应采用整体表面上测得的参数值与图样上或技术产品文件中的规定值相比较。

如果个别区域的表面结构有明显差异，应将每个区域上测定的参数值分别与图样上或技术产品文件中的规定值相比较。

当参数的规定值为上限值时，应在几个测量区域中选择可能会出现最大参数值的区域测量。

（2）16%规则　当参数的规定值为上限值时，如果所选参数在同一评定长度上的全部实测值中，大于图样或技术产品文件中规定值的个数不超过实测值总数的16%，则该表面合格。

当参数的规定值为下限值时，如果所选参数在同一评定长度上的全部实测值小于图样或技术文件中规定值的个数不超过实测值总数的16%，则该表面合格。

（3）最大规则　检验时，若参数的规定值为最大值，则在被检表面的全部区域内测得的参数值一个也不应超过图样或技术产品文件中的规定值。

若规定参数的最大值，应在参数符号后面增加一个"max"标记，例如：$Rz1\ max$。

（4）测量不确定度　为了验证是否符合技术要求，将测得参数值和规定公差极限进行比较时，应根据 GB/T 18779.1 中的规定，把测量不确定度考虑进去。在将测量结果与上限值或下限值进行比较时，估算测量不确定度不必考虑表面的不均匀性，因为这在允许16%超差中已计及。

2.6.3　参数评定的规则

参数评定的规则如下：

1）表面结构参数不能用来描述表面缺陷，因此在检验表面结构时，不应把表面缺陷，如划痕、气孔等考虑进去。

2）为了判定工件表面是否符合技术要求，必须采用表面结构参数的一组测量值，其中每组数值是在一个评定长度上测定的。

3）对被检表面是否符合技术要求判定的可靠性，以及由同一表面获得的表面结构参数平均值的精度取决于获得表面参数的评定长度内取样长度的个数，而且也取决于评定长度的个数，即在表面上的测量次数。

4）对于 GB/T 3505—2009 定义的粗糙度系列参数，如果评定长度不等于 5 个取样长度，则其上、下限值应重新计算，将其与评定长度等于 5 个取样长度时的极限值联系起来。图 2-12 中所示每个 σ 等于 σ_5。σ_n 和 σ_5 的关系，由下式给出：

$$\sigma_5 = \sigma_n \sqrt{n/5}$$

式中　n——所用取样长度的个数（小于 5）。

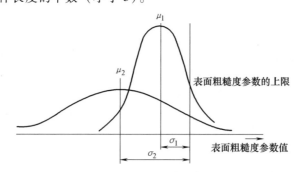

图 2-12　表面粗糙度参数值统计图

μ—粗糙度轮廓参数的算术平均值　σ—μ 的标准偏差

5）测量的次数越多，评定长度越长，则判定被检表面是否符合要求的可靠性越高，测量参数平均值的不确定度也越小。然而，测量次数的增加将导致测量时间和成本的增加，因此，检验方法必须考虑一个兼顾可靠性和成本的折衷方案。

2.6.4 触针式仪器检验的规则和方法

使用触针式仪器评估表面粗糙度的步骤如图 2-13 所示。

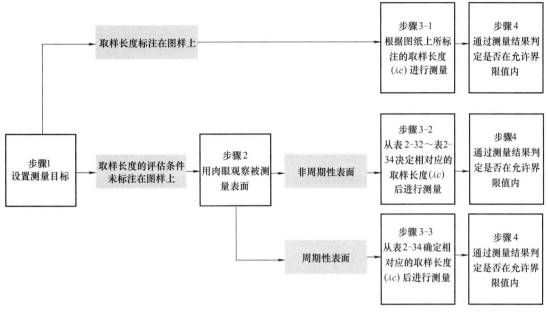

图 2-13 使用触针式仪器评估表面粗糙度的步骤

（1）步骤 1 ：设置测量目标物 去除测量目标物表面的油或灰尘。

没有指定测量方向时，工件的安放应使其测量截面方向与得到粗糙度幅度参数（Ra、Rz）最大值的测量方向相一致，该方向垂直于被测表面的加工纹理，对无方向性的表面，测量截面的方向可以是任意的。

（2）步骤 2 ：用肉眼观察测量对象的表面 判断对象面的表面形貌（条纹、粗糙度曲线）为周期性或非周期性。周期性表面结构示例与非周期性表面结构示例如图 2-14 和图 2-15 所示。

图 2-14 周期性表面结构示例

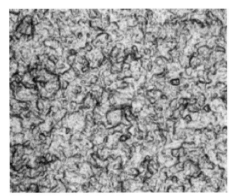

图 2-15 非周期性表面结构示例

（3）步骤 3-1：图样给出取样长度时 当工业产品文件或图样的技术条件中已规定取样长度时，截止波长 λc 应与规定的取样长度值相同。

若在图样或产品文件中没有出现粗糙度的技术规范或给出的粗糙度规范中没有规定取样长度，可由步骤3-2或步骤3-3给出的方法选定截止波长 λc。

（4）步骤3-2：非周期性粗糙度轮廓的测量程序　对于具有非周期粗糙度轮廓的表面应按下列步骤进行测量：

1）根据需要，可以采用目测、粗糙度比较样块比较、全轮廓轨迹的图解分析等方法来估计被测的粗糙度轮廓参数值。

2）利用步骤1）中估计的粗糙度轮廓参数值，按表2-32、表2-33或表2-34预选取样长度。

3）用测量仪器按步骤2）中预选的取样长度，完成粗糙度轮廓参数的一次预测量。

4）将测得的粗糙度轮廓参数值，与表2-32、表2-33或表2-34中预选取样长度所对应的粗糙度轮廓参数值范围相比较。如果测得值超出了预选取样长度对应的数值范围，则应按测得值对应的取样长度来设定，即把仪器调整至相应的较高或较低的取样长度。然后应用这一调整后的取样长度测得一组参数值，再次与表2-32、表2-33或表2-34中数值比较。此时，测得值应达到由表2-32、表2-33或表2-34建议的测得值和取样长度的组合。

5）如果在步骤4）评定时没有采用过更短的取样长度，则把取样长度调至更短些获得一组粗糙度轮廓参数值，检查所测得的粗糙度轮廓参数值和取样长度的组合是否也满足表2-32、表2-33或表2-34的规定。

6）只要步骤4）中最后的设定与表2-32、表2-33或表2-34相符合，则设定的取样长度和粗糙度轮廓参数值两者是正确的。如果步骤5）也产生一个满足表2-32、表2-33或表2-34规定的组合，则这个较短的取样长度设定值和相对应的粗糙度轮廓参数值是最佳的。

7）用上述步骤中预选出的截止波长（取样长度）完成一次所需参数的测量。

（5）步骤3-3：周期性粗糙度轮廓的测量程序　对于具有周期性粗糙度轮廓的表面应采用下述步骤进行测量：

1）用图解法估计被测粗糙度表面的参数 Rsm 的数值。

2）按估计的 Rsm 的数值，由表2-34确定推荐的取样长度作为截止波长 λc 值。

3）必要时，如在有争议的情况下，利用由2）选定的截止波长值测量 Rsm 值。

4）如果按照步骤3）得到的 Rsm 值由表2-34查出的取样长度比2）确定的取样长度较小或较大，则应采用这较小或较大的取样长度值作为截止波长值。

5）用上述步骤中确定的截止波长（取样长度）完成一次所需参数的测量。

表2-32　测量非周期性轮廓（如磨削轮廓）的 Ra、Rq、Rsk、Rku、$R\Delta q$
值及曲线和相关参数的粗糙度取样长度

$Ra/\mu m$	粗糙度取样长度 lr/mm	粗糙度评定长度 ln/mm
$(0.006)<Ra\leq0.02$	0.08	0.4
$0.02<Ra\leq0.1$	0.25	1.25
$0.1<Ra\leq2$	0.8	4
$2<Ra\leq10$	2.5	12.5
$10<Ra\leq80$	8	40

表 2-33 测量非周期性轮廓（如磨削轮廓）的 *Rz*、*Rv*、*Rp*、*Rc*、*Rt*

值及曲线和相关参数的粗糙度取样长度

$Rz^①$、$Rz1\ max^②$ /μm	粗糙度取样长度 lr/mm	粗糙度评定长度 ln/mm
（0.025）$<Rz$、$Rz1\ max \leqslant 0.1$	0.08	0.4
$0.1<Rz$、$Rz1\ max \leqslant 0.5$	0.25	1.25
$0.5<Rz$、$Rz1\ max \leqslant 10$	0.8	4
$10<Rz$、$Rz1\ max \leqslant 50$	2.5	12.5
$50<Rz$、$Rz1\ max \leqslant 200$	8	40

① *Rz* 是在测量 *Rz*、*Rv*、*Rp*、*Rc* 和 *Rt* 时使用。

② *Rz*1 max 仅在测量 *Rz*1 max、*Rp*1 max、*Rv*1 max 和 *Rc*1 max 时使用。

表 2-34 测量周期性轮廓的 **R** 参数及周期性和非周期性轮廓的

Rsm 值的粗糙度取样长度

Rsm/mm	粗糙度取样长度 lr/mm	粗糙度评定长度 ln/mm
$0.013<Rsm \leqslant 0.04$	0.08	0.4
$0.04<Rsm \leqslant 0.13$	0.25	1.25
$0.13<Rsm \leqslant 0.4$	0.8	4
$0.4<Rsm \leqslant 1.3$	2.5	12.5
$1.3<Rsm \leqslant 4$	8	40

（6）步骤 4：通过测量结果判定是否在允许界限值内 通过步骤 2 的肉眼观察，确认目标物的表面形貌是否均匀（周期性）、是否因场所而异（非周期性）。

1）情况 1：在周期性粗糙度轮廓时，将针对对象面整体求出的参数测量值，与图纸或产品技术信息所指示的要求值进行比较，并根据 16% 规则或最大值规则判断是否在允许值内。

2）情况 2：在非周期性粗糙度轮廓时，各位置求出的参数值与图样或产品技术所指示的要求值进行比较，并根据 16% 规则或最大值规则判断是否在允许值内。

2.6.5 粗糙度检验的简化程序

粗糙度检验的简化程序可参考表 2-35。

表 2-35 粗糙度检验的简化程序

检验方法	检验程序
目视检查	对于粗糙度与规定值相比明显的好或不好，或者存在明显影响表面功能的缺陷，没必要采用更精确的方法检验工件的表面，采用目视法检查
比较检查	如果目视检查不能做出判定，可采用与粗糙度比较样块进行触觉和视觉比较的方法 粗糙度比较样块示例

（续）

检验方法	检验程序
测量	1）如果比较检查不能做出判定，应根据目视检查结果，在被测表面上最有可能出现极值的部位进行测量 2）当采用16%规则时，若出现下述情况，工件是合格的，并停止检测。否则，工件应判废 ①第1个测得值不超过图样上规定值的70% ②最初的3个测得值不超过规定值 ③最初的6个测得值中只有1个值超过规定值 ④最初的12个测得值中只有2个值超过规定值 对重要零件判废前，有时可做多于12次的测量。如测量25次，允许有4个测得值超过规定值 3）在标注的参数符号后面有尾标"max"时，一般在表面可能出现最大值处（为有明显可见的深槽处）应至少进行三次测量；如果表面呈均匀痕迹，则可在均匀分布的三个部位测量 4）利用测量仪器能获得最可靠的粗糙度检验结果。因此，对于要求严格的零件，一开始应直接利用测量仪器测量

第3章

复合加工表面轮廓的高度特性表征图解

重要摩擦表面的纹理多为复合加工特征表面，其中最常见的表面由两种工艺叠加而成，这些表面纹理的技术要求和控制对于控制渗漏、划痕和磨损等因素具有重要的意义。为了表达复合加工表面的特征及其与功能要求的关系，GB/T 18778 制定了具有复合加工特征的表面结构轮廓法进行检测与评定的相关规范，规定了滤波和一般测量条件，以及轮廓法支承率曲线参数，GB/T 33523.2—2017 规范了复合加工表面的区域参数及其计算方法（见第 4 章 4.1.4 节和 4.1.5 节）。本章主要介绍具有复合加工特征的表面结构轮廓法相关规定，其内容体系及涉及的标准如图 3-1 所示，复合加工表面的轮廓参数如图 3-2 所示。

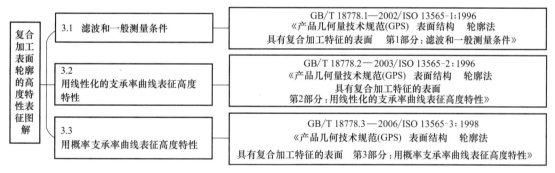

图 3-1 本章的内容体系及涉及的标准

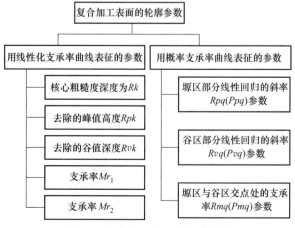

图 3-2 复合加工表面的轮廓参数

3.1 滤波和一般测量条件

GB/T 18778.1—2002《产品几何量技术规范（GPS） 表面结构 轮廓法 具有复合加工特征的表面 第1部分：滤波和一般测量条件》等效采用了 ISO 13565-1：1996，该标准规定了一种滤波方法，适用于复合加工形成的表面，这类表面是粗加工留下的深谷和精加工形成的光滑表面的合成。所描述的滤波方法抑制了深谷的影响，从而得到更适合的基准线。

3.1.1 一般测量条件

测量基准：推荐使用外部基准无导头的测量系统。

测量方向：除非另有说明，测量方向应垂直于表面纹理方向。

3.1.2 确定粗糙度轮廓的滤波过程

滤波过程分几个阶段进行，并得出相应的修正轮廓，如图 3-3 所示。

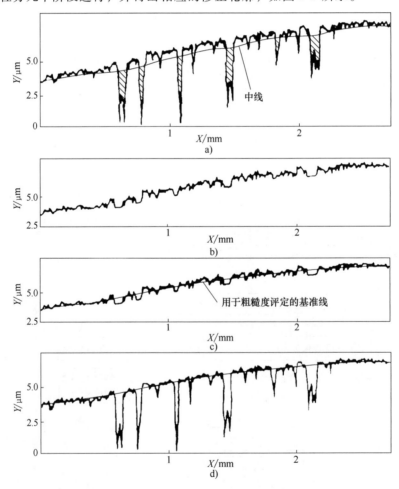

图 3-3 具有复合加工特征表面轮廓的滤波过程
a）未经滤波的基础轮廓 b）消除深谷影响且未滤波的原始轮廓
c）基准线在消除深谷后且未滤波的原始轮廓上的位置 d）基准线在原始轮廓上的位置

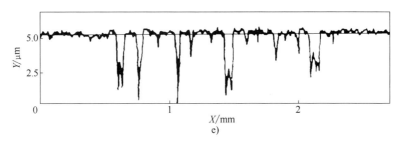

图 3-3 具有复合加工特征表面轮廓的滤波过程（续）

e）得到修正的粗糙度轮廓

X—长度 Y—高度

第一条轮廓中线是对原始轮廓进行初步滤波得到的，该滤波器采用相位修正滤波器（见 GB/T 18777），采用的截止波长 $\lambda c = 0.8\,\mathrm{mm}$（在允许的例外情况下，也可采用 $\lambda c = 2.5\,\mathrm{mm}$，但应在技术条件和测试结果中说明）。在原始轮廓上所有低于这个中线以下的谷（见图 3-3a 中阴影部分）都用中线代替，如图 3-3b 所示。

在已经消除深谷影响的轮廓上再次使用相同的滤波器，从而获得的第二条轮廓中线，如图 3-3c 所示，该条中线是用于评定轮廓参数的基准线。

将基准线移至最初原始轮廓，得到图 3-3d。由此原始轮廓与该基准线的差获得修正的粗糙度轮廓，如图 3-3e 所示。

3.1.3 截止波长 λc 与评定长度 ln 的选择

对具有复合加工特征表面轮廓的测量适宜采用 $\lambda c = 0.8\,\mathrm{mm}$ 的截止波长。在允许的例外情况下，也可采用 $\lambda c = 2.5\,\mathrm{mm}$，但应在技术条件和测试结果中说明。表 3-1 中列出了截止波长 λc 对应的评定长度 ln。

表 3-1 截止波长 λc 对应的评定长度 ln （单位：mm）

λc	ln
0.8	4
2.5	12.5

3.2 用线性化的支承率曲线表征高度特性

GB/T 18778.2—2003《产品几何量技术规范（GPS） 表面结构 轮廓法 具有复合加工特征的表面 第 2 部分：用线性化的支承率曲线表征高度特性》等效采用了 ISO 13565-2：1996，规定了根据支承率曲线（也称 Abbott 曲线）线性特征确定参数的评定方法。该曲线描述了随着粗糙度轮廓深度的增加而引起表面材料的部分增加，适用于评定承受高机械应力表面的工作性能。

注意：ISO 13565-2：1996 已被 ISO 21920-2：2021 *Geometrical product specifications（GPS）—Surface texture：Profile—Part 2：Terms, definitions and surface texture parameters* 替代。

3.2.1　支承率曲线的区域

支承率曲线沿其高度方向分为三个区域，如图3-4所示。

1）核心轮廓区域——除去凸峰和低谷的粗糙度轮廓区域，如图3-4中左图中间部分。核心粗糙度深度为 Rk。

2）峰轮廓区域——高于核心轮廓的凸峰区域，见图3-4中左图上部。高于核心轮廓的凸峰的平均高度，称为"去除的峰值高度 Rpk"；核心轮廓与凸峰的相交线确定的水平线所对应的百分数，称为"支承率 Mr_1"。

3）谷轮廓区域——低于核心轮廓的低谷区域，见图3-4中左图下部。低于核心轮廓的谷值的平均深度，称为"去除的谷值深度 Rvk"；核心轮廓与低谷的相交线确定的水平线所对应的百分数，称为"支承率 Mr_2"。

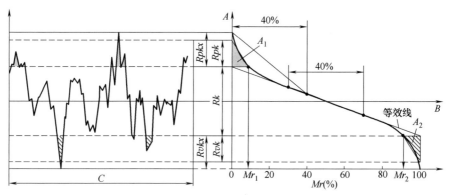

图3-4　支承率曲线

A—高度　B—参考线　C—评定长度

3.2.2　评定参数的计算

用支承率曲线表征粗糙度高度的评定参数为 Rk、Rpk、Rvk、Mr_1 和 Mr_2。

3.2.2.1　等效线的计算

等效线用包含40%的被测轮廓点的支承率曲线的核心区域来计算。

所谓"核心区域"是指支承率曲线中大于40%的支承率曲线部分割线梯度最小时的区域，如图3-4所示。以 $Mr=0\%$ 为起点，沿支承率曲线以 $\Delta Mr=40\%$ 移动割线，$\Delta Mr=40\%$ 梯度最小的这段割线构成了支承率曲线的"核心区域"。如果有多个这样相等的梯度最小的区域，则选择第1次碰到的区域进行计算。计算"中心区域"直线给出沿轮廓坐标方向的最小方差。

为了确保支承率曲线的有效性，粗糙度轮廓垂直分度垂直量化步距的选择应该至少满足有10个分度落在"核心区域"内。对于粗糙度很小或近乎理想的几何平面，这种分度方法由于受到测量设备分辨率的影响已不再有任何意义。在这种情况下，测试结果中必须注明等效线计算中所用的分度数。

3.2.2.2　Rk、Mr_1、Mr_2 的计算

等效线分别与横坐标 $Mr=0\%$ 和 $Mr=100\%$ 相交（见图3-4），从这两个交点平行横坐标

作两条直线，这两条直线将凸峰和低谷分离，两条直线之间的部分即为粗糙度核心轮廓。这两条直线之间的垂直距离为核心粗糙度深度 Rk。这两条直线与材料支承率曲线的交点的水平坐标分别定义了 Mr_1 和 Mr_2。

3.2.2.3 Rpk 和 Rvk 的计算

参数 Rpk 和 Rvk 分别为"峰区"和"谷区"等面积的直角三角形的高，如图 3-4 所示。"峰区 A_1"对应的直角三角形以 Mr_1 至 0 作为底边；"谷区 A_2"对应的直角三角形以 100%至 Mr_2 作为底边。

3.3 用概率支承率曲线表征高度特性

GB/T 18778.3—2006《产品几何技术规范（GPS） 表面结构　轮廓法　具有复合加工特征的表面　第 3 部分：用概率支承率曲线表征高度特性》等效采用了 ISO 13565-3：1998，规定了用概率支承率曲线的线性区域确定参数的评定方法，概率支承率曲线是用高斯概率形式表示的支承率曲线，本标准适用于帮助评定表面摩擦特性（例如：润滑、滑动表面）及控制制造过程。

3.3.1 概率支承率曲线及评定参数

3.3.1.1 概率支承率曲线

概率支承率曲线是支承率曲线的一种表示方法。用高斯概率形式表示的轮廓支承率，以标准偏差为刻度沿水平坐标轴线性绘出。水平坐标轴上的刻度以高斯分布的标准偏差为单位线性绘出。使用这种刻度，高斯分布的支承率曲线成为一条直线。对于由两种高斯分布组成的复合加工表面，概率支承率曲线将显示两个线性的区域（见图 3-5 中的 E 和 F）和三个非线性区域（见图 3-5 中的 G、H 和 I）。

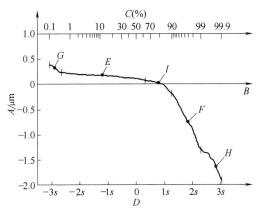

图 3-5　概率支承率曲线的一般形状

A—高度　B—X 轴线（参考线）　C—支承率表示为一个高斯概率　D—支承率表示为高斯概率的标准偏差值 s　E—塬区　F—谷区　G—数据（轮廓）中的刀瘤或远离中心的峰　H—数据（轮廓）中的深刮痕或远离中心的谷　I—基于两种分布组合在塬区与谷区过渡点引入的不稳定区域（曲率）

3.3.1.2 评定参数

概率支承率曲线上的三个评定参数：Rpq（Ppq）参数、Rvq（Pvq）参数、Rmq（Pmq）参数，如图 3-6 所示，支承率是 $Rmq = 84.8\%$。

注意，计算参数 Rpq、Rvq 和 Rmq 的轮廓应是原始轮廓。

3.3.2 参数测量过程要求

下列规则用来保证轮廓能够正确地表示一个复合加工表面及当计算一个稳定的概率支承率曲线并得到可靠的参数测量值时，测量过程是合理的。这些规则用于满足参数 Rpq、Rvq 和 Rmq（Ppq、Pvq 和 Pmq）的测量要求：

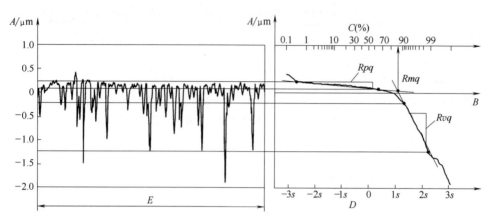

图 3-6　粗糙度轮廓和相应的概率支承率曲线及确定参数 Rpq、Rvq 和 Rmq 的区域

A—高度　B—参考线　C—支承率表示为一个高斯概率

D—支承率表示为高斯概率的标准偏差值 s　E—评定长度

1）测量平晶表面时，仪器应能测出小于 Rpq（Ppq）标称值 30% 的 Rq 值。

2）概率支承率曲线的竖直分度应能在线性塬区和线性谷区上各具有至少 40 个最小分度。

3）概率支承率曲线的数字分辨率应能在线性塬区和线性谷区上的 A/D 差值各大于或等于 100。

4）Rvq 与 Rpq（Pvq 与 Ppq）的比值至少为 5。

5）二次曲线回归导出一个双曲解。

如果轮廓不满足上述规则，应给出一个适当的警告信息表明失败的原因。

3.3.3　评定参数的计算过程

评定参数的计算，首先需要确定线性区域的界限，其过程包括确定线性塬区上边界 UPL 和谷区下边界 LVL，确定线性塬区下边界 LPL 和谷区上边界 UVL 等。

3.3.3.1　初始二次曲线拟合

概率支承率曲线的二次曲线表达式为

$$z = ax^2 + bxz + cz^2 + dx + e$$

式中　　　　z——轮廓高度；

　　　　　　x——用标准偏差表达的概率支承率；

a、b、c、d、e——拟合曲线参数。

确定二次曲线的渐近线（见图 3-7 中线段"D"），然后用一条直线（见图 3-7 中线段"E"）平分该渐近线。E 线段与

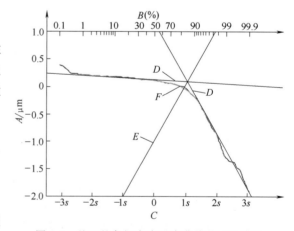

图 3-7　基于整条概率支承率曲线的二次曲线

A—高度　B—支承率表示为一个高斯概率

C—支承率表示为高斯概率的标准偏差值 s

D—二次曲线的渐近线　E—渐近线的等分线

F—二次曲线的拟合线

二次曲线的交点作为塬区与谷区过渡点的初始评定值（见图 3-8 中的 A）。

3.3.3.2 确定线性塬区上边界 UPL 和谷区下边界 LVL

在概率支承率曲线的每个点上计算二阶导数，从过渡点 F 开始，向上到塬区，向下到谷区。每一点的二阶导数是使用 0.05 标准偏差的 "窗"（在给定点附近标准偏差为 $\pm 0.025s$）计算的，如图 3-8 所示。

对于塬区和谷区：

1）在点 "F" 的一边找到点数为 25% 的点，称这个点为 i。

2）从点 "F" 开始到 i 点计算二阶导数的标准偏差 s_i。

3）下一点（D_{i+1}）的二阶导数值除以标准偏差 s_i，即 $T = \dfrac{D_{i+1}}{s_i}$。

4）如果 $T \leqslant 6$，则 i 加 1，重新计算 s_i 和 T。

5）如果 $T > 6$，数据点 i 就是区域（塬区 UPL 和谷区 LVL）的界限，见图 3-8 中的 F。

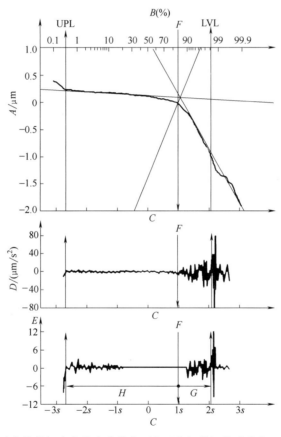

图 3-8 渐近线的平分线是概率支承率曲线的两个区之间的初始过渡点以及相应的二阶导数

A—高度 B—支承率表示为一个高斯概率 C—支承率表示为高斯概率的标准偏差值 s

D—每标准差平方的高度 E—比率 T F—过渡点 G—谷区搜索 H—平坦区搜索

3.3.3.3 有界区域的归一化

LPL 和 UVL 最终是由平分线确定的，为了保证支承率曲线渐近线的一致等分，概率支承率曲线纵坐标需要归一化。归一化过程为：在由 UPL 和 LVL 界定的区域内，包含相同数量的竖直单位和概率刻度的标准偏差。

如图3-9所示，在 UPL 和 LVL 之间概率支承率曲线包含 4.8s 的概率刻度和 1.12μm 的竖直高度刻度。在竖直方向乘以一个系数（k_s = 4.8/1.12 = 4.29）使曲线归一化，如图3-10所示，因此，用概率轴 4.8s 和在竖直轴 4.8 个高度单位界定这个有效的区域。

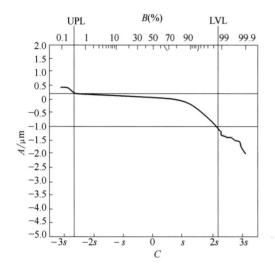

图3-9　非归一化的概率支承率曲线
A—高度　B—支承率表示为一个高斯概率
C—支承率表示为高斯概率的标准偏差值 s

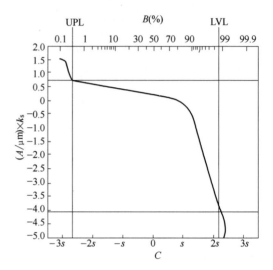

图3-10　归一化的概率支承率曲线
A—高度　B—支承率表示为一个高斯概率
C—支承率表示为高斯概率的标准偏差值 s

3.3.3.4　第二次二次曲线拟合

再次对 UPL 和 LVL 区域内的二次曲线进行回归，构造出渐近线，如图3-11所示。可以看出，渐近线的等分线对墚区和谷区进行了一致等分。

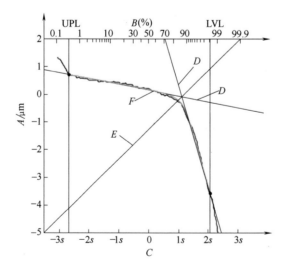

图3-11　在归一化的概率支承率曲线上确定的 UPL 和 LVL
A—高度归一化轴（水平轴和垂直轴长度相同）　B—支承率表示为一个高斯概率
C—支承率表示为高斯概率的标准偏差值 s　D—二次曲线的渐近线
E—渐近线的等分线　F—二次曲线的拟合线

3.3.3.5 第二次确定线性塬区下边界 LPL 和谷区上边界 UVL

为了确定塬区下边界 LPL 和谷区上边界 UVL，渐近线被平分三次（D：第一次；P_2 和 V_2：第二次；P_3 和 V_3：第三次）。这些线段（P_3 和 V_3）与概率支承率曲线的二次曲线的交点确定了 LPL 和 UVL（见图 3-12）。

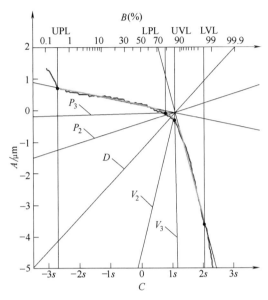

图 3-12 确定下塬区边界 LPL 和上谷区边界 UVL（归一化的概率支承率曲线）

A—高度归一化轴　B—支承率表示为一个高斯概率　C—支承率表示为高斯概率的标准偏差值 s

D—渐近线的等分线　P_2、P_3—塬区的渐近等分线　V_2、V_3—谷区的渐近等分线

3.3.3.6 Rpq、Rvq 和 Rmq 参数计算

在每一个区域内对非归一化概率支承率曲线进行线性回归（见图 3-13）。

Rpq（Ppq）是对塬区进行线性回归（$z=A_p s+B_p$）的斜率。因此 Rpq（Ppq）可以解释为轮廓塬部分所产生的随机过程的 Rq 值（单位为 μm）。

Rvq（Pvq）是对谷区进行线性回归（$z=A_v s+B_v$）的斜率。因此 Rvq（Pvq）可以解释为轮廓谷部分所产生的随机过程的 Rq 值（单位为 μm）。

Rmq（Pmq）是塬区与谷区过渡点处的支承率，即

$$Rmq=\frac{B_v-B_q}{A_p-A_v}$$

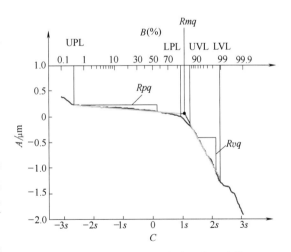

图 3-13 用于概率支承率线性化及参数计算的塬区和谷区

A—高度归一化轴　B—支承率表示为一个高斯概率

C—支承率表示为高斯概率的标准偏差值 s

第 **4** 章

表面结构区域法的参数及表示法图解

随着高新技术领域产品对表面结构的功能要求越来越复杂，同时由于精密、超精密加工技术与测量技术的发展，传统的表面结构轮廓法已不能满足对表面结构的评定要求。由于实际表面结构在本质上就是三维区域性的，所以区域法评定表面结构方能更全面、合理地反映表面形貌的特征。近年来，ISO/TC 213 制定了表面结构区域法系列标准 ISO 25178（GB/T 33523），该系列标准由表面结构区域法的公差制和测量与检验制构成，如图 4-1 所示。本章

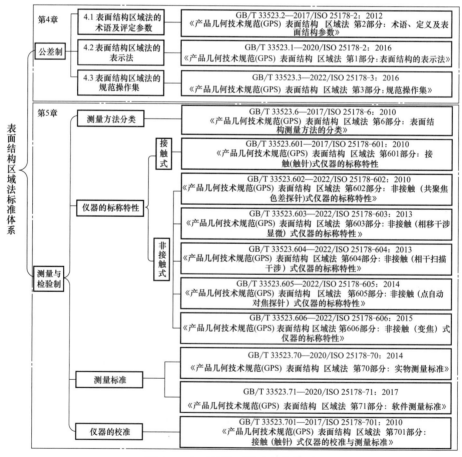

图 4-1　表面结构区域法标准体系

主要介绍表面结构区域法公差制规定的术语、评定参数、表示法和规范操作集等内容,测量与检验制相关内容见本书第5章。

4.1 表面结构区域法的术语及评定参数

GB/T 33523.2—2017《产品几何技术规范(GPS) 表面结构 区域法 第2部分:术语、定义及表面结构参数》等同采用 ISO 25178-2:2012,规定了用区域法评定表面结构的术语和评定参数,区域法表面结构的术语如图 4-2 所示,区域参数如图 4-3 所示,特征参数如图 4-4 所示。

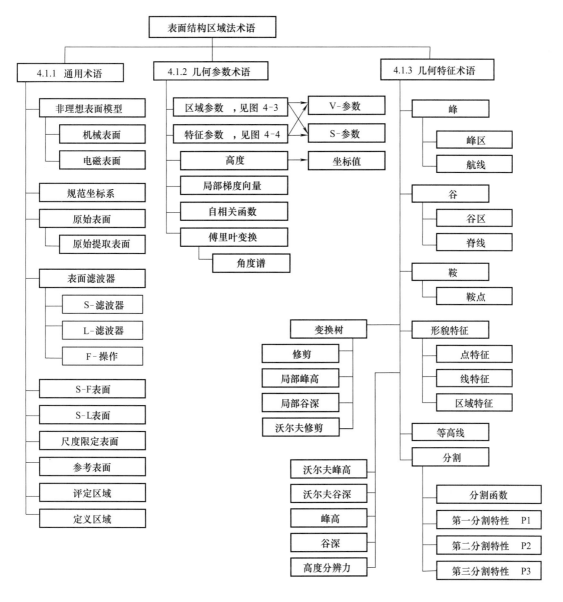

图 4-2 区域法表面结构的术语

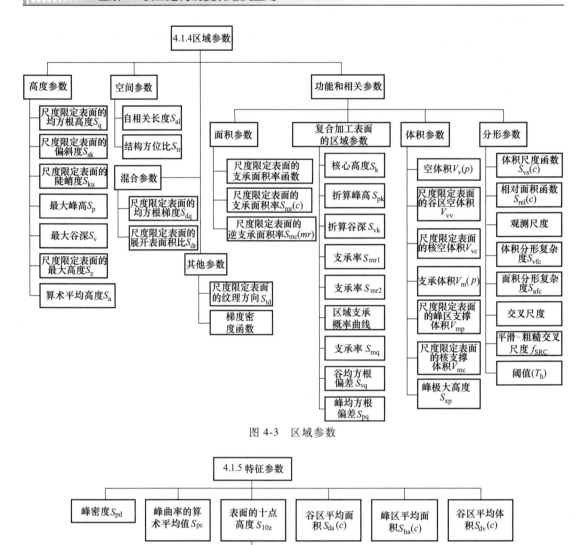

图 4-3　区域参数

图 4-4　特征参数

4.1.1　通用术语及定义

表面结构区域法的通用术语及定义见表 4-1。

表 4-1　表面结构区域法的通用术语及定义

序号	术语	定义或解释
1	非理想表面模型（non-ideal surface model）肤面模型（skin model）	实际存在并将整个工件与周围介质分隔的模型
2	机械表面（mechanical surface）	用一个半径为 r 的球对工件实际表面进行腐蚀操作得到的表面，即用一个理想的半径为 r 的球滚过工件实际表面时球心的轨迹，如图 4-5 所示
3	电磁表面（electro-magnetic surface）	电磁辐射扫描工件非理想表面模型时得到的表面 例如，用相干扫描干涉仪、光触针式仪器和扫描共焦显微镜等光学测量得到的表面均是电磁表面

（续）

序号	术语	定义或解释
4	规范坐标系（specification coordinate system）	定义表面结构参数所在的坐标系 如果公称表面是一个平面（或平面的一部分），通常采用一个直角坐标系，其轴线形成一个右手笛卡儿坐标系，X轴、Y轴处于公称表面上，Z轴指向材料外侧 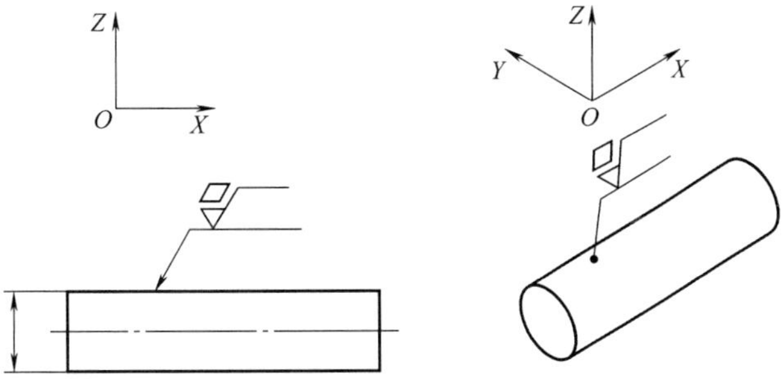 a) 二维图样坐标系示例　　　b) 三维图样坐标系示例
5	原始表面（primary surface）	具有指定嵌套指数的基本数学模型表达的部分表面
6	原始提取表面（primary extracted surface）	由原始表面采样得到的有限数据点集合
7	表面滤波器（surface filter）	应用于表面的滤波操作集 实际中，滤波操作集应用于原始提取表面
8	S-滤波器（S-Filter）	从表面去除小尺度横向成分以获取原始表面的表面滤波器，如图 4-6 所示
9	L-滤波器（L-Filter）	从原始表面或 S-F 表面去除大尺度横向成分的表面滤波器，如图 4-6 所示
10	F-操作（F-operation）	从原始表面去除形状成分的操作，如图 4-6 所示 许多 L-滤波器对形状敏感，需要在应用 L-滤波器前进行 F-操作
11	S-F 表面（S-F surface）	用 F-操作从原始表面去除形状成分后得到的表面，如图 4-6 所示
12	S-L 表面（S-L surface）	用 L-滤波器从 S-F 表面去除大尺度成分后得到的表面，如图 4-6 所示
13	尺度限定表面（scale-limited surface）	S-F 表面或 S-L 表面，如图 4-6 所示
14	参考表面（reference surface）	以一定的准则对尺度限定表面进行拟合得到的表面
15	评定区域（evaluation area）	用来评定尺度限定表面的部分区域
16	定义区域（definition area）	定义尺度限定表面表征参数的部分评定区域

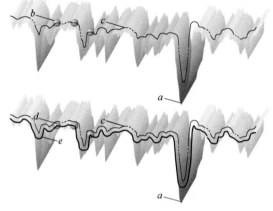

图 4-5　机械表面示例

a—肤面模型　b、d—具有半径为 r 的理想接触球

c—理想接触球滚过实际表面的中心轨迹的包络曲线

e—机械表面：由球 d 和包络曲线 c 腐蚀形成的边界

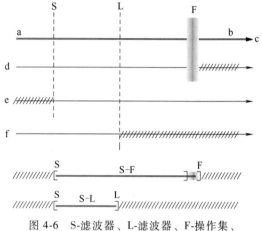

图 4-6　S-滤波器、L-滤波器、F-操作集、

S-F 和 S-L 表面的关系

a—小尺度　b—大尺度　c—尺度轴

d—F-操作集　e—S-滤波器　f—L-滤波器

4.1.2　几何参数术语

几何参数术语及定义见表 4-2。

表 4-2　几何参数术语及定义

序号	术语	定义或解释
1	区域参数（field parameter）	由尺度限定表面所有点定义的参数
2	特征参数（feature parameter）	由尺度限定表面的预定义的形貌特征子集定义的参数
3	V-参数（V-parameter）	实体或空体的区域参数或特征参数
4	S-参数（S-parameter）	不是 V-参数的区域参数或特征参数
5	高度（height）	从参考表面到尺度限定表面的带符号法向距离。该距离沿参考表面的垂直方向定义。如果相对参考表面，该点位于材料实体方向一侧，则高度值是负值
6	坐标值 $z(x,y)$（ordinate value）	尺度限定表面在 (x,y) 点的高度 注意：新的坐标系建立在参考表面上
7	局部梯度向量 $\left(\dfrac{\partial z}{\partial x}, \dfrac{\partial z}{\partial y}\right)$（local gradient vector）	尺度限定表面在 (x,y) 点的梯度 注意：具体的梯度计算操作见 ISO 25178-3
8	自相关函数 $f_{ACF}(t_x, t_y)$（autocorrelation function）	描述一个表面经过 (t_x, t_y) 平移后与原表面相关性的函数 $$f_{ACF}(t_x, t_y) = \dfrac{\displaystyle\iint_A z(x,y) z(x - t_x, y - t_y)\,dxdy}{\displaystyle\iint_A z(x,y) z(x,y)\,dxdy}$$ 式中　A—定义区域

（续）

序号	术语	定义或解释
9	傅里叶变换 $F(p, q)$ （fourier transformation）	将尺度限定表面转换到傅里叶空间的操作 $$F(p,q) = \iint\limits_{A} z(x,y)\,\mathrm{e}^{-(ipx+iqy)}\,\mathrm{d}x\mathrm{d}y$$ 式中　A—定义区域
10	角度谱 $f_{APS}(s)$（angular spectrum）	在定义区域平面内，相对于规定方向 θ，一个给定方向 s 上的功率谱 $$f_{APS}(s) = \int_{R_2}^{R_1} r\,\lvert\,F[\,(r\sin(s-\theta), r\cos(s-\theta))]\,\rvert^2\,\mathrm{d}r$$ 式中　R_1、R_2—半径方向上的积分范围； 　　　　s—给定方向 注意：x 轴正向定义为零角度。从 x 轴沿逆时针方向，角度为正

4.1.3　几何特征术语

几何特征的术语及定义见表 4-3。

表 4-3　几何特征的术语及定义

序号	术语	定义或解释
1	峰（peak）	表面上高于邻域内所有其他点的点（见下图中的 A 点） 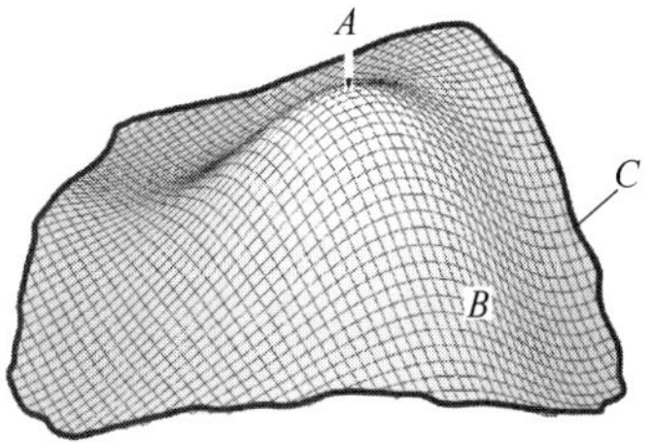
2	峰区（hill）	指峰周围的区域，其所有向上路径止于峰（见序号 1 图的 B 区）
3	航线（course line）	分离相邻峰区的曲线（见序号 1 图中的 C 线）
4	谷（pit）	表面上低于邻域内所有其他点的点（见下图中的 A 点） 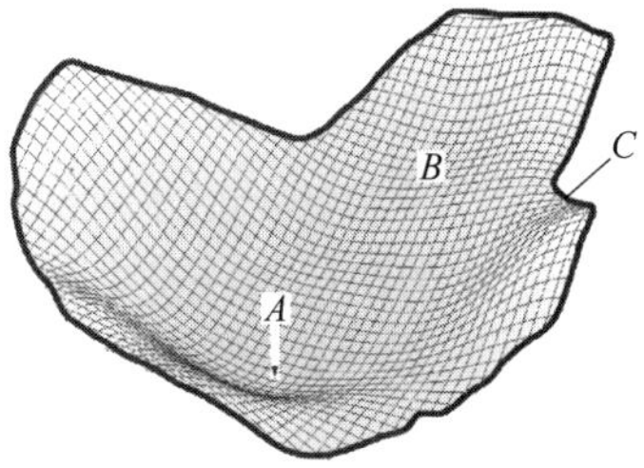
5	谷区（dale）	指谷周围的区域，其所有向下路径止于谷（见序号 4 图中的 B 区）
6	脊线（ridge line）	分离相邻谷区的曲线（见序号 4 图中的 C 线）
7	鞍（saddle）	尺度限定表面上脊线与航线相交的点的集合
8	鞍点（saddle point）	仅包含一个点的鞍

（续）

序号	术语	定义或解释
9	形貌特征（topographic feature）	尺度限定表面上的区域特征、线特征或点特征
10	区域特征（areal feature）	峰区或谷区
11	线特征（line feature）	脊线或航线
12	点特征（point feature）	峰、谷或鞍点
13	等高线（contour line）	表面上由相同高度的点组成的线
14	分割（segmentation）	将一个尺度限定表面划分为不同区域的方法
15	分割函数（segmentation funtion）	将一系列"事件"分割为重要和非重要两个不同系列事件的函数,该函数符合三个分割特性 如坐标值、点特征等"事件"
16	第一分割特性（first segmentation property）P1	每个事件或者属于重要事件集合,或者属于非重要事件集合,不能同属于两种集合的特性,如下图所示 $P1: \forall A \subseteq E, \Psi(A) \cup \Phi(A) = A \wedge \Psi(A) \cap \Phi(A) = \varnothing$ 式中 E—所有事件的集合; $\Psi(.)$—将事件映射到重要事件集合的运算; $\Phi(.)$—将事件映射到非重要事件集合的运算 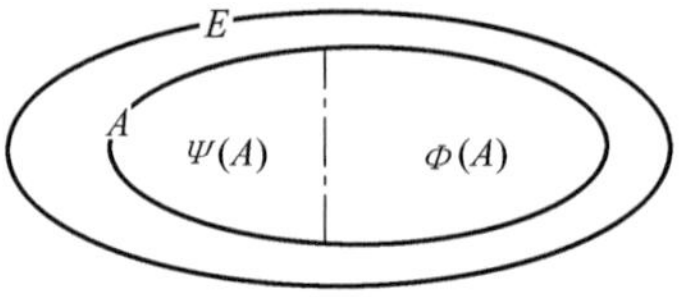
17	第二分割特性（second segmentation property）P2	当一个重要事件从事件集合中去除,那么剩余的重要事件集合为一新的重要事件集合的特性,如下图所示 $P2: \forall A \subseteq B \subseteq E, \Phi(A) \subseteq \Phi(B)$ 式中 E—所有事件的集合; $\Phi(.)$—将事件映射到非重要事件集合的运算 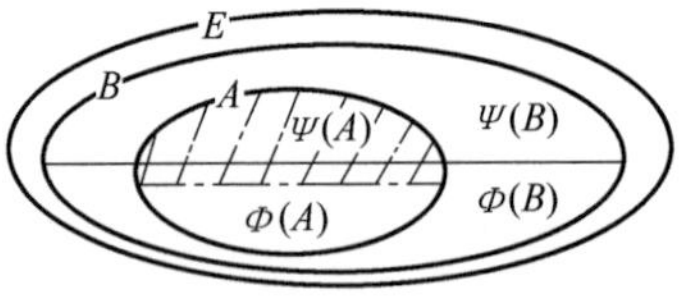
18	第三分割特性（third segmentation property）P3	当从事件集合中去除一个非重要事件,获得的是相同的重要事件集合的特性,如下图所示 $P3: \forall A \subseteq B \subseteq E, \Psi(B) \subseteq A \Rightarrow \Psi(A) = \Psi(B)$ 式中 E—所有事件的集合; $\Psi(.)$—将事件映射到重要事件集合的运算 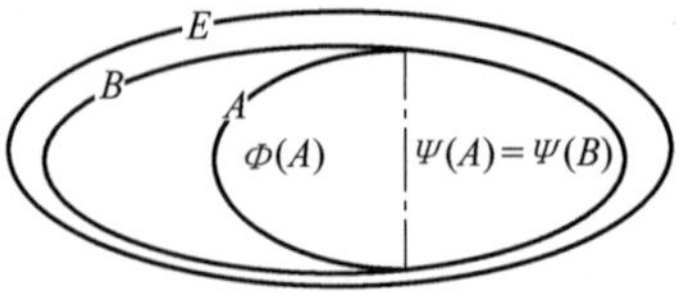

（续）

序号	术语	定义或解释
19	变换树（change tree）	变换树是这样一种图形,在这种图形上,每一条等高线被描绘为代表一定高度的点,相邻等高线对应的点相邻 变换树是建立峰区和谷区关键点之间的关系并保留相关信息的有效方法,如下图所示为峰变换树,P 为峰,V 为谷 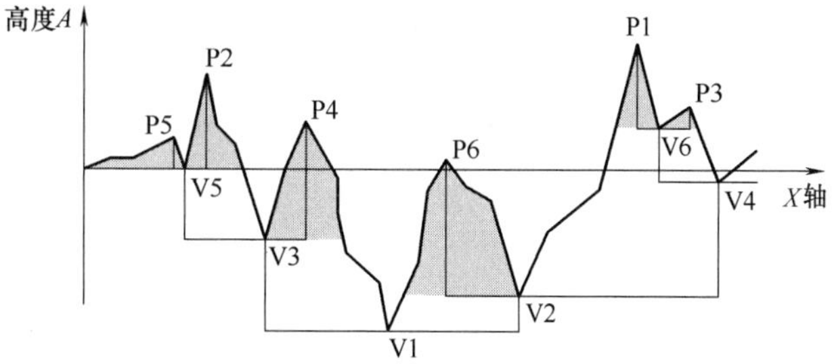
20	修剪（pruning）	去除峰（或谷）到与之最近相接的鞍点的连接线,以简化变换树的方法
21	局部峰高（local peak height）	变换树上一个峰和与之最近相接的鞍的高度之差
22	局部谷深（local pit height）	变换树上一个谷和与之最近相接的鞍的高度距离
23	沃尔夫修剪（Wolf pruning）	在变换树上按局部高度从最小到预先规定的值进行按序移除连接线的过程 在沃尔夫修剪过程中,局部峰高/谷深会发生变化,因为从一个变化树移除连接线也去除相关联的鞍点
24	沃尔夫峰高（Wolf peak height）	用沃尔夫修剪剪除峰时的最小峰高阈值
25	沃尔夫谷深（Wolf pit height）	用沃尔夫修剪剪除谷时的最小谷深阈值
26	高度分辨力（height discrimination）	在评价尺度限定表面时需要考虑的最小沃尔夫峰高或沃尔夫谷深。高度分辨力通常规定为最大高度（S_z）的百分数
27	峰高（peak height）	峰的高度
28	谷深（pit height）	谷的高度绝对值

4.1.4　区域参数定义

区域参数包括高度参数、空间参数、混合参数、功能参数、复合加工表面区域参数和分形法参数。

4.1.4.1　高度参数

高度参数及定义见表4-4。

表4-4　高度参数及定义

序号	符号	参数	定义或解释
1	S_q	尺度限定表面的均方根高度（root mean square height of the scale-limited surface）	一个定义区域 A 内的坐标值的均方根值,即 $$S_q = \sqrt{\frac{1}{A}\iint_A z^2(x,y)\,dxdy}$$

（续）

序号	符号	参数	定义或解释
2	S_{sk}	尺度限定表面的偏斜度（skewness of the scale-limited surface）	一个定义区域 A 内坐标值的三次方的平均值与 S_q 三次方的比值，即 $$S_{sk} = \frac{1}{S_q^3}\left[\frac{1}{A}\iint_A z^3(x,y)\,dxdy\right]$$ 通过 S_{sk} 可以判断表面结构的形状（凹凸）倾向的参数： 1）$S_{sk}<0$ 时，高度分布相对于平均面偏上（峰） 2）$S_{sk}=0$ 时，高度分布（峰与谷）相对于平均面对称存在 3）$S_{sk}>0$ 时，高度分布相对于平均面偏下（谷） 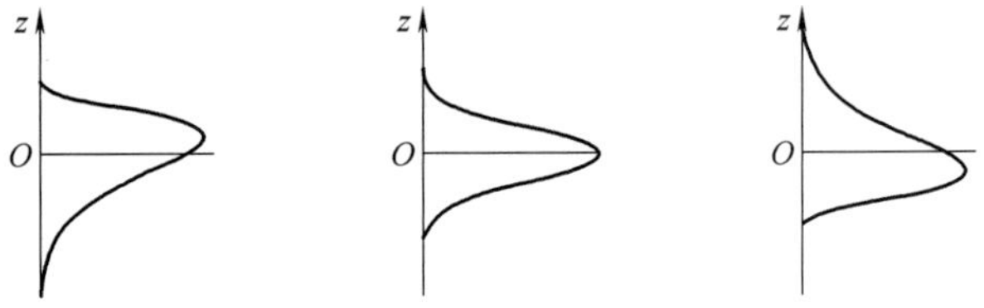 $S_{sk}<0$ $S_{sk}=0$ $S_{sk}>0$
3	S_{ku}	尺度限定表面的陡峭度（skewness of the scale-limited surface）	一个定义区域 A 内坐标值的四次方的平均值与 S_q 四次方的比值，即 $$S_{ku} = \frac{1}{S_q^4}\left[\frac{1}{A}\iint_A Z^4(x,y)\,dxdy\right]$$ 通过 S_{ku} 可以判断表面结构的尖锐度： 1）当 $S_{ku}<3$ 时，高度分布较平缓 2）当 $S_{ku}=3$ 时，高度分布为正态分布 3）当 $S_{ku}>3$ 时，高度分布呈针状尖锐状 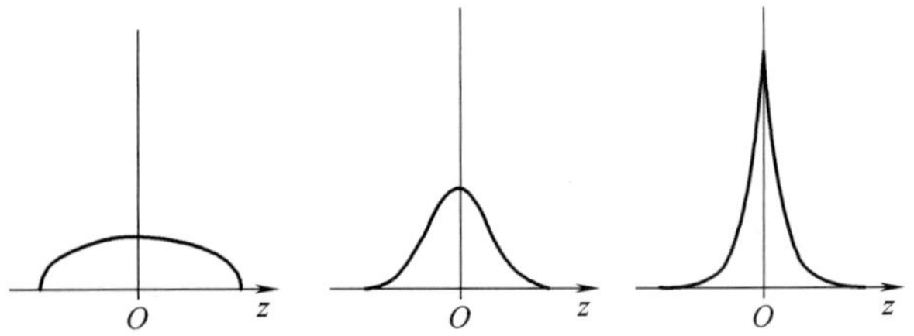 $S_{ku}<3$ $S_{ku}=3$ $S_{ku}>3$
4	S_p	最大峰高（maximum peak height）	一个定义区域内最大的峰高值
5	S_v	最大谷深（maximum pit height）	一个定义区域内最大的谷深值
6	S_z	尺寸限定表面的最大高度（maximum height）	一个定义区域内最大峰高和最大谷深的和
7	S_a	算术平均高度（arithmetical mean height）	一个定义区域 A 内各点高度 $z(x,y)$ 绝对值的算术平均值，即 $$S_a = \frac{1}{A}\iint_A |z(x,y)|\,dxdy$$

4.1.4.2 空间参数和混合参数

空间参数和混合参数及定义见表4-5。

表 4-5　空间参数和混合参数及定义

序号	符号	参数	定义或解释
1	S_{al}	自相关长度（autocorrelation length）	自相关函数 $f_{ACF}(t_x,t_y)$ 衰减到一个规定值 $s(0 \leqslant s \leqslant 1)$ 的最短距离。S_{al} 可测定是否存在表面高度急剧变化的部位，即 $$S_{al} = \begin{matrix} \min \\ t_x,t_y \in R \end{matrix} \sqrt{t_x^2 + t_y^2}$$ $$R = \{(t_x,t_y):f_{ACF}(t_x,t_y) \leqslant s\}$$ 若无特殊规定，GB/T 33523.3 中规定 s 的默认值为 0.2 S_{al} 计算过程如图 4-7 所示。可以看出，中心是最高的点，离中心越远，衰减程度越大。在短波长成分为主导的方向上急剧衰减，在长波长成分为主导的方向上平缓衰减。因此具有方向性的表面（各向异性表面）在条纹方向上的衰减较平缓，在垂直于条纹方向上的衰减较陡峭
2	S_{tr}	结构方位比（texture aspect ratio）	自相关函数 $f_{ACF}(t_x,t_y)$ 衰减到一个规定值 $s(0 \leqslant s \leqslant 1)$ 的最短与最长距离的比值 $$S_{tr} = \frac{\begin{matrix} \min \\ t_x,t_y \in R \end{matrix} \sqrt{t_x^2 + t_y^2}}{\begin{matrix} \max \\ t_x,t_y \in Q \end{matrix} \sqrt{t_x^2 + t_y^2}}$$ $$R = \{(t_x,t_y):f_{ACF}(t_x,t_y) \leqslant s\}$$ $$Q = \{(t_x,t_y):f_{ACF}(t_x,t_y) \geqslant s\&**\}$$ 式中　**一点 (t_x,t_y) 与原点的连线上 $f_{ACF} \geqslant s$ 的特性 S_{tr} 表示表面性状的各向同性、各向异性。接近 0 时表示区域存在条纹，接近 1 时表示不依赖于方向，如下图所示 S_{tr} 计算过程如图 4-7 所示。 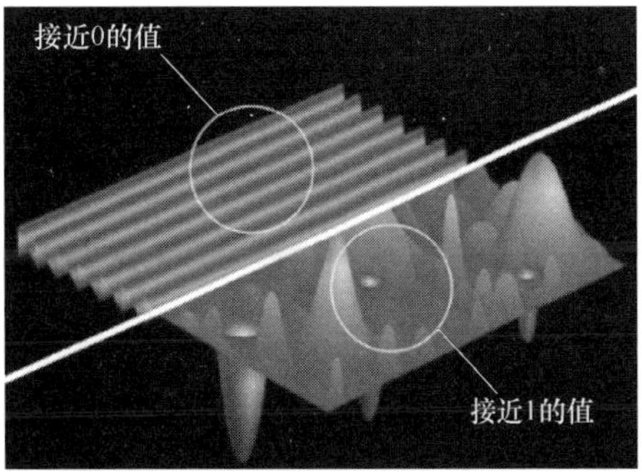 接近0的值 接近1的值
3	S_{dq}	尺度限定表面的均方根梯度（root mean square gradient of the scale-limited surface）	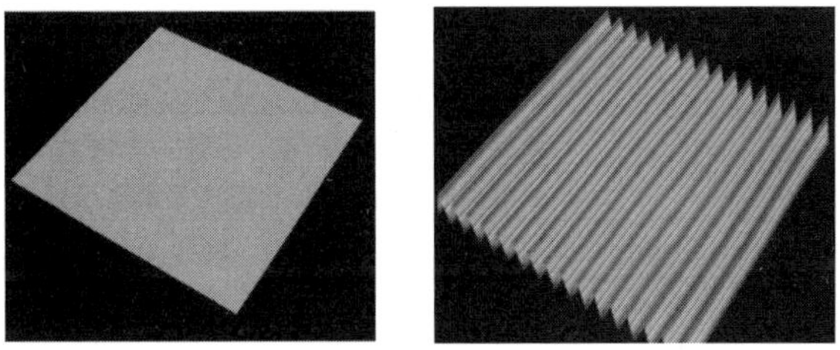 在定义区域 A 内表面梯度的均方根值，S_{dq} 示例如下图所示 $$S_{dq} = \sqrt{\frac{1}{A}\iint_A \left[\left(\frac{\partial z(x,y)}{\partial x}\right)^2 + \left(\frac{\partial z(x,y)}{\partial y}\right)^2\right]dxdy}$$ a) 完全平坦的表面 $S_{dq}=0$　　b) 由45°倾斜成分构成的表面 $S_{dq}=1$

（续）

序号	符号	参数	定义或解释
4	S_{dr}	尺度限定表面的展开表面积比（developed interfacial area ratio of the scale-limited surface）	定义区域 A 内，尺度限定表面展开面积相对定义区域的增量与定义区域的比值 $$S_{dr} = \frac{1}{A} \iint_A \left\{ \sqrt{\left[1 + \left(\frac{\partial z(x,y)}{\partial x} \right)^2 + \left(\frac{\partial z(x,y)}{\partial y} \right)^2 \right]} - 1 \right\} \mathrm{d}x\mathrm{d}y$$ S_{dr} 表示相对于从正上方观察测量区域时的面积增大了多少。如下图所示是 S_{dr} 取值不同的表面示例 a) 完全平坦的表面$S_{dr}=0$　　b) 由45°倾斜成分构成的表面$S_{dr}=0.414$（表面积增大了41.4%）

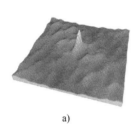 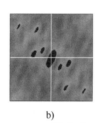 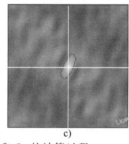 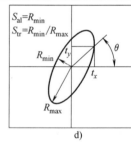

a)　　　　　　　b)　　　　　　　c)　　　　　　　d)

图 4-7　S_{al} 和 S_{tr} 的计算过程

a）表面的自相关函数　b）阈值为 s 的自相关函数（黑斑为阈值之上的区域）

c）中央阈值区域的边界　d）在不同方向上自相关长度的极坐标

4.1.4.3　功能参数

功能参数及定义见表 4-6。

表 4-6　功能参数及定义

序号	符号	参数	定义或解释
1	$S_{mr}(c)$	尺度限定表面的支承面积率（areal material ratio of the scale-limited surface）	在一个特定高度 c 上支承面积与评定区域的比值 $S_{mr}(c)$ 通常表示为百分数，高度为相对于参考平面的高度，如下图所示。这个函数和坐标的采样累积函数相关 （纵轴）特定高度　（横轴）百分数形式的支承面积率$S_{mr}(c)$(%)　参考平面

（续）

序号	符号	参数	定义或解释
2	$S_{mc}(mr)$	尺度限定表面的逆支承面积率（inverse areal material ratio of the scale-limited surface）	满足特定支承面积率 mr 的高度值 c 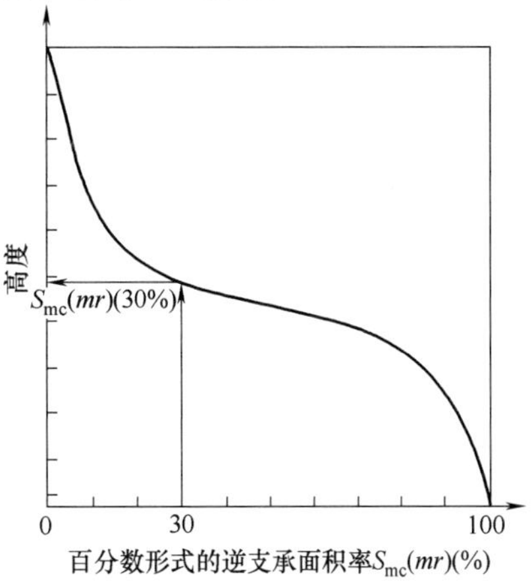 百分数形式的逆支承面积率 $S_{mc}(mr)$(%)
3	$V_v(p)$	空体积（void volume）	由支承面积率曲线计算得到的给定支承面积率对应高度上单位区域的空体积，即 $$V_v(p) = \frac{K}{100\%}\int_p^{100\%}\left[S_{mc}(p) - S_{mc}(q)\right]\mathrm{d}q$$ 式中　K—将每平方米转换为毫升的常数 空体积是使用负载轮廓计算出的与体积、容积有关的参数，用于评估机械性强力接触表面的行为
4	V_{vv}	尺度限定表面的谷区空体积（dale void volume of the scale limited surface）	支承率为 p 时的谷区介质体积，如图 4-8 所示 $$V_{vv} = V_v(p)$$ GB/T 33523.3 中规定 p 的默认值为 80%
5	V_{vc}	尺度限定表面的核空体积（void core volume of the scale limited surface）	支承率为 p 和 q 时空体积的差值，如图 4-8 所示 $$V_{vc} = V_v(p) - V_v(q)$$
6	$V_m(p)$	支承体积（material volume）	由支承面积率曲线计算得到的给定支承面积率对应高度上单位区域的实体积，即 $$V_m(p) = \frac{K}{100\%}\int_0^p\left[S_{mc}(q) - S_{mc}(p)\right]\mathrm{d}q$$ 式中　K—将每平方米转换为毫升的常数
7	V_{mp}	尺度限定表面的峰区支撑体积（peak material volume of the scale-limited surface）	支承率为 p 时的实体积，如图 4-8 所示 GB/T 33523.3 中规定 p 的默认值为 10%
8	V_{mc}	尺度限定表面的核支撑体积（core material volume of the scale-limited surface）	支承率为 p 和 q 时峰区实体积的差值，如图 4-8 所示 $$V_{mc} = V_m(q) - V_m(p)$$ GB/T 33523.3 中规定 p 的默认值为 10%，q 的默认值为 80%
9	S_{xp}	峰极大高度（peak extreme height）	支承率为 p 和 q 时对应的高度差值 $$S_{xp} = S_{mc}(p) - S_{mc}(q)$$ GB/T 33523.3 中规定 p 的默认值为 2.5%，q 的默认值为 50%

（续）

序号	符号	参数	定义或解释
10	—	梯度密度函数（gradient density function）	从尺度限定表面计算得到的密度函数,表示相对频率与最陡梯度角 $\alpha(x,y)$ 和最陡梯度方向角 $\beta(x,y)$ 的关系,$\beta(x,y)$ 相对 X 轴逆时针方向,如图4-9所示。最陡斜梯度 α 和最陡梯度的方向 β,如图4-10所示 $$\alpha(x,y)=\arctan\sqrt{\frac{\partial z^2}{\partial y}+\frac{\partial z^2}{\partial x}}\bigg|_{(x,y)} \wedge \beta(x,y)=\arctan\left[\frac{\frac{\partial z}{\partial y}}{\frac{\partial z}{\partial x}}\right]\bigg|_{(x,y)}$$

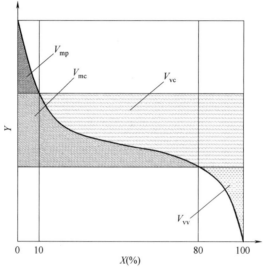

图 4-8　空体积和支承体积参数

X—支承面积率（%）　Y—高度

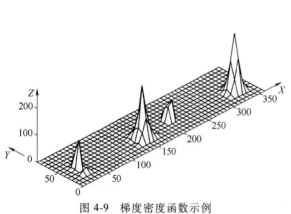

图 4-9　梯度密度函数示例

X—最陡梯度的方向 β　Y—最陡梯度 α　Z—频率

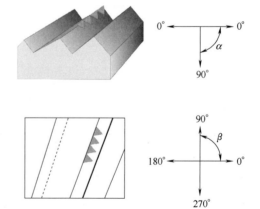

图 4-10　最陡梯度 α 和最陡梯度方向 β

4.1.4.4　复合加工表面的区域参数

复合加工表面的区域参数及定义见表4-7。

表 4-7　复合加工表面的区域参数及定义

序号	符号	参数	定义或解释
1	—	核心表面（core surface）	除去中心凸出的峰和谷的尺度限定表面，如图 4-11 所示
2	S_k	核心高度（core height）	核心表面最高处和最低处之间的距离，如图 4-11 所示 核心部分的确定：取 $\Delta Mr = 40\%$ 的负载曲线割线，从负载面积率 0% 向 100% 移动，梯度最小时作等价直线即可确定核心部分 核心部分表示初期磨损结束后与其他物体接触区域的高度
3	S_{pk}	折算峰高（reduced peak height）	高于核心表面的峰平均高度，如图 4-14 所示
4	S_{vk}	折算谷深（reduced dale height）	低于核心表面的谷平均深度，如图 4-14 所示
5	S_{mr1}	支承率（material ratio）	<峰>由核心表面与峰的相交线确定的区域所对应的比率，如图 4-11 所示
6	S_{mr2}	支承率（material ratio）	<谷>由核心表面与谷的相交线确定的区域所对应的比率，如图 4-11 所示
7	—	区域支承概率曲线（areal material probability curve）	将区域支承面积率用标准偏差值表达为高斯概率所表示的支承率曲线，在水平坐标轴上线性地绘出 正态分布的标准差线性表达了该比率，在这个尺度，正态分布的区域支承概率曲线变成一条直线。两个正态分布组成的分层表面，区域支承概率曲线呈两个线性区域（见图 4-12 中的 1 和 2）
8	S_{vq}	谷均方根偏差（dale root mean square deviation）	经过谷区线性回归的斜率（见图 4-13）
9	S_{pq}	峰均方根偏差（plateau root mean square deviation）	经过峰区线性回归的斜率（见图 4-13）
10	S_{mq}	支承率（material ratio）	峰-谷交界处区域支承率（见图 4-13）

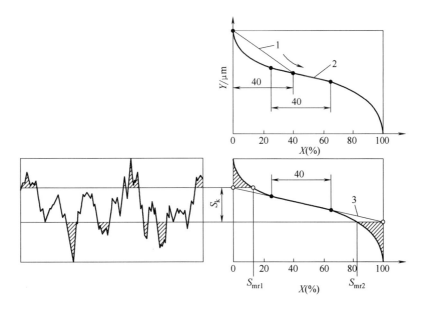

图 4-11　S_k、S_{mr1} 和 S_{mr2} 的计算

X—支承面积率　Y—交线位置　1—割线　2—倾斜度最小的割线　3—等效直线

S_k—核心高度　S_{mr1}，S_{mr2}—支承率

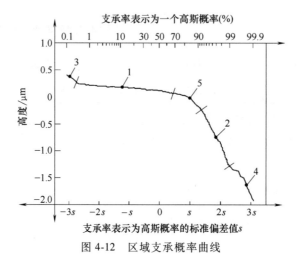

图 4-12   区域支承概率曲线

1—平坦区   2—谷区   3—尺度限定表面上的积屑或远离中心的峰   4—深刮痕或远离中心的谷
（尺度限定表面）   5—两种分布的组合在峰谷变换时的不稳定区域

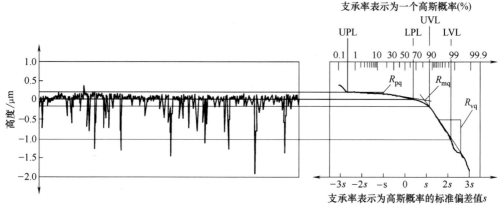

图 4-13   带有相应区域支承概率曲线的尺度限定表面和 S_{vq}、S_{pq}、S_{mq} 定义区间

LPL—峰下限   LVL—谷下限   UPL—峰上限   UVL—谷上限 R_{mq}—峰谷交界的相对支承率
R_{pq}—峰区产生的线性回归斜率 R_{vq}—谷区产生的线性回归斜率

4.1.4.5   分形法参数

分形法参数及定义见表 4-8。

表 4-8   分形法参数及定义

序号	符号	参数	定义或解释
1	$S_{vs}(c)$	体积尺度函数（volume-scale function）	用一个正方形水平面作为构造元素对尺度限定表面做形态学闭运算和开运算所得两个表面之间的体积，它是构造元素尺寸的函数。体积尺度函数通常用 log-log 对数图表示
2	$S_{rel}(c)$	相对面积函数（relative area function）	用一个特定尺度的三角块对尺度限定表面计算所得的面积与标称面积的比，它是特定尺度的函数。相对面积函数通常用 log-log 对数图表示
3	—	观测尺度（length scale of observation）	计算体积尺度函数或相对面积函数所采用的尺度
4	S_{vfc}	体积分形复杂度（volume fractal complexity）	从体积尺度函数衍生出的复杂度参数，等于体积对观测尺度的对数图斜率的1000 倍
5	S_{afc}	面积分形复杂度（areal fractal complexity）	从面积尺度函数衍生出的复杂度参数，等于面积对观测尺度的对数图斜率的负 1000 倍

（续）

序号	符号	参数	定义或解释
6	—	交叉尺度（crossover scale）	在相对面积函数或体积尺度函数斜率变化点的观测尺度 注意：斜率相对于尺度不一定是突变的，因此有必要确定斜率变化发生点对应的尺度
7	f_{SRC}	平滑-粗糙交叉尺度（smooth-rough crossover scale）	从大尺度向小尺度过渡出现的第一个交叉尺度，大尺度对应光滑表面，小尺度对应粗糙表面 当尺度大于 f_{SRC} 时，分形维数约等于欧几里德维数，当尺度小于 f_{SRC} 时，分形维数远大于欧几里德维数。在长度尺度和相对面积分析中，相对面积的阈值用来确定 f_{SRC}
8	T_h	阈值（threshold）	用于确定平滑-粗糙交叉尺度的相对面积或相对体积的值 注意：①从最大尺度向最小尺度，第一个超过阈值的相对面积或相对体积对应的尺度为 f_{SRC}；②某一相对面积或相对体积的值可以作为阈值，也可以用最大相对面积或相对体积函数 F 的百分比 P 来计算阈值，计算公式为 $T_h = 1 + (P)(F-1)$；③GB/T 33523.3 中规定阈值 T_h 的默认值为 10%
9	S_{td}	尺度限定表面的纹理方向（texture direction of the scale-limited surface）	相对于规定方向 θ，角度谱绝对值最大时的角度 注意：设 $s = S_{td}$，当 $f_{APS}(s-\theta)$ 取得最大绝对值时的 s 根据样本表面倾斜条纹的角度，在角谱图上显示，可知： 1）表面条纹的角度与图中峰的角度相同 2）峰的大小随条纹强度变化 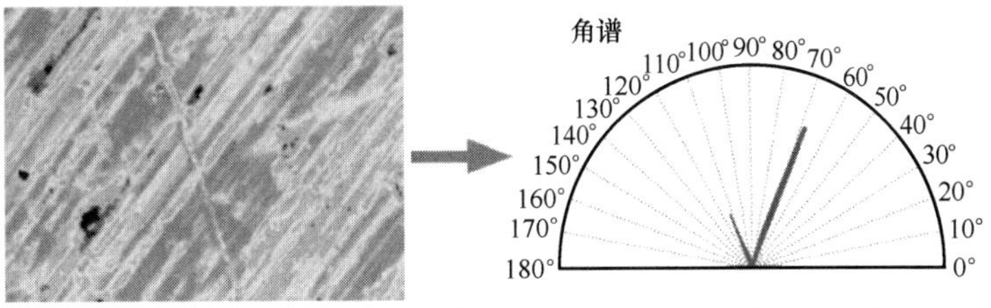

4.1.5 特征参数

特征参数及定义见表4-9。

表 4-9 特征参数及定义

序号	符号	参数	定义或解释
1	S_{pd}	峰密度（density of peaks）	单位面积上峰的个数。该值越大说明与其他物体接触点数越多。该特征参数表征为 $$S_{pd} = FC; H; Wolfprune; X\%; All; Count; Density$$ 注意：若无特殊规定，$X\%$ 的默认值见表 4-27 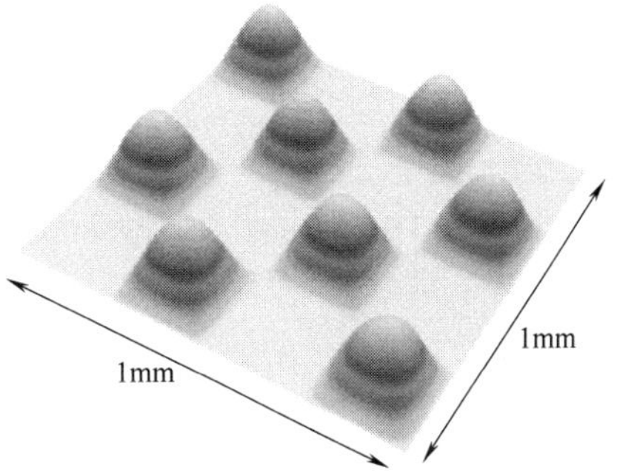 $S_{pd} = 8$个/mm^2

（续）

序号	符号	参数	定义或解释
2	S_{pc}	峰曲率的算术平均值（arithmetic mean peak curvature）	表示峰顶点的主曲率的算术平均值。该值小说明与其他物体的接触点较圆润,反之则尖锐。该特征参数表征为 $S_{pc}=FC;P;Wolfprune:X\%;All;Curvature;Mean$ 注意:若无特殊规定,$X\%$的默认值见表 4-27 $S_{pc}=1/13\mu m$
3	S_{10z}	表面的十点高度（ten-point height of surface）	定义区域内,五个最大峰高平均值与五个最大谷深平均值的和。该特征参数表征为 $S_{10z}=S_{5p}+S_{5v}$
4	S_{5p}	五点峰高（five-point peak height）	定义区域内,五个最大峰高的平均值。该特征参数表征为 $S_{5p}=FC;H;Wolfprune:X\%;Top:5;Lpvh;Mean$
5	S_{5v}	五点谷深（five-point pit height）	定义区域内,五个最大谷深的平均值。该特征参数表征为 $S_{5v}=FC;D;Wolfprune:X\%;Bot:5;Lpvh;Mean$
6	$S_{da}(c)$	谷区平均面积（mean dale area）	该特征参数表征为 $S_{da}(c)=FC;D;Wolfprune:X\%;Open:c/Closed:c;AreaE;Mean$ 注意:"Open:c/Closed:c"供用户选择"在高度 c 处开"还是"在高度 c 处闭"。若无特殊规定,$X\%$的默认值和开/闭的默认值见表 4-27
7	$S_{ha}(c)$	峰区平均面积（mean hill area）	该特征参数表征为 $S_{ha}(c)=FC;H;Wolfprune:X\%;Open:c/Closed:c;AreaE;Mean$ 注意:"Open:c/Closed:c"供用户选择"在高度 c 处开"还是"在高度 c 处闭"。若无特殊规定,$X\%$的默认值和开/闭的默认值见表 4-27
8	$S_{dv}(c)$	谷区平均体积（mean dale volume）	该特征参数表征为 $S_{dv}(c)=FC;D;Wolfprune:X\%;Open:c/Closed:c;VolE;Mean$ 注意:"Open:c/Closed:c"供用户选择"在高度 c 处开"还是"在高度 c 处闭"。若无特殊规定,$X\%$的默认值和开/闭的默认值见表 4-27

（续）

序号	符号	参数	定义或解释
9	$S_{hv}(c)$	峰区平均体积(mean hill volume)	该特征参数表征为 $S_{hv}(c)=$ FC；H；Wolfprune；X%；Open：c/Closed：c；VolE；Mean 注意："Open：c/Closed：c"供用户选择"在高度 c 处开"还是"在高度 c 处闭"。 若无特殊规定，X% 的默认值和开/闭的默认值见表 4-27

注：表中各指定符号的解释见表 4-10～表 4-14。

4.1.6　复合加工表面区域参数的计算

4.1.6.1　S_k、S_{mr1}、S_{mr2} 的计算

S_k、S_{mr1}、S_{mr2} 的计算如图 4-11 所示，计算出的等效直线位于 S_{mr} 轴的 0% 和 100% 间，两条线从这些点平行于 X 轴，通过分离凸峰和深谷确定出核心表面。

这些相交线的纵向距离为核心高度 S_k，区域支承曲线的交点确定支承率 S_{mr1} 和 S_{mr2}。

4.1.6.2　等效直线的计算

等效直线由包含 40% 被测表面点的区域支承率曲线的中心区域计算，这些"中心区域"位于覆盖 40% 区域支承率的最小斜度区域支承率曲线切向（见图 4-11），图 4-11 中通过沿区域支承率曲线将切线 $\Delta M_r=0\%$ 移动到 $\Delta M_r=40\%$ 来确定，$\Delta M_r=40\%$ 处切线最小斜度得出等效计算的区域支承率曲线中心区域。如果存在多个等效最小斜度，选择首次出现的区域，一条直线计算出表面纵向的最小二乘偏差"中心区域"。

为了验证区域支承率曲线的有效性，尺度限定表面的纵向层宽应选择足够小，相对"中心区域"至少十级，由于测量系统分辨率有限，对于几乎理想的几何面这样的层级显得不重要，在这种情况下，计算等效直线的层级数量要在测试结果中说明。

4.1.6.3　S_{pk} 和 S_{vk} 的计算

划定核心高度 S_k 的区域支承率曲线上下部分为图 4-11 中显示的阴影，这些对应着核心表面凸出的峰谷表面的横截面。

参数 S_{pk} 和 S_{vk} 分别由峰区和谷区的直角三角形（见图 4-14）高度计算，直角三角形分别对应着 S_{mr1} 确定的"峰区 A1"和 S_{mr2} 确定的"谷区 A2"。

参数 S_k、S_{pk}、S_{vk}、S_{mr1} 和 S_{mr2} 仅在区域支承率曲线为图 4-11 和图 4-14 中所示的"S"形时计算，因此只有一个变形点，实践证明这在研磨表面、磨削或珩磨表面比较常见。

4.1.6.4　S_{pq}、S_{vq} 和 S_{mq} 的计算

从复合加工表面获得的被测表面数据如图 4-12 所示，三个非线性效应可表示在区域支承概率曲线中，这些效应将被区域支承概率曲线拟合部分所排除，仅使用统计的数据，使区域支承概率曲线的高斯部分排除许多影响。

图 4-12 中非线性特征来源于以下方面：

1）尺度限定表面中加工积屑或远离中心的峰（见图 4-12 中的 3）。

2）尺度限定表面中深刮痕或远离中心的谷（见图 4-12 中的 4）。

3）基于两种分布组合在峰谷变换时的不稳定区域（曲率）（见图 4-12 中的 5）。

对于一个给定表面的重复测量，这些排除是为保持参数的测量值更稳定。

图 4-13 给出了定义这两个区域的一个轮廓与它的区域概率支承曲线、峰区和谷区及部

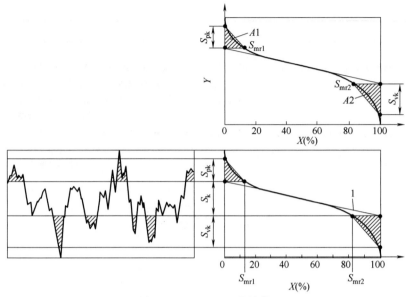

图 4-14 S_{pk} 和 S_{vk} 的计算

X—支承面积率 Y—交线位置 1—等效直线 A1—峰区 A2—谷区 S_{mr1}、S_{mr2}—支承率

S_k—峰区到谷区交界的相对支承率 S_{pk}—通过峰区的线性衰减斜率

S_{vk}—通过谷区的线性衰减斜率

分表面。这个轮廓有一个远离中心的峰，这个图显示了它为何不影响参数。图 4-13 还给出了最深沟槽底部的形状在确定参数时如何被忽略的，在表面上不同位置测量时它的变化很大。图 4-13 采用轮廓法对区域法进行简易图解，两者在原理上是一样的。

判定线性区极限的流程见 GB/T 18778.3—2006 附录 A。

4.1.7 表面结构特征的表征

表面结构特征的表征过程可分为下列五个步骤：

1）选择结构特征类型。

2）区域分割。

3）确定重要特征。

4）选择特征属性。

5）特征属性统计的量化。

4.1.7.1 选择结构特征类型

结构特征有三种主要类型：区域特征（峰区和谷区）、线特征（航线和脊线）和点特征（峰、谷及鞍点）。尺度限定特征的类型见表 4-10，特征示例如图 4-15 和图 4-16 所示。选择合适的与功能相对应的结构特征非常重要。

表 4-10 尺度限定特征的类型

尺度限定特征的分类	尺度限定特征的类型	指定符号
区域特征	峰区	H
	谷区	D

（续）

尺度限定特征的分类	尺度限定特征的类型	指定符号
线特征	航线	C
	脊线	R
点特征	峰	P
	谷	V
	鞍点	S

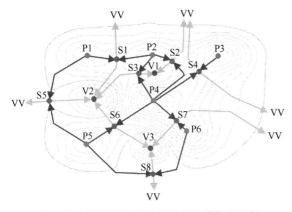

图 4-15　显示关键线和关键点的等高线示例

P—峰　V—谷　S—鞍点　VV—虚谷

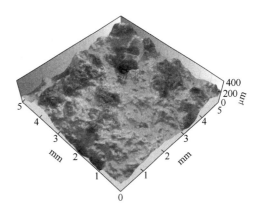

图 4-16　区域特征示例

4.1.7.2　区域分割

分割是一种滤波操作，用来确定尺度限定表面的尺度限定特征区域。分割过程中，首先要找到尺度限定表面上的所有峰区和谷区，该过程可能使表面产生过度分割，所以需要对太小的分割进行修剪，例如沃尔夫修剪，以得到对尺度限定表面的合理分割。表 4-11 给出了一些尺度准则，用来定义阈值以修剪掉小的分割。

表 4-11　分割尺寸的准则

尺度准则	指定符号	阈值
局部峰高/谷深（沃尔夫修剪）	Wolfprune	S_z 的百分数
峰区/谷区的体积（以变换树上相连接的鞍高度为准）	VolS	规定体积
峰区/谷区的面积	Area	规定面积的百分数
峰区/谷区的周长	Circ	指定长度

图 4-17 和图 4-18 分别是使用 $1\%S_z$ 或 $5\%S_z$ 对图 4-16 进行沃尔夫修剪的示例。

4.1.7.3　确定重要特征

"功能"不以同样的方式与所有特征相互影响，不同特征有不同的影响。因此，需要确定哪些特征功能上重要，哪些特征功能上不重要，只需要表征重要特征。表 4-12 中给出了确定重要特征的方法，它们都是分割函数。

一个分割函数将一个"事件"的集合分离为"重要事件集合"和"非重要事件"集合。分割函数要给出唯一的、稳定的结果，应满足以下三个条件：

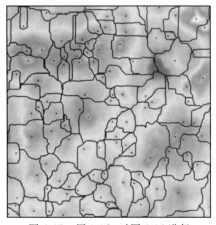 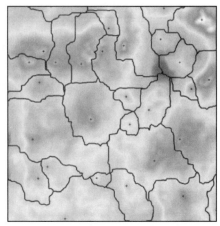

图 4-17　用 1%S_z 对图 4-16 进行
沃尔夫修剪的示例

图 4-18　用 5%S_z 对图 4-16 进行
沃尔夫修剪的示例

表 4-12　确定重要特征的方法

特征分类	确定重要特征的方法	指定符号	参数单位
区域特征	如果一个峰区的航线在一定高度上完全低于一个水平面,好像它是一个被水面包围的岛屿,它就是重要的	Closed	高度以支承率形式给出
	如果谷的脊线在一定高度完全高于水平面,那么谷内的流体就不能流到相邻的谷,那么谷就是重要的(见图 4-19b 中的特征 C 和 D)	Closed	高度以支承率形式给出
	如果峰区的最高鞍点在给定高度上高于水平面,那么这个峰区就是有意义的,就像两个相邻的峰区在水位以上相连一样	Open	高度以支承率形式给出
	如果谷区的最低鞍点在一定高度低于水平面,那么谷区的流体就可以流到相邻的谷区(见图 4-19a)中的特征 A 和 B	Open	高度以支承率形式给出
点特征	如果某个峰是前 N 个沃尔夫峰之一,则该峰是重要的	Top	N 是一个整数
	如果某个谷是前 N 个沃尔夫谷之一,则该谷是重要的	Bot	N 是一个整数

1）P1：每个事件属于且只属于这两个集合中的一个（即重要事件集合和非重要事件集合）。

2）P2：如果从事件的集合中去除一个重要事件，则剩余的重要事件将组成一个新的重要事件集合。

3）P3：如果从事件的集合中去除一个非重要事件，则重要事件集合保持不变。

示例：图 4-19a、b 所示用了不同的阈值确定重要特征。阈值平面用深色表示，高度由

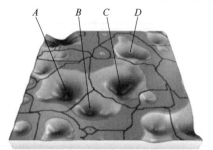 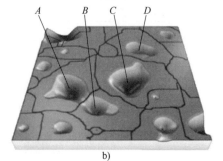

a)　　　　　　　　　　　b)

图 4-19　开和闭的谷区

支承率定义。图 4-19a 中 A、B、C 和 D 是开谷区，它们由低于阈值的鞍点连接。图 4-19b 中 A 和 B 仍然是开谷区，但 C 和 D 是闭谷区。

4.1.7.4　特征属性的分割

一旦确定了重要特征集合，就需要确定用于表征的合理特征属性。大多数属性是特征的尺寸量值，如特征的长度、面积或体积。表 4-13 给出了一些特征属性。

表 4-13　特征属性

特征分类	特征属性	名称
区域特征	局部峰高/谷深	Lpvh
	区域特征的体积（变换树上连接鞍的高度处）	VolS
	区域特征的体积	VolE
	区域特征的面积	AreaE
	区域特征的周长	Cleng
线特征	线的长度	Leng
点特征	局部峰高/谷深	Lpvh
	临界点的局部曲率	Curvature
区域、线、点特征	取一个特征的值	Count

4.1.7.5　属性统计

重要特征属性的合适统计、特征参数或属性值直方图的计算是特征表征的最后部分。表 4-14 中给出了一些属性统计。

表 4-14　属性统计

属性统计	名称	阈值
属性值的算术平均值	Mean	—
属性值的最大值	Max	—
属性值的最小值	Min	—
属性值的均方根（RMS）	RMS	—
规定值以上的百分比	Perc	属性单位的阈值
直方图	Hist	—
属性值的和	Sum	—
由定义区域划分的所有属性值的和	Density	—

4.1.7.6　特征表征约定

为记录特征表征，有必要标明在上述五个步骤中使用的特定工具。具体约定如下：

1）用字母 FC 开头，表明这是一个特征表征。

2）在每一步中，依次使用对应表中给出的名称表示需要的工具。

3）一些步骤的工具需要更多的值来完整描述，用分号 "；" 作为步骤间的分隔符，用冒号 "：" 作为步骤内的分隔符。

示例：FC；D；Wolfprune：5%；Edge：60%；AreaE；Hist。

4.1.8 分水岭分割

4.1.8.1 分水岭分割概述

分水岭（watershed）分割法是使水逐渐流入非重要谷区。水最终会从每个谷区的鞍点处流出并流入相邻的谷区。如果这个相邻谷区是重要的，则会合并这两个谷区，否则在水流入一个重要谷区之前将继续流入新的湖，所有充满水的非重要谷区与重要谷区合并在一起。将地形反过来，峰区就变成了谷区，通过以上相似的过程就可以将非重要峰区和重要峰区合并在一起，如图4-20所示。

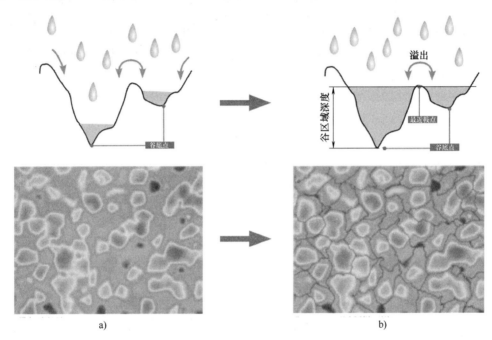

图4-20　分水岭分割法示例

a）测量表面高度图像　b）使用分水岭算法分割峰区域结果（沃尔夫修剪：5%）

事件的集合由区域特征组成，合并原则应由分水岭分割法组成。利用分水岭法作为合并原则的分割就称为分水岭分割。

4.1.8.2 变换树

变换树代表了表面的等高线之间的关系（见图4-15），它是一种普遍称为瑞普图的拓扑对象特例。

变换树的垂直方向表示高度，一个给定高度上所有独立的等高线由一个点表示，这个点表示随高度连续变化的等高线上的点。鞍点由两条或多条这种线合并为一条线来表示，峰和谷表示为一条线的端点。

分水岭法和变换树之间有紧密联系，这种关系可以用来从分水岭法计算变换树。假设将一个谷区渐渐注满水形成湖，最先有水流出的点是鞍点，在变换树上谷区的谷与鞍点相连。继续向湖灌水，下一个有水溢出的点仍是鞍点。变换树上表示湖的湖岸线的等高线将连接到鞍点。继续此操作可建立谷、鞍点和变换树之间的连接。将地形反过来，用峰变成谷，通过相似的过程可建立峰、鞍点和变换树之间的连接。

至少有三种类型的变换树：

1）完全变换树：它代表峰区和谷区的关键点之间的关系（见图 4-21a）。

2）峰区变换树：它代表了峰区和鞍点之间的关系（见图 4-21b）。

3）谷区变换树：它代表了谷区和鞍点之间的关系（见图 4-21c）。

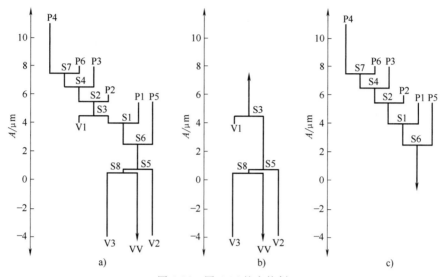

图 4-21　图 4-16 的变换树

a）完全变换树　b）谷区变换树　c）峰区变换树

A—高度　P—峰　V—谷　S—鞍点　VV—虚谷

4.1.8.3　区域合并

由于噪声等因素的影响，变换树可能会被非常短的等高线控制，将导致表面/图像的麦克斯韦峰区和谷区的过度分割。因此有必要对变换树进行修剪以抑制噪声的影响，并保留相关信息。区域合并正是这样一种操作，它简化了变换树，但保留了相关信息。区域合并的简化算法为：

1）第一步：假定虚谷条件已经找到了所有的麦克斯韦峰区和谷区并生成了变换树。

2）第二步：根据表面功能，将所有的峰、谷、边沿峰和边沿谷分为重要和非重要两类。

3）第三步：将变换树上的非重要峰和谷与其相连接的相邻鞍点合并。

合并后的变换树将显示重要的峰、谷、边沿峰和边沿谷以及它们之间的关系。因此，变换树可以修剪，抑制噪声，保留相关信息。

4.1.8.4　用沃尔夫修剪法进行分水岭分割

首先计算变换树上每一个峰或谷到与其相连的相邻鞍点的高度差。沃尔夫修剪法找到具有最小高度差的峰或谷，将其与变换树上它的相邻鞍点合并。

如果与此鞍点相连的另一个峰或谷与其他鞍点相连，此时其高度差需要调整，以反映这一变化。重复这一过程，将高度差最小的峰或谷与同其相邻的鞍点合并，直到达到规定的阈值。该阈值可以规定为所有剩余的高度差大于一个固定值（通常是参数 S_z 的百分比），或者规定为当剩余固定数目的峰或谷时合并停止。容易证明，这两个规定都能得到一个满足

4.1.7.3 节给出的三个特性的分割函数。

对图 4-21 中的完全变换树，P6 到 S7，P2 到 S2 和 V1 到 S3 都有最小高度差 $0.5\mu m$，对其修剪，得到图 4-22 所示变换树。

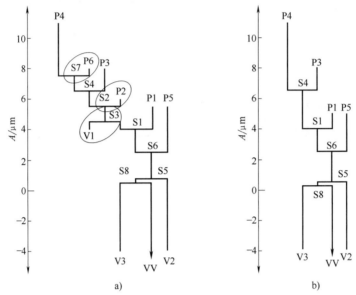

图 4-22　图 4-21 中完全变换树的沃尔夫修剪

a）修剪前　b）修剪后

A—高度　P—峰　V—谷　S—鞍点　VV—虚谷

使用沃尔夫修剪法直到在表面上留下五个峰和五个谷，就给出了十点高度参数的稳定定义。这些峰/谷可能不是最高/最低的，但它们将是高度最大的。

在完全变换树上的沃尔夫修剪算法：

1）第一步：假定虚谷条件找到了所有的麦克斯韦峰区和谷区并生成了完全变换树。

2）第二步：从剩余的峰区和谷区找到峰/谷（称为候补峰/谷），它们与具有最小局部峰/谷高度的每个峰区/谷区相关联。

3）第三步：如果这个局部峰/谷高度大于阈值，停止。否则转到第四步。

4）第四步：从变换树在相关的与候补峰/谷连接的鞍点修剪候补峰/谷（即合并与重要峰区/谷区相关的非重要峰区/谷区）。

5）第五步：转到第二步。

4.1.8.5　沃尔夫修剪示例

（1）示例 1：砂轮（识别有效磨粒）　砂轮上切削刃的位置和形状具有几何不确定性，为了获知切削刃的定性测量，布伦特（Blunt）和埃布登（Ebdon）描述了一种基于局部峰计数切削刃数量的方法。利用局部峰的数量产生了过高的估计，如图 4-23a 中有 409 个峰。所有的磨粒大小，利用 5% 沃尔夫修剪（即数据峰到谷的 5%）都产生正确的计数，得到图 4-23b，有 60 个峰。

沃尔夫修剪有一个优点，即允许对每个片段中的重要峰做进一步分析。例如，高度分析能区分出这些峰中哪些峰是有效的，即与工件相联系。因此，沃尔夫修剪分割法可以帮助识

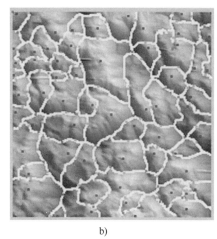

a)   b)

图 4-23　砂轮上 0.5mm×0.5mm 面积上的磨粒

a）原始关键点　b）沃尔夫修剪后的峰区分割

别砂轮特征。

（2）示例 2：汽车车身覆盖件　汽车车身用薄钢板表面上有意制出纹理以利于增加油漆的附着能力以及金属成形时的润滑性，在轧钢机的终轧轧辊上的纹理轧制到薄钢板上。

如图 4-24 所示，纹理具有六边形图案，周围环绕一圈沟槽。为了控制生产过程，需要对薄钢板的样品进行测量和检验。目前，系借助目测方法进行检验。图 4-24b 所示是在 12% 处沃尔夫修剪图形，可以识别出这些独立的沟槽，便于对这些示例做进一步的特征描述。因此，沃尔夫修剪分割法可以使检验过程自动化。

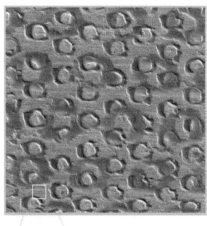

a)   b)

图 4-24　喷漆前 1mm×1mm 面积上的汽车车身覆盖件

a）原始关键点　b）经沃尔夫修剪后的峰区分割

4.1.9　用分形几何表征区域表面

4.1.9.1　什么是分形

分形是指一个物体在一定尺度范围或放大比例上看起来近似相同，即物体一定具有统计意义上的自相似性，如图 4-25 所示。物体不一定在所有尺度上显示出相同的结构，但在一定范围的尺度上必须具有相同"类型"的结构。

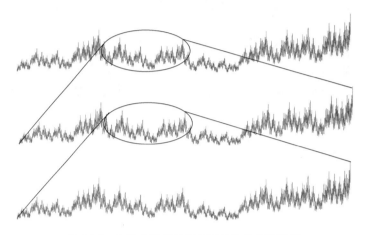

图 4-25　在所有尺度显示相同结构的分形轮廓

通常从一个分形表面中可以用几种方法计算出"分形维数"，包括变分法和相对面积分析。后者已经被证明能够提供与附着、电化学阻抗、摩擦、光泽度、牙齿微磨损的细微区别、磨削条件、热处理传质和粉末烧结等有着明显功能相关性的参数。

分形维数是分形或部分分形表面的几何复杂性或复杂成分的度量。分形维数随复杂程度的增加而增大。分形维数大于或等于欧几里德维数，也就是说，一个轮廓大于或等于 1 小于 2，一个表面大于或等于 2 小于 3。

实际表面是在一定程度上是分形的，因为它们可以被表征、近似或建模为在一系列观测尺度上具有不规则的几何成分。理想的分形表面是在所有观测尺度上都具有不规则成分的数学模型。

表面的周期性和准周期性几何成分并不排除该表面具有分形成分或具有分形分析的有利特征。

4.1.9.2　变分法

假设 $F(s)$ 为分形表面进行形态学闭包络和形态学开包络之间的体积，其大小为尺度 s ($s×s$) 的正方形水平平面构造元素。

那么，在极限存在的条件下，形态学体积尺度法的分形维数 D_v 可定义为

$$D_v = \lim_{s \to +0} \left\{ 3 - \frac{d[\ln(F(s))]}{d[\ln(s)]} \right\}$$

用变分法计算的分形维数等效于 Minkowski-Bouligand 维数。结果表明，在目前计算分形维数的所有方法中，变分法的不确定度最低。表面的分形维数 ≥2，它表示一个分形表面的复杂程度，分形维数越高，分形表面越复杂或不规则。

4.1.9.3　应用于尺度限定表面的变分法

从严格数学意义而言，尺度限定表面不是真正的分形表面，因为它们在一些特定尺度上已经平滑处理，不包含"在所有尺度上有相同类型的结构"。然而，尺度限定表面仍可能在一定尺度范围内表现出"分形性特征"。体积-尺度图（见图4-26）在可观察尺度范围内捕捉一些分形行为时非常有用。

设置一个图形来表示计算量的对数，以刻度的对数为函数。图4-26给出了一个体积-尺度函数 $S_{vs}(s)$ 例子，它用一个尺度为 s 的正方形水平平面作为构造元素，与构造元素的对数尺度对比的尺度有限表面的形态闭运算和形态开运算之间的体积对数图。

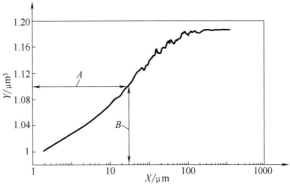

图4-26　尺度限定表面的体积-尺度图

X—log（尺度）　　Y—log（体积）　　A—尺度 s　　B—体积

大多数尺度限定表面的体积-尺度图显示为几个区域，其中曲线近似为一条直线。在每一个特定区域内，尺度 s 和体积 $S_{vs}(s)$ 的关系为

$$S_{vs}(s) = cs^d$$

这个法则称为幂法则，因为体积 $S_{vs}(s)$ 按照尺度 s 的幂值变化。体积-尺度图上直线的斜率是指数 d，它的体积截距为 $\log(c)$。

在这一幂法则适用的尺度范围内（即在体积-尺度图的对应区域内曲线是一条近似的直线），尺度限定表面表现出自相似性（就是说表面的部分经过适当比例的放大后与原表面相似）。这样尺度限定表面在这些特定的尺度范围内近似为一个分形表面，其分形维数为 $2+d$。

因此，在特定尺度范围内，体积-尺度图的曲线越陡，表面越复杂。

如上所述，大多数体积-尺度图显示为曲线近似为直线的几个区域。从一个近似为直线的区域变化到另一个区域，斜率变化处对应的尺度称为"交叉尺度"。实际上，这一变化是一个渐变过程，因此应采取一个步骤来确定变化发生处的尺度。交叉尺度的识别很重要，因为它们显示出影响尺度限定表面的主导结构与/或测量过程的变化。例如在图4-27中，从斜率接近于零的相对大尺度，到斜率很陡的小尺度，第一个交叉尺度显示从相对平滑的大尺度表面到较粗糙的小尺度表面的变化。这样，在

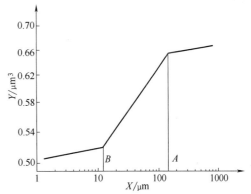

图4-27　带交叉尺度的理想体积-尺度图

X—log（尺度）　　Y—log（体积）

A—第一个交叉尺度　　B—第二个交叉尺度

第一个交叉尺度以上，尺度限定表面可当作是平滑的。

4.1.9.4　相对面积分析

相对面积尺度分析包括在表面覆盖给定尺度（面积）的碎片，并计算面片的总面积与它们的投影面积的比例。

通过一系列虚拟拼接操作覆盖被测表面，计算被测表面的观测面积作为尺度的函数。碎片或斑块的面积代表观察的面积尺度。用越来越小面积的区域进行重复的拼接操作，来获得表示为观测面积尺度的函数的观察面积，示例如图 4-28 所示。

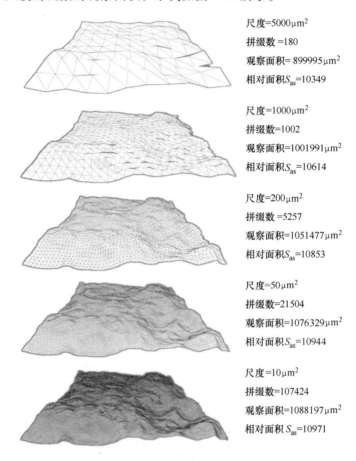

尺度=5000μm²
拼缀数 =180
观察面积= 899995μm²
相对面积 S_{as}=10349

尺度=1000μm²
拼缀数=1002
观察面积=1001991μm²
相对面积 S_{as}=10614

尺度=200μm²
拼缀数=5257
观察面积=1051477μm²
相对面积 S_{as}=10853

尺度=50μm²
拼缀数=21504
观察面积=1076329μm²
相对面积 S_{as}=10944

尺度=10μm²
拼缀数=107424
观察面积=1088197μm²
相对面积 S_{as}=10971

图 4-28　面积尺度分析的五次拼接操作

对一次实际拼缀操作，观测面积为块或拼缀物的数目乘以块或拼缀面积（即观测尺度）。例如，在 $5000μm^2$ 尺度下，观测到的面积为 180 块$×5000μm^2 = 900000μm^2$（由于舍入误差，这里实际上是 $899995μm^2$）。观测面积为一个特定观测尺度上的外表面面积，因为观测面积随着观测尺度的变化而变化，观测面积应以尺度为准。标称面积为一个投影到标称表面上的单个拼缀操作的面积，即拼缀操作覆盖在标称表面上的表面。标称表面可采用最小二乘平面或测量基准，标称面积通常低于整个表面的平铺面积，因为当没有足够空间放置碎片时，每一行的末尾会缺少空间。相对面积 S_{as} 为在特定尺度上的观测面积除以标称面积，因此最小相对面积为 1。

一个面积尺度图是相对面积与观测面积尺度的双对数图（见图 4-29）。一定尺度范围内的分形维数 D_v 可以由面积尺度图的斜率 a 计算，公式为

$$D_v = 2-2a$$

在上述例子中，分形维数 $D_v = 2.005$，斜率 a 为-0.000248。

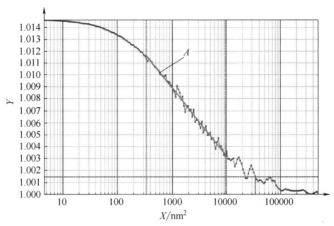

图 4-29　包括图 4-28 中拼缀系列结果的相对面积尺度图

X—观测尺度　Y—相对面积　A—斜线

4.2　表面结构区域法的表示法

GB/T 33523.1—2020《产品几何技术规范（GPS）　表面结构　区域法　第 1 部分：表面结构的表示法》等同采用了 ISO 25178-1：2012，规定了产品技术文件（例如图样、规范、合同和报告）中利用图形符号表示区域表面结构的规则。

4.2.1　标注区域表面结构的图形符号

在产品技术文件中对表面结构的要求可用不同的图形符号表示。每种图形符号都有特定含义。为了识别区域表面结构的要求，在标注符号中添加了一个菱形，见表 4-15。

表 4-15　区域表面结构表示法的图形符号

序号	说明	符号
1	区域表面结构的基本图形符号	
2	表示去除材料的扩展图形符号	
3	表示不去除材料的扩展图形符号	
4	完整图形符号 允许任何工艺	
5	完整图形符号 去除材料	
6	完整图形符号 不去除材料	
7	完整图形符号 使用"全方位"修饰符	

4.2.2 区域表面结构的完整图形符号

区域表面结构完整图形符号及符号中各字母位置注写的含义见表4-16。

表 4-16 区域表面结构完整图形符号

符号	各字母位置注写的含义
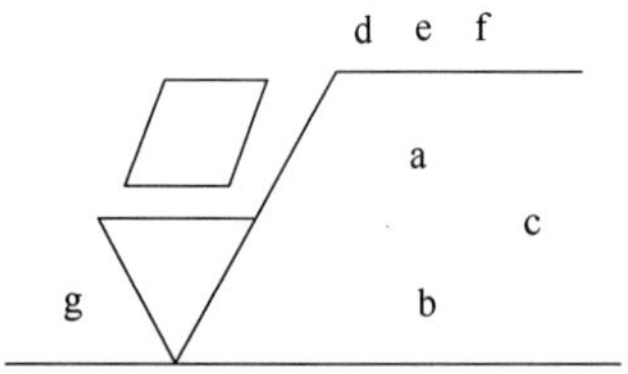	a、b—标注规范限制的类型、尺度限定表面的类型及其嵌套指数、区域表面结构参数代号及其极限值以及按此顺序的其他非默认值 通常，标注内容的不同部分由单个空格隔开，但为了避免误解，应在参数代号和极限值之间插入双空格。斜线"/"用于分隔要求部分 在位置"a"注写第一个表面结构要求，在位置"b"注写第二个表面结构要求。如果要注写第三个或更多个表面结构要求，图形符号应该在垂直方向扩大，以空出足够的空间 示例：S-L 0.025-0.8/S_z6.8
	c—注写指示评定区域方向的相交平面 加入一个相交平面注释符可以使得被标注平面更加清晰
	d—注写加工要求。注写加工方法、表面处理、涂层或其他加工工艺等。如车、磨、镀等加工表面，符号含义见表2-24
	e—注写表面纹理，如"≡""✕""M"，见表2-24。与评定区域方向相同，纹理方向由图样上图形符号位置确定
	f—注写用于指示表面纹理方向的相交平面指示符 如果表面纹理方向与表面结构符号方向不同，可以使用相交平面指示符来进行标注
	g—注写所要求的加工余量，单位为mm

4.2.3 区域表面结构的标注规则

区域表面结构各参数的标注规则见表4-17。

表 4-17 区域表面结构各参数的标注规则

序号	类型	标注规则
1	偏差的标注	常规情况下需给出两个条件： 1）偏差的类型：上限或下限，代号为 U 或 L 2）尺度限定表面的类型：S-F 或 S-L 一般情况下，默认认为是参数的上限值。即代号"U"为隐式默认值，可以省略不标 对于支承率和特征参数类非通用参数，宜使用代号 U 或 L 若无特别说明，则所标注参数值为所允许的最大值或最小值 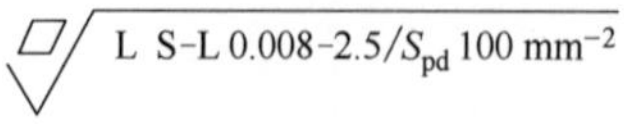 图中，L 表示偏差下限，尺度限定表面的类型为 S-L 表面

（续）

序号	类型	标注规则
2	参数的标注	一般情况下,需要给出三类区域表面结构参数信息:滤波器和嵌套指数、参数和参数值、非默认值 每个区域表面结构参数均有其默认控制要素及 GB/T 33523.3 中规定的非默认元素的信息要求。滤波器的代号见第 6 章 原则上,参数信息的标注顺序与 GB/T 131—2006 中轮廓参数的顺序一致 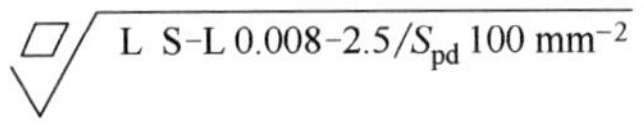 $$\sqrt{\quad}\ \overline{\text{L S-L } 0.008\text{-}2.5/S_{pd}\ 100\ mm^{-2}}$$ 图中,默认的滤波器类型为高斯滤波器,其中,S-L 表面中 S 滤波器嵌套指数为 0.008mm,L 滤波器嵌套指数为 2.5mm;参数 S_{qd},其最小极限值为 $100mm^{-2}$
3	加工方法或相关信息的标注	实际表面结构特征对表面结构参数值影响很大。标注的参数代号、参数值和传输带只作为表面结构要求,有时不一定能够完全准确表示表面功能。因此有时有必要用加工过程的说明来补充规格要求 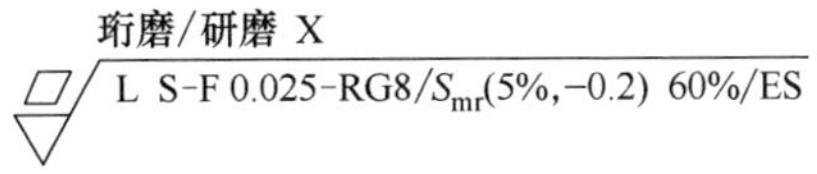 $$\sqrt{\quad}\ \overline{\begin{array}{l}\textbf{珩磨/研磨 X}\\ \text{L S-F } 0.025\text{-}RG8/S_{mr}(5\%,-0.2)\ 60\%/ES\end{array}}$$ 图中,表面的加工要求为珩磨/研磨,X 表示表面纹理呈两相交的方向
4	加工纹理的标注	表面纹理及其方向用表 2-24 中规定的符号标注在完整符号中 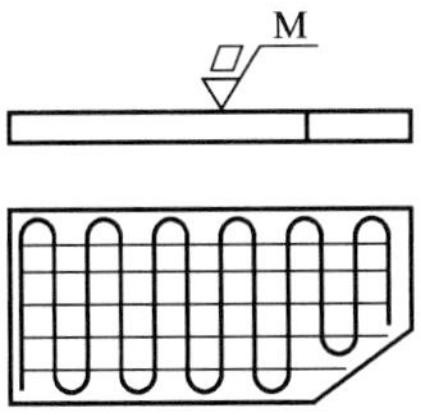 图中,M 表示纹理呈多方向
5	加工余量的标注	在同一图样中有多个加工工序表面时,可标注加工余量 当标注加工余量时,加工余量可能是添加在完整符号上的唯一要求。加工余量也可以同表面结构要求一起标注
6	评定区域的方向	符号的位置和方向决定了评定区域的方向 在 3D 标注中,添加相交平面指示符有助于使注释图样平面清晰。当在 3D 图样上规定区域表面结构时,可使用相交平面阐明区域方向。如果存在表面加工纹理,也可以使用相交平面来表示它们的方向 常规情况下,表面加工纹理方向和评定区域方向的相交平面是重合的,其中如果对于正确解释图样要求是必要的,三维的二维绘图平面被相交平面替换。然而,区域表面结构规范可能要求参考两个单独的相交平面 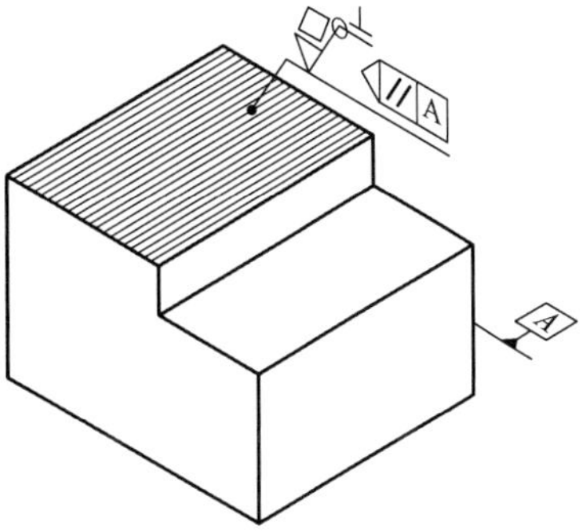 图中,评定区域平行于相交平面 *A*。表面加工纹理垂直于相交平面 *A*

明确的表面结构规范标注规则见表4-18。

表4-18　明确的表面结构规范标注规则

类型	规　则
概述	区域表面结构规范由几个不同的控制元素构成,它们可以是图样上标注内容的一部分或者在其他文档中给出。控制元素放置在由斜线"/"分隔开的规范部分的位置标志符中。需要给出的规范部分为: 1)偏差极限类型、滤波器和关联信息、参考水平信息 2)参数和数值 3)选项 [ ]方括号表示位置标志符由默认值或给定选项控制 <>尖括号表示应指定位置标志符
工程图样上表示 S-L 表面结构的 控制元素标注	标注规则 [限值]S-L<S滤波器>—<L滤波器>[F运算符]/<参数><数值>[单位]/[ES][OR(n)] 解释: 1)[限值],U 或 L,U 是默认值,不需要标注 2)<S滤波器>,标注 S 滤波器类型及 S 滤波器的嵌套指数或截止波长。默认的 S 滤波器是区域高斯滤波器 G,G 无需标注,如是其他滤波器类型(见表4-20)则需注出。S 滤波器的嵌套指数或截止波长值,见表4-21。示例:RG0.8,表示 S 滤波器为截止波长为 0.8mm 的稳健高斯滤波器 3)<L滤波器>,标注 L 滤波器类型及 L 滤波器的嵌套指数或截止波长。默认的 L 滤波器是区域高斯滤波器 G,G 无需标注,其他滤波器类型则需注出。评定区域由 L 滤波器的嵌套指数值确定 4)[F运算符],F 操作的滤波器类型见表4-21。例如,RS8 表示截止值为 8mm 的稳健样条滤波器。默认的滤波器类型 G 无需标注 5)<参数>,区域参数见表4-4~表4-8。参数"$S_{mr}(c)$"从参考平面评估,应表示其位置。参考平面 $S_{mr}(c)=0\%$ 无需表示 6)<数值>,参数的极限值 7)[单位],默认单位为 μm 无需标注,非默认单位时要给出参数值单位 8)[ES],表示"光学表面"。"机械表面"是默认值无需标注。光学表面的 S 滤波器嵌套指数值、采样距离和横向周期限制之间的关系应根据表4-26选择 9)[OR(n)]是"其他要求"的符号。增加的要求位于这一位置。如果此处存在符号"OR(n)",表示关于增加的要求的信息可以在图样其他位置的自由文本中找到。如果图样上有多于一条标注内容,$n=1,2,3$ 等。示例:OR(3),表示矩形评定区域;x 方向 2.5mm,y 方向 1.0mm 示例: $$\sqrt{\underline{}}\ \text{L S-L}\ 0.008-2.5/S_{pd}\ 100\ \text{mm}^{-2}$$
工程图样上表示 S-F 表面结构的 控制元素标注	标注规则: [限值]S-F<S滤波器>—<F运算符>/<参数><数值>[单位]/[ES][OR(n)] 解释: 1)[限值],U 或 L,U 是默认值,不需要标注 2)<S滤波器>,标注 S 滤波器类型及 S 滤波器的嵌套指数或截止波长。默认的 S 滤波器是区域高斯滤波器 G,G 无需标注,如是其他滤波器类型则需注出 3)<F运算符>,关联运算符的类型和嵌套指数或截止波长。当 F 运算符不是滤波器时,(方形)评定区域的边(mm)。如果标注了非滤波器的 F 运算符,则必须通过标注嵌套指数的替换值来评定区域的大小 4)<参数>,区域参数见表4-4~表4-8。参数"$S_{mr}(c)$"从参考平面评估,应表示其位置。参考平面 $S_{mr}(c)=0\%$ 无需表示 5)<数值>,参数的极限值 6)[单位],默认单位为 μm 无需标注,非默认单位时要给出参数值单位

（续）

类型	规　　　则
工程图样上表示 S-F 表面结构的控制元素标注	7)［ES］,表示"光学表面"。"机械表面"是默认值无需标注。光学表面的 S 滤波器嵌套指数值、采样距离和横向周期限制之间的关系应根据表 4-26 选择 8)［OR(n)］是"其他要求"的符号。增加的要求位于这一位置。如果此处存在符号"OR",表示关于增加的要求的信息可以在图样其他位置的自由文本中找到。如果图样上有多于一条标注内容,n=1,2,3 等。例如:OR(3),表示矩形评定区域;x 方向 2.5mm,y 方向 1.0mm 示例 1:具有默认 F 运算符 S-F 表面结构的示例 $$S\text{-}F\ 0.008\text{-}8/S_a\ 0.5$$ 含义:默认 F 运算符是区域高斯滤波器 G(G 默认未注出),嵌套指数的替换值是边等于 8mm 的(方形)评定区域 示例 2:具有非默认滤波器 F 运算符的 S-F 表面结构的示例 $$S\text{-}F\ 0.008\text{-}RG2.5/S_a\ 0.5$$ 含义:F 运算符为嵌套指数为 2.5mm 的稳健高斯滤波器 RG
工程图样上表示支承率参数值 S_{mr} 的控制元素	这一标注内容对 S-L 和 S-F 表面结构均有效。 标注规则:S_{mr}(［参考 c 值］<带符号的 c 值>)<数值>［单位］ 解释: 1)支承率参数 S_{mr} 值通常标注最小极限值,使用标记 L 来表示 2)［参考 c 值］,在支承率曲线上以百分比指定参考水平,默认参考值是支承率曲线的最高点 0%,无需表示 3)<带符号的 c 值>,相对于参考 c 值的指定高度距离,以 μm 为单位。如果 c 值低于参考 c 值,则该值为负,如果高于参考 c 值,则为正 4)<数值>,参数的规定极限值 5)［单位］,始终需要表示默认单位(%) 示例 1:参考水平为 0%(默认标注)的 S-L 表面结构 $$L\ S\text{-}L\ 0.008\text{-}2.5/S_{mr}(-0.4)70\%$$ 示例 2:具有非零参考水平(需要注出)的 S-F 表面结构 $$L\ S\text{-}F\ 0.008\text{-}RG\ 2.5/S_{mr}(5\%,-0.2)60\%$$ 示例 3:具有非零参考水平 65%(需要注出)的 S-F 表面结构 $$L\ S\text{-}F\ 0.008\text{-}RG\ 2.5/S_{mr}(65\%,+0.2)25\%$$

4.2.4　区域表面结构的标注示例

区域表面结构的标注示例见表 4-19。

表 4-19　区域表面结构的标注示例

序号	标注示例及解释
1	S-L 0.008-2.5/S_q 0.7 解释: 1)无加工要求的表面 2)S-L 表面,S 滤波器嵌套指数为 0.008mm,L 滤波器嵌套指数为 2.5mm 3)参数为尺度限定表面的均方根高度 S_q,其上极限值为 0.7 μm 隐含的默认值(未标注)有: 1)偏差上限"U" 2)评定区域等于定义区域,是边长为 2.5mm 的正方形,与 L 滤波器的嵌套指数值相同

（续）

序号	标注示例及解释
1	3）S滤波器的嵌套指数为0.008mm，最大采样距离为0.0015mm，最大针尖半径为0.005mm。这些数值可在表4-25中查出，与所选定的L滤波器嵌套指数大小无关 4）F运算符是S-L评定区域内的全局最小二乘法形状去除 5）S_q的默认单位"μm" 6）通过使用恰当的边界校正算法，在核查中需要测量的实际总面积可以非常接近指定的评定区域 7）与轮廓规范相比，区域规范的主要区别在于：评定区域的方向由图样确定；在区域表面结构规范中，没有相当于"16%规则"的规则
2	珩磨/研磨 X L S-F 0.025-RG8/S_{mr}(5%,−0.2) 60%/ES 解释： 1）表面具有加工要求（磨削和珩磨/研磨） 2）X表示表面纹理呈两相交的方向 3）L表示偏差下限值 4）S-F表面 5）0.025-RG8表示：S滤波器嵌套指数为0.025mm，RG8表示F运算符是嵌套指数为8mm的稳健高斯滤波器 6）S_{mr}参数是尺度限定表面的区域支承率，支承率最小极限值为c等级0.2μm＝60%，并且从支承率等于5%给出的参考平面向下测量到表面 7）ES：提取表面是光学表面 隐含的默认值（未标注）有： 1）默认S-F表面的评定区域是正方形。评定区域等于定义区域，是边长为8mm的正方形 2）S滤波器类型是区域高斯滤波器。从表4-26中查到，S滤波器值为0.025mm，最大采样间隔为0.008mm，最大横向周期限为0.025mm 3）光学测量方法的横向周期极限等于机械测量方法的球半径 4）支承率参数通常用于确保表面上部具有较高的材料含量，以获得良好的承载和磨损性能而且不出现润滑丧失。这样的表面通常采用多步制造，结果具有偏态材料分布。由于在这样的表面上使用标准高斯L滤波器可能会导致支承率曲线发生扭曲，因此建议此标注案例采用稳健高斯滤波器RG
3	L S-L 0.008-2.5/S_{pd} 100 mm^{-2}</div> 解释： 1）表面无加工要求 2）L：偏差下限 3）S-L表面，S滤波器嵌套指数为0.008mm，L滤波器嵌套指数为2.5mm 4）参数是最小极限值为100mm^{-2}（每平方毫米100个峰）的S_{pd}（峰密度） 隐含的默认值（未标注）有： 1）默认S-L表面的评定区域是正方形，其边长与L滤波器的嵌套指数相同 2）S滤波器的嵌套指数为0.008mm，从表4-24中查出：最大采样距离为0.0015mm，最大球半径为0.005mm 3）S和L滤波器均为区域高斯滤波器 4）F运算符是在S-L评定区域内采用全局最小二乘法形状去除 5）特征参数属性：结构特性分类为区域，尺度限定特征类型为峰区（H），分割标准为嵌套指数实尺度限定表面的最大高度的5%的沃尔夫修剪。确定重要特征的方法是区域、线、点（全部）。特征属性取一个值（一个单位）。属性统计是所有属性值总和除以定义区间（即密度）

（续）

序号	标注示例及解释
4	电抛光 U S-L 0.008-1/FC (H Area 5% Closed 5% VolE Mean) 25mL m⁻² 解释: 1)表面具有加工要求(电抛光) 2)U:偏差上限要求 3)S-L表面,S滤波器嵌套指数为0.008mm,L滤波器嵌套指数为1mm 4)特征参数、属性:括号内为未命名特征参数属性,最大极限值为每平方米25mL 隐含的默认值(标注中未显示): 1)默认S-L表面的评定区域是正方形,其边长与L滤波器的嵌套指数相同,评定区域是边长为1mm的正方形 2)从表4-24中查到:S滤波器的值为0.008mm,最大采样距离为0.0015mm,最大球半径为0.005mm 3)所有滤波器均为区域高斯滤波器 4)F运算符是在S-L评定区域内采用全局最小二乘法形状去除
5	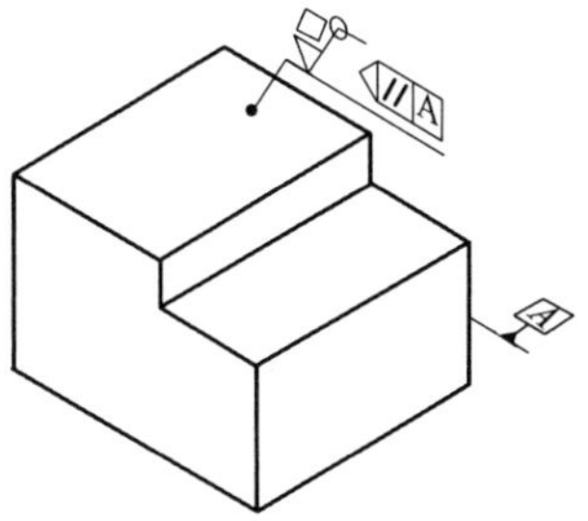 解释: 1)表面具有加工要求 2)评定区域平行于相交平面 A 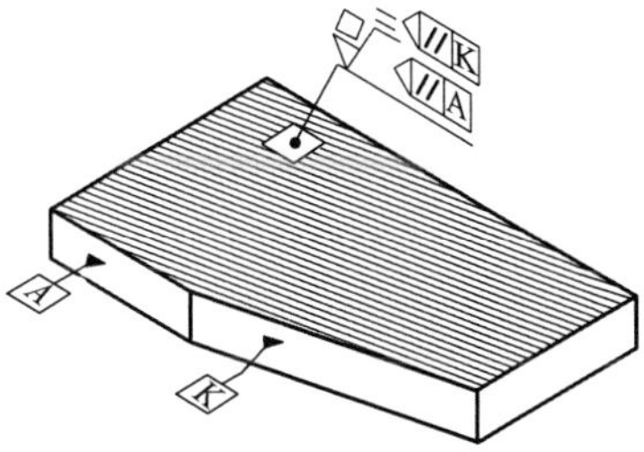 解释: 表面具有加工要求;评定区域平行于相交平面 A;表面加工纹理的方向平行于相交平面 K

4.2.5 区域表面结构的 ISO 特殊规范元素

滤波器符号见表 4-20。嵌套指数见表 4-21。非滤波器关联符号见表 4-22。

表 4-20 滤波器符号

符号	名称	ISO 16610 名称	ISO 文件
G	高斯	**FALG**,**FPLG**	**ISO 16610-61**,**-21**
S	样条	FALS,**FPLS**	ISO 16610-62,**-22**

（续）

符号	名称	ISO 16610 名称	ISO 文件
SW	样条小波	**FALPSW,FPLPSW**	**ISO 16610-69,-29**
CW	复小波	**FALPCW,FPLPCW**	**ISO 16610-69,-29**
RG	稳健高斯	**FARG,FPRG**	**ISO 16610-71,-31**
RS	稳健样条	FARS,**FPRS**	ISO 16610-72,**-32**
OB	开放球	FAMOB	ISO 16610-81
OD	开放盘	**FPMOD**	**ISO 16610-41**
OH	开放水平线段	FAMOH,**FPMOH**	ISO 16610-81,**-41**
CB	封闭球	FAMCB	ISO 16610-81
CD	封闭盘	**FPMCD**	**ISO 16610-41**
CH	封闭水平线段	FAMCH,**FPMCH**	ISO 16610-81,**-41**
AB	交替系列球	FAMAB	ISO 16610-89
AD	交替系列盘	**FPMAD**	**ISO 16610-49**
AH	交替系列水平线段	FAMAH,**FPMAH**	**ISO 16610-49**
SW	分割	**FAMSW**	**ISO 16610-85**
H	谐波（单波长）	—	N/A

注：已发布或正在编写的区域滤波器名称和标准标记为粗体。

表 4-21 嵌套指数

符号	滤波器名称	嵌套指数
G	高斯	截止长度 截止 UPR
S	样条	截止长度 截止 UPR
W	小波	截止长度 截止 UPR
RG	稳健高斯	截止长度 截止 UPR
RS	稳健样条	截止长度 截止 UPR
OB	开放球	球半径
OH	开放水平线段	分割长度
OD	开放盘	盘半径
CB	封闭球	球半径
CH	封闭水平线段	分割长度
CD	封闭盘	盘半径
AB	交替系列球	球半径
AH	交错水平段	段长
AD	交错盘	盘半径
H	谐波	波长 UPR 数

注：UPR 表示每圈的波动。

表 4-22　非滤波器关联符号

符号	关　　联
G	全局最小二乘
P2	二阶多项式
P32	x 方向上的三阶多项式，y 方向上的二阶多项式

4.3　表面结构区域法的规范操作集

GB/T 33523.3—2022《产品几何技术规范（GPS）　表面结构　区域法　第3部分：规范操作集》等同采用 ISO 25178.3：2012，规定了适用于区域法评定表面结构（尺度限定表面）的完整规范操作集。

4.3.1　完整规范操作集

完整的规范操作集是具有明确定义的（规范）操作的完整、有序的集合。采用区域法评价表面结构时，完整规范操作集一般有提取方法、拟合方法和滤波方法。如果被测量中包含了形状误差，则应规定 S-F 表面，否则应规定 S-L 表面。

（1）提取方法　提取方法见表 4-23。

表 4-23　提取方法

提取方法		规　　　则
评定区域	一般要求	评定区域由进行提取操作的表面的一块矩形部分构成 评定区域的方向应受规范约束。如果在正交方向上，嵌套指数是相同的，则评定区域的方向没有影响 评定区域的方向一般取决于被测表面的形状，即矩形区域的边平行/垂直于标称几何要素（如圆柱轴线、矩形平板的边等）
	S-F 表面	除非另有说明，S-F 表面的评定区域应是正方形 如果 F-操作是滤波操作，则正方形评定区域的边长与滤波器嵌套指数相等 如果 F-操作是拟合操作，则正方形评定区域的边长用来代替 F-操作嵌套指数值 F-操作嵌套指数值可应用于所有后续操作。F-操作的嵌套指数值通常从下列数中选取： …，0.1mm，0.2mm，0.25mm，0.5mm，0.8mm，1.0mm，2.0mm，2.5mm，5.0mm，8.0mm，10mm，… 例如，带嵌套指数的 F-操作是一个样条滤波器；用标称形状的总体最小二乘拟合操作进行未预定义嵌套指数的 F-操作 F-操作嵌套指数的值通常选择所关注的最粗糙表面结构尺度的 5 倍
	S-L 表面	除非另有说明，S-L 表面的评定区域应是正方形，其边长与 L-滤波器的嵌套指数相同 L-滤波器的嵌套指数值通常从下列数中选取： …，0.1mm，0.2mm，0.25mm，0.5mm，0.8mm，1.0mm，2.0mm，2.5mm，5.0mm，8.0mm，10mm，… L-滤波器嵌套指数的值通常选择所关注的最粗糙表面结构尺度的 5 倍
表面类型		默认表面是机械表面，它是采用触针测量得到的，触针针尖半径可根据 F-操作或 L-滤波器的嵌套指数和 S-滤波器嵌套指数在表 4-24 和表 4-25 中选择

（续）

提取方法		规 则
S-滤波器	一般要求	默认的 S-滤波器是区域高斯滤波器。在 x 方向/y 方向上,S-滤波器嵌套指数(截止波长)的值(见 GB/Z 26958.1)通常从下列数中选取: …,0.0005mm,0.0008mm,0.001mm,0.002mm,0.0025mm,0.005mm,0.008mm,0.01mm,…
	机械表面	对于机械表面,采样间距和触针针尖半径的最大值是由 S-滤波器的嵌套指数值计算出来的,见表 4-25 以 S-滤波器嵌套指数的值为基准,其与采样间距的最大值的比值约为 5∶1;其与触针针尖半径最大值的比值约为 1.4∶1。这些比值与 GB/T 6062 中的规定是一致的 表 4-25 中规定的采样间距最大值是理想值,对给定的表面和仪器组合可能无法达到
	光学表面	对于光学表面(电磁表面),采样间距最大值和横向周期限的最大值是由 S-滤波器的嵌套指数的值计算出来的,见表 4-26 以 S-滤波器嵌套指数为基准,其与最大采样间距的比例为 3∶1;其与最大横向周期限的比例约为 1∶1 表 4-26 中给出的最大采样间距是理想值,对给定的表面和仪器组合可能无法达到

表 4-24　F-操作或 L-滤波器和 S-滤波器的嵌套指数值与带宽比之间的关系

F-操作或 L-滤波器的 嵌套指数值/mm	S-滤波器嵌套指数值 /mm	F-操作或 L-滤波器嵌套指数值与 S-滤波器的 嵌套指数值之间带宽比近似值
…	…	…
0.1	0.001	100∶1
	0.0005	200∶1
	0.0002	500∶1
	0.0001	1000∶1
0.2	0.002	100∶1
	0.001	200∶1
	0.0005	400∶1
	0.0002	1000∶1
0.25	0.0025	100∶1
	0.0008	300∶1
	0.00025	1000∶1
0.5	0.005	100∶1
	0.002	250∶1
	0.001	500∶1
	0.0005	1000∶1
0.8	0.008	100∶1
	0.0025	300∶1
	0.0008	1000∶1

（续）

F-操作或 L-滤波器的 嵌套指数值/mm	S-滤波器嵌套指数值 /mm	F-操作或 L-滤波器嵌套指数值与 S-滤波器的 嵌套指数值之间带宽比近似值
1	0.01	100：1
	0.005	200：1
	0.002	500：1
	0.001	1000：1
2	0.02	100：1
	0.01	200：1
	0.005	400：1
	0.002	1000：1
2.5	0.025	100：1
	0.008	300：1
	0.0025	1000：1
5	0.05	100：1
	0.02	250：1
	0.01	500：1
	0.005	1000：1
8	0.08	100：1
	0.025	300：1
	0.008	1000：1
…	…	…

表 4-25　机械表面的 S-滤波器嵌套指数、采样间距以及触针针尖半径之间的关系

S-滤波器嵌套指数值/mm	最大采样间距/mm	最大针尖半径/mm
…	…	…
0.0001	0.00002	0.00007
0.0002	0.00004	0.00014
0.00025	0.00005	0.0002
0.0005	0.0001	0.00035
0.0008	0.00015	0.0005
0.001	0.0002	0.0007
0.002	0.0004	0.0014
0.0025	0.0005	0.002
0.005	0.001	0.0035
0.008	0.0015	0.005
0.01	0.002	0.007
0.02	0.004	0.014
0.025	0.005	0.02

（续）

S-滤波器嵌套指数值/mm	最大采样间距/mm	最大针尖半径/mm
0.050	0.01	0.035
0.08	0.015	0.05
0.1	0.02	0.07
0.2	0.04	0.14
0.25	0.05	0.2
…	…	…

表 4-26　光学表面的 S-滤波器嵌套指数、采样间距以及横向周期限之间的关系

S-滤波器嵌套指数值[①]/mm	最大采样间距/mm	最大横向周期限/mm
…	…	…
0.0001	0.00003	0.0001
0.0002	0.00006	0.0002
0.00025	0.00008	0.00025
0.0005	0.00015	0.0005
0.0008	0.00025	0.0008
0.001	0.0003	0.001
0.002	0.0006	0.002
0.0025	0.0008	0.0025
0.005	0.0015	0.005
0.008	0.0025	0.008
0.01	0.003	0.01
0.02	0.006	0.02
0.025	0.008	0.025
0.05	0.015	0.05
0.08	0.025	0.08
0.1	0.03	0.1
0.2	0.06	0.2
0.25	0.08	0.25
…	…	…

①　表面结构的测量还可以采用光学方法，光学方法存在一个类似高斯滤波器的固有滤波器，此滤波器会增大横向周期限的数值；此时，横向周期限可代替数字 S-滤波器来定义短波长嵌套指数。

（2）拟合方法　当需要用拟合方法进行 F-操作时，默认的拟合方法是总体最小二乘法。

（3）滤波方法　滤波取决于评定表面（S-L 表面或 S-F 表面）的类型。对于 S-L 表面，要同时规定 L-滤波器和 F-操作；对于 S-F 表面，只需要规定 F-操作。

1）F-操作。选择默认的拟合方法时，应采用与标称形状同类型的特征去除形状。对于尺寸要素，在默认的拟合操作中尺寸是可变的。对于非默认形状去除，应采用 GB/Z 26958 系列标准中规定的滤波方法，这些滤波方法的总体方案详见第 6 章。

2）L-滤波器。默认的 L-滤波器是区域高斯滤波器（见 GB/Z 26958.21，本书 6.6.2节）。在 x 方向/y 方向的嵌套指数是 S-L 表面规范的强制部分。

（4）定义区域 对于 S-L 表面，默认的定义区域是一个与评定区域尺寸相同的正方形。对于 S-F 表面，默认的定义区域是一个与评定区域尺寸相同的正方形。

4.3.2 完整规范操作集的决策树

完整的规范操作集的决策树见图 4-30。

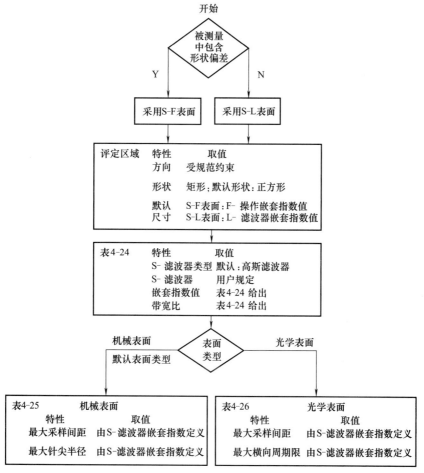

图 4-30 完整的规范操作集的决策树

4.3.3 区域表面结构参数的默认特征值

区域表面结构参数的默认特征值见表 4-27。

表 4-27 区域表面结构参数的默认特征值

参数类型	参数(缩略语)	特征	默认值
空间参数	S_{al}	最快衰减到规定值 $s(0 \leqslant s \leqslant 1)$	$s = 0.2$
	S_{tr}	最快与最慢衰减到规定值 $s(0 \leqslant s \leqslant 1)$	$s = 0.2$

（续）

参数类型	参数（缩略语）	特征	默认值
函数和相关参数	V_{vv}	支承率 p	$p=80\%$
	V_{vc}	支承率 p、q	$p=10\%$，$q=80\%$
	V_{mp}	支承率 p	$p=10\%$
	V_{mc}	支承率 p、q	$p=10\%$，$q=80\%$
	S_{xp}	支承率 p、q	$p=2.5\%$、$q=50\%$
	SRC	阈值 T_h	$T_h=10\%$
特征参数	S_{pd}	沃尔夫修剪嵌套指数 $X\%$	$X\%=5\%$
	S_{pc}	沃尔夫修剪嵌套指数 $X\%$	$X\%=5\%$
	S_{5p}	沃尔夫修剪嵌套指数 $X\%$	$X\%=5\%$
	S_{5v}	沃尔夫修剪嵌套指数 $X\%$	$X\%=5\%$
	$S_{da}(c)$	沃尔夫修剪嵌套指数 $X\%$	$X\%=5\%$，重要特征是闭
	$S_{ha}(c)$	沃尔夫修剪嵌套指数 $X\%$	$X\%=5\%$，重要特征是闭
	$S_{dv}(c)$	沃尔夫修剪嵌套指数 $X\%$	$X\%=5\%$，重要特征是闭
	$S_{hv}(c)$	沃尔夫修剪嵌套指数 $X\%$	$X\%=5\%$，重要特征是闭

4.3.4 区域表面结构参数的默认单位

区域表面结构参数的默认单位见表4-28。

表 4-28 区域表面结构参数的默认单位

参数类型	参数（缩略语）	默认单位	参数类型	参数（缩略语）	默认单位
高度参数	S_q	μm	空间参数	S_{al}	μm
	S_{sk}	1		S_{tr}	1
	S_{ku}	1		S_{td}	（°）
	S_p	μm	混合参数	S_{dq}	rad
	S_v	μm		S_{dr}	（%）
	S_z	μm	其他参数	S_{vfc}	1
	S_a	μm		S_{afc}	1
功能和相关参数	$S_{mr}(c)$	（%）	功能和相关参数	$V_v(p)$	mL/m²
	$S_{dc}(mr)$	μm		V_{vv}	mL/m²
	S_k、S_{pk}、S_{vk}	μm		V_{vc}	mL/m²
	S_{mr1}、S_{mr2}	（%）		$V_m(p)$	mL/m²
	S_{vq}、S_{pq}、S_{mq}	μm		V_{mp}	mL/m²
	S_{xp}	μm		V_{mc}	mL/m²
特征参数	S_{pd}	1/mm²	特征参数	$S_{da}(c)$	μm²
	S_{pc}	1/mm²		$S_{ha}(c)$	μm²
	S_{10z}	μm		$S_{dv}(c)$	μm³
	S_{5p}	μm		$S_{hv}(c)$	μm³
	S_{5v}	μm			

4.4　表面结构区域法与表面结构轮廓法的差异

表面结构区域法与表面结构轮廓法在参数、测量方法等方面的差异见表 4-29。

表 4-29　表面结构区域法与表面结构轮廓法的差异

对比项目		区域法	轮廓法
标准		GB/T 33523.2—2017 ISO 25178.2:2012	GB/T 3505—2009 ISO 4287:1997
使用设备		接触式及非接触式仪器	接触式(仅触式粗糙度仪)
评估对象		S-F 平面	截面曲线
滤波器		S-滤波器	λs 滤波器
评估对象		S-L 平面	轮廓曲线
滤波器		S-滤波器 L-滤波器	λs 滤波器 λc 滤波器
高度参数	最大峰高	S_p	Rp
	最大谷深	S_v	Rv
	最大高度	S_z	Rz
	算术平均高度	S_a	Ra
	均方根高度	S_q	Rq
	偏斜度	S_{sk}	Rsk
	陡峭度	S_{ku}	Rku
空间参数		S_{al}、S_{tr}、S_{td}	
混合参数		S_{dq}、S_{dr}	$R\Delta q$
功能参数	中心部的高低差	S_k	Rk
	最大峰部高度	S_{pk}	Rpk
	最大谷部高度	S_{vk}	Rvk
	峰部和中心部的支承率	S_{mr1}	$Mr1$
	谷部和中心部的支承率	S_{mr2}	$Mr2$

在实际操作中，有的表面使用轮廓滤波器与区域滤波器得到的结果差异很小。为了将差异最小化，建议采用以下措施：

1）测量时，用于采样的表面矩形区域的方向应与表面纹理的方向对准，如图 4-31 所示。

2）高斯滤波器的截止波长值，在轮廓法表面结构相关标准中给出的默认值中选择，即从以下值中选择：

…，0.08mm，0.25mm，0.8mm，2.5mm，8.0mm，…

3）其他默认值也要在轮廓法表面结构标准中给出的设定值中选择，如默认的触针针尖半径、采样间距等。

4）表面测量的矩形区域中，驱动方向的长度是取样长度的五倍。

不推荐将采用区域法测量得到的参数值与轮廓法参数的公差限值进行比较。只有那些能

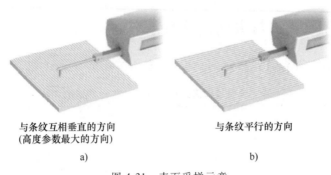

与条纹互相垂直的方向
(高度参数最大的方向)

a)

与条纹平行的方向

b)

图 4-31 表面采样示意

a）正确 b）错误

直接与轮廓法参数等效的区域法参数可以比较，例如：均方根高度 S_q 和 R_q。但是结构方位比 S_{tr}，轮廓法没有等效的参数，因此不能与任何轮廓法参数比较。

描述表面极值的表面结构参数，如最大峰高 S_p、最大谷深 S_v、最大高度 S_z 等，通常会比对应的轮廓法参数值大，因为轮廓法测量时，测得的"峰"和"谷"几乎总是在峰/谷的侧面而没有达到真正的极值。

应该特别注意，大多数表面结构轮廓法测量仪器是基于触针（接触）方法，而大多数表面结构区域法测量仪器是基于非接触方法。两种方法在探测系统上的差异将导致轮廓法和区域法测量值之间的差异。

第5章

表面结构的测量方法及测量标准图解

本章主要介绍表面结构的测量方法、参数测量的通用术语、仪器的标称特性、仪器的校准、实物测量标准和软件测量标准。本章的内容体系及涉及的标准如图5-1所示。

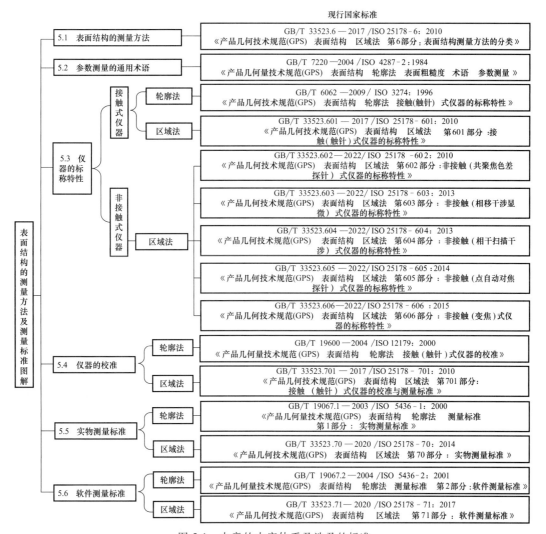

图 5-1　本章的内容体系及涉及的标准

5.1 表面结构的测量方法

GB/T 33523.6—2017《产品几何技术规范（GPS） 表面结构 区域法 第6部分：表面结构测量方法的分类》等同采用了 ISO 25178-6：2010，规定了用于表面结构测量方法的分类体系。

5.1.1 表面结构测量方法分类

测量表面结构的方法可以分为三大类：线轮廓法、区域形貌法和区域整体法，如图 5-2 所示。

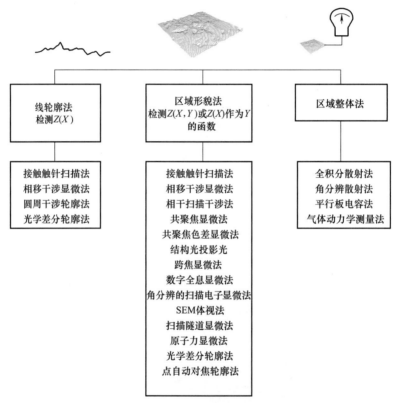

图 5-2 带示例的表面结构测量方法分类

5.1.1.1 线轮廓法

线轮廓法生成反映微观起伏的二维图形或轮廓作为测量数据，这组数据可以用数学方法表示为高度函数 $Z(X)$。

采用线轮廓测量的仪器有接触触针扫描仪、早期的相移干涉仪和光学差分轮廓仪。还有一种采用旋转扫描法在圆柱坐标系中测量圆周轮廓，此时 Z 值是角度 θ 的函数，如圆周干涉轮廓仪。

5.1.1.2 区域形貌法

区域形貌法生成表面的一个形貌图像，可以用数学方法表示为两个独立变量 $(X，Y)$

的高度函数 $Z(X,Y)$。通常将一系列平行的轮廓排列起来就得到了高度函数 $Z(X,Y)$（见图 5-3）。高度函数通常表示为被测形貌与中心表面之间逐点偏差。

区域形貌法表面结构测量仪器由横向扫描系统和探测系统组成，包括接触触针扫描仪、相移干涉显微镜、相干扫描干涉仪、共聚焦显微镜、共聚焦色差显微镜、结构光投影仪（包括三角法）、跨焦显微镜、光学差分轮廓仪、数字全息显微镜、点自动对焦轮廓仪、角分辨的扫描电子显微镜（SEM）、SEM 体视显微镜、扫描隧道显微镜和原子力显微镜（AFM）。这些方法的区域测量能力通常来自一系列平行轮廓的顺序扫描或显微照相机中手动扫描操作所取得的二维图像。所有这些方法也可用来生成线轮廓测量结果。

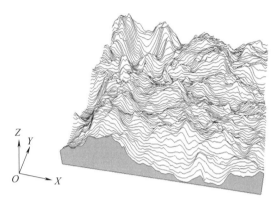

图 5-3　用一系列平行轮廓 $Z(X)$ 绘制的区域形貌图像示例

使用由序列轮廓，如用一系列平行的轮廓 $Z(X)$ 生成表面的形貌图像 $Z(X,Y)$，应确保沿 Y 轴的 $Z(Y)$ 的测量精度。尽管 $Z(X,Y)$ 的形貌图像可以用区域轮廓法显示，但有时此方法对 $Z(Y)$ 的变化并不敏感，或 $Z(Y)$ 轮廓精度受到仪器漂移的限制。

5.1.1.3　区域整体法

区域整体法是测量表面上一个有代表性的区域并生成其整体特性的数值结果。该方法不产生线轮廓数据 $Z(X)$ 或区域形貌数据 $Z(X,Y)$。

采用区域整体测量的仪器包括使用全积分光散射、角分辨光散射、平行板电容和气体动力学（流量）测量技术的仪器。

区域整体法与校准的粗糙度比较样块或校准的标准样块（作为比较器）联合使用，用来判别相似加工方法制造的工件表面结构特征或反复进行表面结构评定。

5.1.2　表面结构的测量方法

5.1.2.1　比较法

比较法是将被测表面对照表面结构比较样块，用肉眼判断或借助放大镜、比较显微镜进行比较，也可用手触摸、划动感觉来判断被测表面的粗糙程度，如图 5-4 所示。

样块是一套具有平面或圆柱表面的金属块，表面经磨、车、镗、铣、刨等切削加工，电铸或其他铸造工艺等加工而具有不同的表面粗糙度，有时可直接从工件中选出样品经过测量并评定合格后作为样块。GB/T 6060.1—2018《表面粗糙度比较样块　第 1 部分：铸造表面》、GB/T 6060.2—2006《表面粗糙度比较样块　磨、车、镗、铣、插及刨加工表面》、GB/T 6060.3—2008《表面粗糙度比

图 5-4　比较法测量示例

较样块　第3部分：电火花、抛（喷）丸、喷砂、研磨、锉、抛光加工表面》规范了由不同加工方法得到的表面粗糙度比较样块的设计、制造和检验。

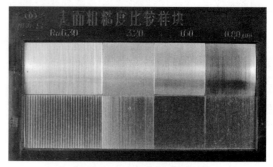

表面结构样块（示例见图5-5）的材料、形状及制造工艺应尽可能与工件相同，这样才便于比较，否则往往会产生较大的误差。比较法是生产车间常用的方法。

图 5-5　表面结构样块示例

5.1.2.2　接触触针扫描法

接触（触针）式区域法表面测量仪器使用接触式探测系统，带一个确定高度值的触针，如图5-6所示。这种仪器也能对轮廓进行测量，有两种类型：

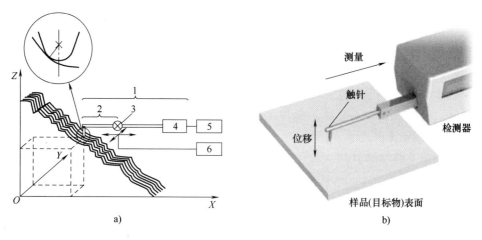

a)　　　　　　　　　　　　b)

图 5-6　接触（触针）式区域法表面测量仪器

a）仪器原理图　b）测量表面示意图

1—探测系统　2—触针　3—转轴　4—探头　5—数字化系统

6—驱动单元（包括区域导向基准和横向位置传感器）

1）仪器的纵向测量范围使其只能用于测量平面或有小的形状偏差的工件表面结构，一般纵向测量范围小于 1mm。

2）仪器的纵向测量范围允许其不只测量平面，还可以测量有大的形状偏差的表面或测量轮廓图形。这种仪器的纵向测量范围一般有几毫米。

典型的区域法表面结构测量仪器用以下的测量过程测量：

① 探测系统通过沿 X 轴在长度 l_x 上连续测量完成轮廓采集。

② 轮廓测量结束后，探测系统回到起点。

③ 垂直驱动单元沿 Y 轴前进一个采样间距的距离。

④ 以上三个步骤重复进行，直到测量完成。

⑤ 测量完成后，得到提取表面，它包含由 Y 采样间距彼此分开的 n 条轮廓，每条轮廓包含由 X 采样间距分开的 m 个坐标点。

更多信息见 GB/T 33523.601—2017/ISO 25178-601：2010。

5.1.2.3　共聚焦色差显微法

共聚焦色差探针式（confocal chromatic probe）区域法表面结构测量仪器使用了基于白光轴向色散特性的共聚焦色差探针测量表面结构的非接触探测系统，用于确定表面高度。这种仪器也能进行轮廓测量。仪器的纵向测量范围通常使其只能测量平面或稍微弯曲的工件表面结构。一般纵向测量范围小于几个毫米。

基于聚焦传感器的共聚焦传感器原理如图 5-7 所示。共聚焦系统的点光源 1 为离子激光器或 HeNe 激光器，光源发出的光束通过光源针孔 2，由消色差物镜 4 聚焦于工件表面，从工件表面反射回来的光束通过鉴别针孔 6 由检测器 7（通常是光检测器）收集，该针孔只允许聚焦在针孔上的光束 a 通过，而阻挡针孔周围的离焦光束 b。消色差物镜沿竖轴方向移动，当照明光束聚焦于工件表面时，探测器将接收到最大光强。因此，可以通过分析探测器信号来检测表面高度。

光源针孔 2 和鉴别针孔 6 为共轭针孔（共聚焦原理），光穿过物镜两次（方向相反），装置是同轴的。共聚焦显微（共聚焦成像）包括：光源针孔 2 在工件表面 5 成像为一个聚焦光斑，将该聚焦光斑成像于鉴别针孔 6 处。

更多信息见 GB/T 33523.602—2022/ISO 25178-602：2010。

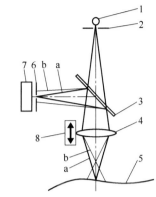

图 5-7　基于聚焦传感器的
共聚焦传感器原理
1—点光源　2—光源针孔
3—半透明反射镜　4—消色差
物镜　5—工件表面　6—鉴别针孔
7—光探测器　8—垂直移动装置
a—聚焦在工件上的光束　b—离焦光束

5.1.2.4　相移干涉显微法

相移干涉（phase-shifting interferometric，PSI）显微法是通过一个使用已知波长的光源进行照明的光学显微镜和与光学显微镜集成在一起的干涉测量附件产生多幅带有干涉条纹的光学图像，从中可计算得到轮廓或表面形貌图像的测量方法。当两束或多束相干光束重叠时，可得到明暗干涉条纹的图像。

PSI 显微镜的光学组件通常采用迈克尔逊（Michelson）、米劳（Mirau）或林尼克（Linnik）式干涉仪结构（见图 5-8～图 5-10）。PSI 仪器的照明和成像系统可包含附加光学元件，以实现不同放大倍率的图像传感探测。每种干涉仪结构中，被测表面都需与一个基准表面进行比较。因此，基准表面需要比被测表面更平滑。当该条件无法满足时，需采用更先进的测量技术将基准表面的形貌从被测表面的形貌中

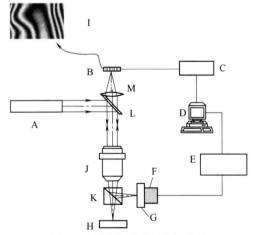

图 5-8　迈克尔逊式干涉结构的
相移干涉（PSI）显微镜
A—光源　B—图像传感器阵列　C—数字化仪　D—计算机
E—PZT 控制器　F—PZT 驱动器　G—参考镜
H—样品　I—图像传感器得到的条纹　J—干涉物镜
K—干涉分束器　L—照明分束器　M—成像透镜

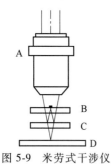

图 5-9 米劳式干涉仪

A—物镜 B—参考镜 C—分束器 D—样品

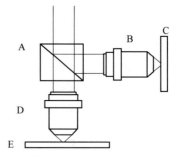

图 5-10 林尼克式干涉仪

A—分束器 B—参考物镜 C—参考镜 D—物镜 E—样品

注：相移过程中，部件 B 和 C 一起相对于部件 D 和 E 移动。

分离出来。

PSI 仪器包含一套集成于显微镜的干涉仪。干涉仪中，分束器将光分成两路。其中一路引至包括作为理想平滑基准表面的反射镜等一系列光学元件的参考光路；另一路光传输到被测物体上并反射形成测量光路。两束反射回来的光在分束器上重新合束，并在图像传感器阵列上形成由一系列明暗条纹构成的被测表面的干涉图像。仪器需要精确调节，使得最佳聚焦与最高条纹对比度相对应。测量过程中，通过在测量光路与参考光路之间引入一个已知的相移，使得条纹图案发生改变。有多种方法可以改变干涉光路间的相位差，如在图 5-8 中，使用压电换能器（PZT）驱动参考镜来实现。

应用 PSI 显微镜测量表面轮廓时，图像传感器可采用线阵式的；测量区域表面结构时，可用面阵图像传感器。图像传感器的像素间距和宽度是决定仪器空间分辨力的重要特征参数。

更多信息见 GB/T 33523.603—2022/ISO 25178-603：2013。

5.1.2.5 相干扫描干涉法

相干扫描干涉法（coherence scanning interferometry，CSI）是通过对光路长度范围扫描获得干涉条纹变化，得到表面形貌图像的一种测量方法。

与相移干涉显微镜一样，CSI 仪器在配置上与传统显微镜类似，而其中的普通物镜则被替换为双光束干涉物镜。最常见的干涉物镜有迈克尔逊型、米劳型或林尼克型，一些视场较大的系统使用泰曼·格林（Twyman Green）结构。

图 5-11 所示为典型的米劳配置 CSI 显微镜结构原理，其测量过程如下：

1）将仪器聚焦到被测物体表面直至出现干涉条纹。

2）当测量随机性的粗糙表面时，调整样品相对于系统光轴的倾角，直至视场内的干涉条纹数最少；当测量光滑表面上的台阶特征时，调整样品倾角使得视场内出现一个或多个条纹，且条纹尽可能垂直于台阶。

3）仪器在 CSI 扫描期间采集数据。扫描器 7 可以实现干涉物镜在 Z 轴方向上连续平滑的扫描。扫描期间，计算机记录下每个扫描位置 ζ 对应的每个图像点或像素 (x, y) 的强度数据 $I(\zeta)$。

4）使用调制包络、干涉条纹或结合两者进行数据分析获得被测表面形貌图。

5）在区域法获得表面形貌图的过程中，偏离平面的偏差（如残余的倾斜、曲率和柱面度等）可通过数值方法去除。此外，还可根据需求对表面形貌图做进一步的滤波处理。

图 5-12 显示了图 5-11 中的相机得到的三个连续扫描位置处的图像。当干涉物镜向上扫描时，由该凸形弯曲物体表面形成的同心干涉圆环从外向内运动。干涉条纹的定位技术可以确定被测物体表面的高度，如可通过视场内每个像素条纹对比度最高的一段来判别扫描位置实现定位。

更多信息见 GB/T 33523.604—2022/ISO 25178-604：2013。

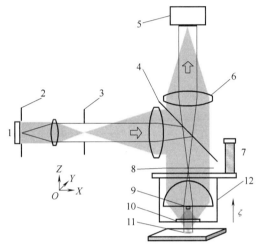

图 5-11　典型的米劳配置 CSI 显微镜结构原理

1—光源　2—孔径光阑　3—视场光阑　4—照明分束器
5—相机　6—镜筒或变焦镜头　7—扫描器　8—光瞳面　9—参
考镜　10—分束器　11—被测物体表面　12—米劳干涉物镜

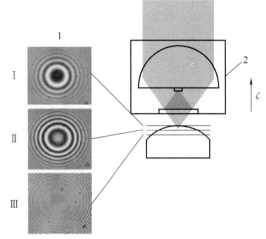

图 5-12　三个连续扫描位置（Ⅰ、Ⅱ、Ⅲ）
上物体曲面形成干涉图像

1—干涉图像　2—干涉物镜

5.1.2.6　点自动对焦轮廓法

点自动对焦探针式（point autofocus probe）测量仪器自动将激光束集中到样品表面上的一点，使用 X-Y 扫描台以固定的测量间距移动该样品表面，并在每个焦点测量样品表面高度，从而测量表面结构。

图 5-13 所示为点自动对焦探针的典型光学系统。光源一般用可以聚焦于小光斑的激光束。激光束从物镜的左侧通过，聚焦在工件表面的光轴中心。反射的激光束从物镜的右侧通过，并在通过成像透镜后于自动对焦传感器上形成图像。

图 5-14 所示为典型点自动对焦工作原理。图 5-14a 所示为准焦状态，图 5-14b 所示为离焦状态，图 5-14c 所示为再准焦状态。当工件表面向下位移时，自动对焦传感器上的激光束位置相应改变。自动对焦传感器检测激光斑的位置，因此该传感器检测激光斑位移并将此信息反馈到自动对焦机构，以便将物镜调整到准焦位置。工件表面位移（z_1）等于物镜的

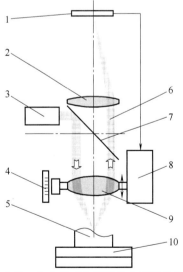

图 5-13　点自动对焦探针的典型光学系统

1—自动对焦传感器　2—成像透镜　3—光源
4—垂直位置传感器　5—工件
6—激光光束　7—半反射镜　8—自动对
焦机构　9—物镜　10—X-Y 扫描台

移动距离（z_2），垂直位置传感器（通常使用线性位置标度）获得工件的高度信息（见图5-14c）。点自动对焦探针的特性在于不受工件表面颜色或反射系数的影响，因为自动对焦传感器检测激光斑的位置，而不是光的强度。点自动对焦探针在Z坐标轴方向上的测量范围宽且分辨力高。

更多信息见 GB/T 33523.605—2022/ISO 25178-605：2014。

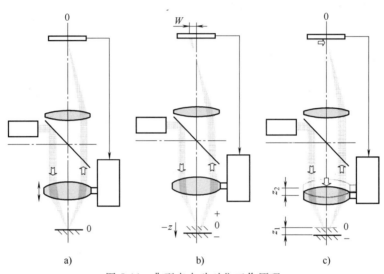

图 5-14 典型点自动对焦工作原理

a）准焦状态 b）离焦状态 c）再准焦状态

5.1.2.7 变焦显微法

变焦（focus variation，FV）技术将光学系统的小焦深与垂直扫描相结合，根据焦点变化提供形貌信息。图5-15所示为变焦显微法的典型测量装置。该装置的主要组成部分是包含各种镜头的光学显微镜，这些镜头可配备不同的物镜进行不同分辨率的测量。利用分束镜4将白光光源3射出的光线射入系统的光路，并通过物镜5将光线聚焦到样品6之上。根据样品的形貌，一旦通过物镜接触到样品，光线就会分散到几个方向。如果形貌呈现漫反射特性，则光线会强烈地散射到所有方向。在镜面反射的情况下，光线主要反射到一个方向。从样品射出并接触物镜的所有光线都收集在光学系统中，并由位于分束镜4后的光敏传感器聚集。由于光学系统的景深较小，所以仅对物体的小片区域清晰地成像。为了利用全景深进行表面的完全检

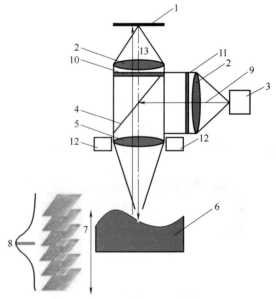

图 5-15 变焦显微法的典型测量装置

1—阵列探测器 2—光学部件 3—白光光源 4—分束镜 5—物镜 6—样品 7—垂直扫描 8—具有最大位置的焦点信息曲线 9—光束 10—分析器 11—偏光器 12—环形光源 13—光轴

测，光学系统沿光轴垂直移动，同时从表面连续捕获数据。物体的每个区域都清晰地聚焦在扫描仪的一个垂直位置处。利用算法将获取的传感器数据转换为三维信息以及具有全景深的真彩色图像。这是通过分析沿垂直轴的焦点变化来实现的。

偏光滤光器（起偏器和检偏器）是进行光的偏振，以便去除镜面光分量，这对于测量含有陡峭和平坦表面元素的金属表面特别有用。

除扫描的高度数据，显微镜还可以提供每个测量三维点的彩色信息，从而简化对独特局部表面特征的测量和识别。变焦测量技术用于进行三维表面测量，如切削刀具行业、精密制造、汽车行业、各种材料科学、腐蚀和摩擦学、电子、医疗器械开发或造纸及印刷行业中的表面分析和表征。图 5-16 所示为利用 FV 对具有真实和伪彩色信息的斜齿轮进行三维形貌测量示例。

更多信息见 GB/T 33523.606—2022/ISO 25178-606：2015。

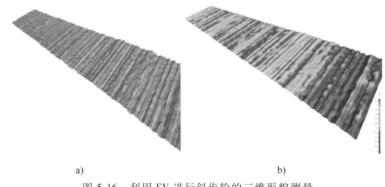

a)　　　　　　　　　　　　　　b)

图 5-16　利用 FV 进行斜齿轮的三维形貌测量

a）真实彩色　b）伪彩色

5.1.2.8　共聚焦显微法

共聚焦显微镜（confocal microscopy）拥有通过轴向扫描提供的三维共聚焦形貌图像制造光学截面图像的能力。共焦形貌测量的基本原理依赖于计算机内存中存储的一系列从不同沿显微镜物镜聚焦深度方向 z 平面获得的共聚焦图像。图 5-17 所示为一系列共聚焦图像，每一幅图像的大小约为 $100\mu m \times 100\mu m$。一个光学截面中，位于物镜焦内的表面区域展示为亮灰像素等级，而离焦的表面其他区域展示为暗灰度像素等级。

图 5-17　一系列沿共焦显微镜物镜聚焦深度方向的图像

图像的每一个像素包含一个沿 z 方向的信号，称为轴向响应。轴向响应在显微镜物镜焦平面定位至表面时达到最大信号。不同像素会根据表面形状在不同 z 位置达到最大信号位置。通过定位每个像素最大轴向响应的 z 位置，三维共聚焦形貌图像可以被重建。图 5-18 是从图 5-17 所示一系列图像中计算得到的共聚焦形貌图像。注意，共聚焦显微镜也可以用于产生共聚焦强度图像。

共聚焦显微镜的三种经典设置为激光扫描、圆盘扫描与可编程阵列扫描。

（1）激光扫描共聚焦显微镜（laser-scanning confocal microscope，LSCM） 在激光扫描共聚焦显微镜中，照明和检测模式由放置在光学共轭平面上的两个单针孔组成。从照明针孔中出现的光束以光栅方式扫描整个样品，以便逐点建立共聚焦图像。

图 5-19 所示为激光扫描共聚焦显微镜（LSCM）基础配置。激光光束照亮了一个针孔。针孔在位于物镜焦平面上的样品上成像。从样品反射或背向散射的光通过物镜返回，

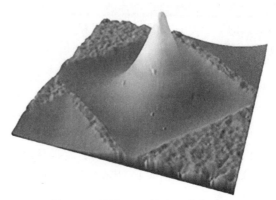

图 5-18 从图 5-17 所示一系列图像中重建的三维表面形貌

被成像到第二个针孔上，称为共焦孔径，该孔位于与照明针孔共轭的位置。一个位于共焦光阑后方的传感器记录了从表面反射回的信号。从离焦位置反射的光会作为离焦像到达共焦光阑平面，在传感器平面产生一个低信号。照明针孔的光束以沿 X 轴 Y 轴的栅格方式扫描以生成一个共聚焦图案。通常，光束被两个镜面偏转实现垂直方向的旋转。

（2）圆盘扫描共聚焦显微镜（disc-scanning confocal microscope，DSCM） 圆盘扫描共聚焦显微镜的原理是在物镜像平面上放置了一个多孔圆盘，如图 5-20 所示，多孔圆盘如图 5-21 所示。光源覆盖所有针孔的范围（即扫描区域），每当转盘旋转一定角度（如 30°）时，一个针孔就扫描图像上对应的一块区域，以此来实现对样品的完整扫描。与传统的点扫

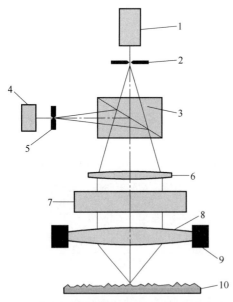

图 5-19 激光扫描共聚焦显微镜（LSCM）基础配置
1—激光 2—照明针孔 3—分光器 4—探测器 5—探测针孔
6—场镜 7—光束扫描设备 8—物镜 9—轴向扫描设备
10—样品 点画线—光轴 实线—照明与观测光路

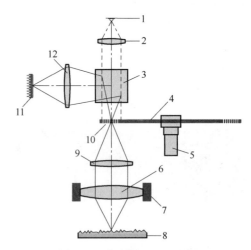

图 5-20 典型的 DSCM 配置
1—光源 2—准直镜 3—分光器 4—扫描圆盘 5—电机
6—物镜 7—轴向扫描装置 8—样品 9—筒镜
10—多针孔滤波 11—探测器 12—成像光学器件
虚线—照明光束通道 点画线—光轴 实线—观察光束通道

描方式相比，这种多点同步扫描方式不仅大幅度提高了采集速度，提高量子效率，从而降低光源发光功率，大幅度降低了对样品的光漂白和光损伤。

（3）可编程阵列共聚焦显微镜（programmable array confocal microscope，PACM 或 PAM）

PAM 可以设置为仅照明模式或照明与探测模式。当设置为仅照明模式时，微型显示器的像素用于限制表面上的光斑，光学截取通过使用 CCD 相机上的像素实现。与之相反，在照明与探测模式时，微型显微镜的像素用于照明表面同时滤除离焦光。图 5-22 所示为一个典型的 PAM 在仅照明模式下的配置。

PAM 在照明与探测模式下与 DSCM 类似，其中的圆盘被微型显示器取代。微型显示器放置在显微镜场内光阑位置，用于生成照明或探测图案。

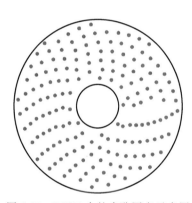

图 5-21　DSCM 中的多孔圆盘示意图

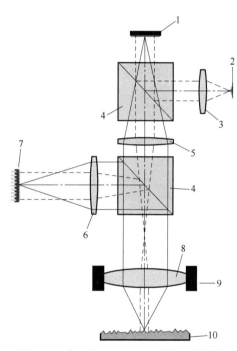

图 5-22　典型的 PAM 配置（仅照明模式）

1—微型显示器 DMD　2—光源　3—准直器　4—分光器　5—场镜
6—成像元件　7—探测器　8—物镜　9—轴向扫描设备　10—样品
虚线—照明光束通道　点画线—光轴　实线—观察光束通道

5.1.2.9　结构光投影法

结构光投影法（structured light projection）是基于光学三角法测量原理的测量方法，如图 5-23 所示，由光学投射器、摄像机和计算机系统构成了结构光三维测量系统。结构光的类型分为很多种，根据光学投射器所投射的光束模式不同，结构光模式又可分为点结构光、线结构光、多线结构光、面结构光、相位法等。结构光投射到待测物表面后被待测物表面的高度调制，被调制的结构光经摄像系统采集，传送至计算机内分析计算后可得出被测物的三维面形数据，其中调制方法可分为时间调制与空间调制两大类。时间调制方法中最常用的是飞行时间法，该方法记录了光脉冲在空间的飞行时间，通过飞行时间解算待测物的面形信息；空间调制方法为结构光场的相位、光强等性质被待测物的高度调制后都会产生变化，根

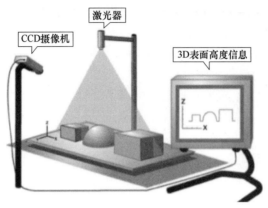

图 5-23　结构光投影法

据读取这些性质的变化就可得出待测物的面形信息。

5.1.3　测量方法比较

表面结构的测量方法按测头与表面接触与否可分为接触式测量法和非接触式测量法两类。非接触式又包括不同原理的测量仪，有各自的优点和缺点，见表 5-1。

表 5-1　测量方法比较

测量方法	测量原理	优点	缺点
接触式	接触触针扫描法	1) 可获得清晰的形状波形 2) 可进行长距离测量	1) 样品表面会因测量力而留下瑕疵 2) 无法测量具有黏着性的样品 3) 无法测量比触针尖端半径还小的沟槽
	原子力显微镜（AFM）法	1) 分辨力（可分辨出两点的最小距离）高 2) 可以进行超高倍率的三维测量, 也可以进行数据后加工处理 3) 可在大气中进行观测, 无需预处理样本 4) 能分析物理性能（电性能、磁性能、摩擦/黏弹性等）	1) 不能测量低倍率（广范围）或凹凸较大（高低差在数微米以上）的样本 2) 很难定位。要从大视野缩小至狭小区域, 每件样本所需的解析时间较长 3) 不能测量大型样本（需要预处理或加工） 4) 较难操作, 要能够熟练更换悬臂等 5) 测量范围小
非接触式	共聚焦色差显微法	1) 可通过亚纳米级的高度分辨力（0.1nm）进行测量 2) 角度特性佳 3) 高对比度图像的扩大观察	1) 测量范围受限于镜头视野 2) 测量时间长 3) 低倍率镜头的测量精度低
	相移干涉显微法	1) 可通过亚纳米级的高度分辨力（0.1nm）测量大视野 2) 测量时间短	1) 角度特性低 2) 可测量的目标物有限 3) 需要进行倾斜校正 4) XY 方向测量的分辨力低 5) 不耐振动
	点自动对焦轮廓法	1) 角度特性好 2) 测量时间短	1) 必须测量存在凹凸（纹理）的样品表面 2) 不擅长测量同时混合强反射部分和弱反射部分的样品

5.2　参数测量的通用术语

GB/T 7220—2004《产品几何量技术规范（GPS）　表面结构　轮廓法　表面粗糙度　术语　参数测量》规定了用轮廓法确定表面结构（粗糙度、波纹度和原始轮廓）参数测量的术语及定义，具体内容见表5-2。

表 5-2　参数测量的通用术语及定义

序号	术语	定义或解释
1	轮廓转换	在测量过程的任一阶段(如触针滑移、滤波、记录等)预期地或非预期地导致轮廓表现形式产生变换的过程
2	转换轮廓	由转换结果所产生的轮廓
3	预期轮廓转换	按规定的要求(对给定某一测量的具体要求)测量时,应进行的轮廓转换 例如:将表面轮廓转换成电信号,以便能使用电测仪器;测量时用滤波器按波长分离出与粗糙度、波纹度和原始轮廓对应的轮廓成分
4	非预期轮廓转换	由于测量仪器或其个别部分不完善,所产生的轮廓转换(通常视为轮廓信息失真) 例如:当具有一定针尖半径的触针滑过轮廓进行测量时,所产生的轮廓信息失真
5	轨迹轮廓	测量表面时,触针在被测表面的横切面内触针中心点的轨迹,这个触针具有理想的几何形状(带有球形尖端的圆柱体)、标准尺寸和标准测力
6	外基准轮廓	触针以外部的基准导向滑过实际轮廓时,触针中心轨迹的转换轮廓
7	导头基准轮廓	触针以导头轨迹为基准滑过实际轮廓时,触针中心轨迹的转换轮廓 导头具有确定的形状,离触针有确定的距离并沿同一被测的实际表面移动 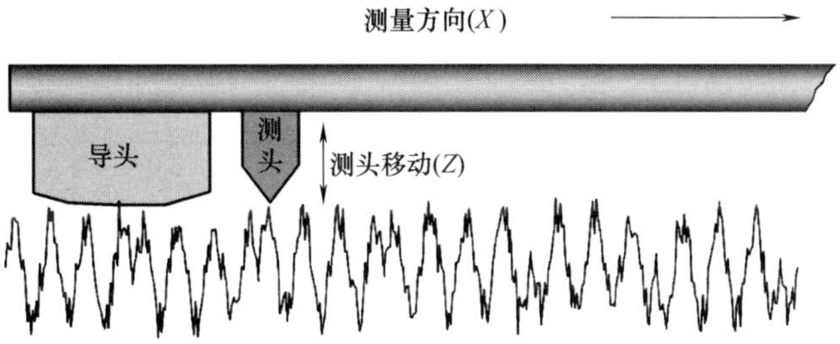
8	行程长度	传感器沿被测表面移动的总长度
9	轮廓采样间距 Δx	用数字法测量表面参数时,轮廓上相邻的两个离散纵坐标间的距离(见图5-24)
10	轮廓量化步距 Δy	用数字法测量每个轮廓纵坐标值时,两相邻读数间的距离(见图5-24) 该距离等于数字测量装置的最小读数单位,进行数字测量时,轮廓纵坐标值圆整到轮廓量化步距的整倍数 n $$y_\mathrm{d} = n\Delta y$$ $$n = \mathrm{ent}\left(0.5 + \frac{y}{\Delta y}\right)$$ 式中　y_d——通过数字测量装置获得的轮廓纵坐标值 　　　Δy——轮廓量化步距 　　　ent——取整数(算符) 　　　y——轮廓纵坐标的真值 　　　n——量化步距的整倍数

（续）

序号	术语	定义或解释
11	理想求值系统	为保证理论上精确地（理想地）确定表面诸参数和特性的一种计算方法（见图5-25）
12	最佳求值系统	为保证实际确定表面诸参数或特性，并具有合理的生产费用的一种仪器求值计算方法（见图5-25）
13	实际求值系统	最佳求值系统的具体实现 该种求值系统由于仪器的制造误差或由于仪器的长期使用所产生的特性变化而不同于最佳求值系统（见图5-25）
14	方法误差 ΔM	按最佳求值系统确定的表面参数值与同一参数的真值（即按理想求值系统确定的值）之差（见图5-25）
15	仪器误差 ΔA	由实际求值系统确定的表面参数值与最佳求值系统确定的同一参数值之差（见图5-25）
16	仪器（测量装置）示值误差 ΔT	由测量仪器（即按实际求值系统）确定的表面参数值和该参数的真值（即按理想求值系统确定的值）之差。它包括方法误差和仪器误差（见图5-25）

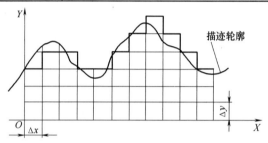

图5-24 轮廓采样间距和轮廓量化步距

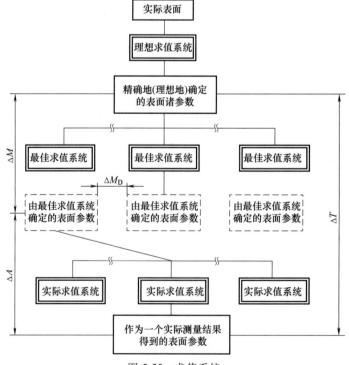

图5-25 求值系统

ΔM—方法误差 ΔM_D—方法发散值 ΔA—仪器误差 ΔT—仪器总误差

5.3 仪器的标称特性

5.3.1 轮廓法接触式仪器的标称特性

GB/T 6062—2009《产品几何技术规范（GPS） 表面结构 轮廓法 接触（触针）式仪器的标称特性》等同采用 ISO 3274：1996，规定了轮廓的定义及用于测量表面粗糙度及波纹度的接触（触针）式仪器的通用结构，还规定了影响轮廓评定的仪器特性，并提供了接触（触针）式仪器（轮廓计和轮廓记录仪）的基本技术规范。该标准适用于对实际轮廓评定的触针仪器，使现行的国家标准能够用于实际轮廓的评定。

5.3.1.1 触针式仪器的基本功能单元

触针式仪器是用触针探测表面并获得表面轮廓、计算参数，还可以记录轮廓的测量仪器（见图 5-26）。

图 5-26 所示框图仅表示在一个理论正确的测量系统中所需要的基本功能单元。各功能单元之间特有的内部关系可以通过设计考虑确定，即图 5-26 不是理论上正确配置的唯一形式，图中各术语的定义见表 5-3。

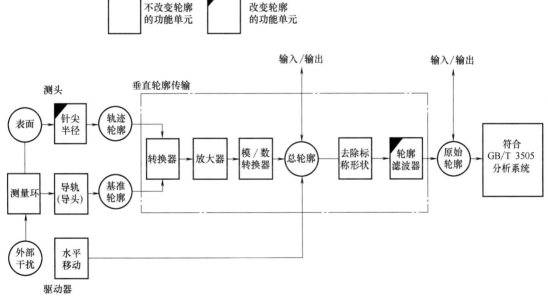

图 5-26 触针式仪器的典型框图

表 5-3 图 5-26 中的主要术语及定义解释

序号	术语	定义和解释
1	基准轮廓	测头沿着导向基准在横切面内移动的轨迹 基准轮廓的形状是一个理论准确轮廓的实际表现。它的标称偏差取决于导向基准的偏差以及外部和内部的干扰

（续）

序号	术语	定义和解释
2	轨迹轮廓	测量表面时,触针在被测表面的横切面内针尖中心点的轨迹,这个触针具有理想的几何形状(带有球形尖端的圆锥体)、标称尺寸和标称测力。GB/T 6062—2009 中所有其他轮廓都从该轮廓中导出
3	总轮廓	轨迹轮廓相对于基准轮廓的数字表示形式,它具有相互对应的垂直和水平坐标值 总轮廓是由一一对应的垂直和水平数字坐标表示的
4	原始轮廓	通过 λs 轮廓滤波器后的总轮廓 原始轮廓是按照 GB/T 3505 进行轮廓滤波和参数计算的数字轮廓处理的基础。它是用一一对应的垂直和水平数字表示的,这些数据可以不同于总轮廓数据 技术文件标注的最小二乘拟合形状不是原始轮廓的一部分,应该在滤波器使用之前消除。对于一个圆,半径也应该包含在最小二乘优化中,不保持固定的标称值。应在得到原始轮廓之前去除标称形状
5	残余轮廓	通过测量一个理想的光滑平面(平晶)而获得的原始轮廓 残余轮廓由导向基准的偏差、外部和内部的干扰及轮廓传输中的偏差组成。没有专用设备和适合的环境,一般不能确定这些偏差的原因
6	测量环	测量环是一个封闭链,包括连接被测工件和触针针尖的全部机械单元,如定位工具、紧固夹具、测量底座、驱动器、测头(传感器)(见图5-27) 测量环会受到外部和内部的干扰,并将它们传递给基准轮廓。这些干扰的影响取决于每个单独的测量调整、测量环境和使用者的技能。干扰对残余轮廓值的影响很大
7	导向基准	产生一个横切面,并在这个横切面内的一个理论正确的几何轨迹(基准轮廓)上引导测头的部件,这个轨迹通常是一条直线 导向基准是驱动器的基本部件,有一部分可在测头中
8	驱动器	使测头沿着基准导轨移动,且以轮廓的水平坐标值传递触针针尖的水平位置的装置 用可选择的最大行程长度表示驱动器特性

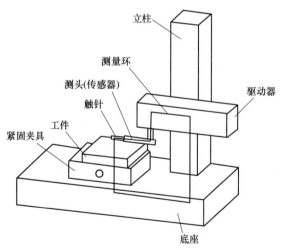

图 5-27　触针式仪器测量环示例

5.3.1.2 仪器特性的标称值

（1）触针几何结构 理想的触针形状是一个具有球形针尖的圆锥形，标称尺寸如下：

1）针尖半径：$r_{tip} = 2\mu m$、$5\mu m$、$10\mu m$。

2）圆锥角：60°、90°。对于"理想"仪器，如果没有其他规定，圆锥角为60°。

（2）静态测力 当触针在中间位置时，静态测力的标称值是0.00075N。测力的标称变化率是0N/m。

（3）轮廓滤波器截止波长 滤波器特性的详细描述在GB/T 18777中给出。轮廓滤波器截止波长的标称值从下列系列值中获得：

$$\cdots, 0.08mm, 0.25mm, 0.8mm, 2.5mm, 8.0mm, \cdots$$

（4）粗糙度截止波长λc、针尖半径r_{tip}和粗糙度截止波长比率$\lambda c/\lambda s$之间的关系 如果没有其他规定，针尖半径r_{tip}的标准值与对应于截止波长标准值的粗糙度截止波长比率之间的关系见表5-4。

表5-4 针尖半径r_{tip}的标准值与对应于截止波长标准值的粗糙度截止波长比率之间的关系

$\lambda c/mm$	$\lambda s/\mu m$	$\lambda c/\lambda s$	针尖半径最大值$r_{tipmax}/\mu m$	最大采样长度间距/μm
0.08	2.5	30	2	0.5
0.25	2.5	100	2	0.5
0.8	2.5	300	2[1]	0.5
2.5	8	300	5[2]	1.5
8	25	300	10[2]	5

注：如果认为其他截止波长比率是满足应用所必须的，则必须指定这个截止波长比率。

[1] 对于$Ra>0.5\mu m$或$Rz>3\mu m$的表面，通常可以使用$r_{tip}=5\mu m$的测针，在测量结果中没有明显差别。

[2] 当截止波长λs为$8\mu m$和$25\mu m$时，几乎可以肯定，因具有推荐针尖半径的触针机械滤波所致的衰减特性将位于定义的传输带之外。既然如此，在触针半径或在形状上的微小变化对在测量轮廓上计算的参数值的影响将可以忽略。

5.3.1.3 符合GB/T 6062的仪器

（1）使用2RC滤波器的模拟仪器 当用2RC滤波器的仪器使用在GB/T 10610中指定的滤波器截止波长测量Ra、Rz等参数时，对应参数测得值之间的差别通常是可以忽略的。从工业生产加工中一次加工表面上测得的差值不大于表面上各测量值的自然分散性。

（2）使用导头的仪器 使用导头的仪器只能用于测量粗糙度参数。

如果使用导头，则它在测量方向上的半径应该大于等于所用标称截止波长的50倍。如果使用两个同时工作的导头，它们的半径应该大于等于标称截止波长的8倍。

通过导头施加到被测表面上的力应该不大于0.5 N。

5.3.2 区域法接触（触针）式仪器的标称特性

GB/T 33523.60×系列标准规定了区域法表面结构测量仪器的标称特性，在涵盖接触式测量仪器（GB/T 33523.601）的同时，也引入了在高精度测量应用中具有重要价值但缺乏标准支撑的多种非接触式测量仪器（GB/T 33523.602~GB/T 33523.606）。本节主要论述接触（触针）式测量仪器的标称特性。

GB/T 33523.601—2017《产品几何技术规范（GPS） 表面结构 区域法 第601部分：接触（触针）式仪器的标称特性》等同采用ISO 25178-601：2010，规定了表面结构区域法接触（触针）式仪器的标称特性。

5.3.2.1 计量特性

区域法表面结构测量仪器影响测量不确定度的典型计量特性见表5-5。

表 5-5　计量特性

组件	要素		计量特性	误差所在轴
探测系统	触针	H	从转轴到触针针尖圆心的垂直高度（见图5-28）	X、Z
		L	从转轴到触针针尖圆心的水平长度（见图5-28）	X、Z
		r_{tip}	针尖圆弧半径（见图5-28）	X、Y、Z
		γ	针尖圆锥角度（见图5-28）	X、Y、Z
		R_1	横向分辨力：可检测到的两测量点之间最小的分隔距离	X、Y
		W_1	全高度转换的宽度极限：测量时保持测量高度不变的最窄矩形沟槽的宽度（见图5-29）	Z
	探头	a_Z	放大倍数：由响应曲线得到的线性回归曲线的斜率（见图5-30）	Z
		D_Z	Z方向量化步距：在提取表面上，沿Z方向两个坐标之间的最小高度变化量	Z
	探头及转轴	z_{HYS}	纵向滞后	Z
		$v_{dyn,c}$	探测系统的临界动态特性：在保证输出信号不失真时滑行速度的最大值	X、Z
		F_Z	响应曲线：描述实际量与测得量关系函数的图形表示（见图5-30）	Z
	转轴	J_Y	触针相对转轴沿Y方向跟踪误差的横向分量	X、Y
横向扫描系统	位移传感器（线性编码器，测微螺杆,……）	F_X,F_Y	响应曲线（见图5-30）	X（或Y）
		a_X,a_Y	放大倍数（见图5-30）	X（或Y）
		D_X,D_Y	$X(Y)$方向采样间距：沿X轴或Y轴两个相邻测量点之间的距离	X（或Y）
		x_{HYS}	两条相邻轮廓在X方向重定位的滞后	X
		y_{HYS}	两条相邻轮廓在Y方向重定位的滞后	Y
	区域导向基准（高度分量）	$z_{FLT(X,Y)}$	在XY平面运动的平面度偏差的高度分量$z_{FLT(X,Y)}$包含以下特性	Z
		$z_{STR(X)}$	沿X轴的直线度偏差的高度分量	
		$z_{STR(Y)}$	沿Y轴的直线度偏差的高度分量	
	区域导向基准（横向分量）	Δ_{PER}	测量仪器X轴与Y轴的垂直度偏差	X、Y
		$y_{STR(X)}$	沿X轴直线度偏差的横向分量Y	X、Y
		$x_{STR(Y)}$	沿Y轴直线度偏差的横向分量X	X、Y
仪器		N_s	静态噪声	Z
		N_d	动态噪声	Z

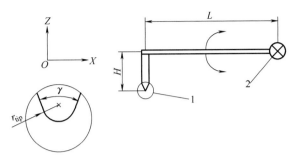

图 5-28　典型触针

1—触针针尖　2—转轴　L—测杆长度　H—触针高度　r_{tip}—触针针尖圆弧半径　γ—触针针尖圆锥角度

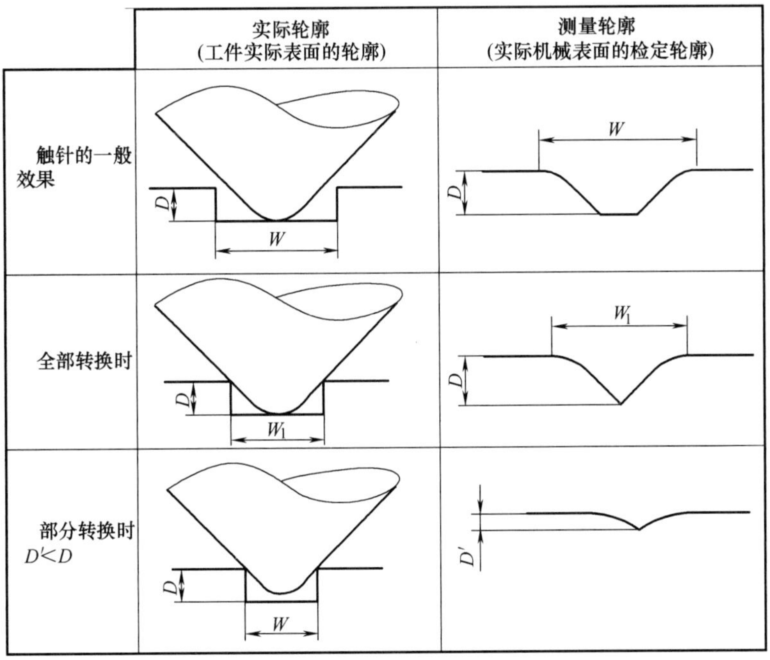

实际轮廓 (工件实际表面的轮廓)	测量轮廓 (实际机械表面的检定轮廓)
触针的一般效果	
全部转换时	
部分转换时 $D'<D$	

图 5-29　高度转换的宽度极限

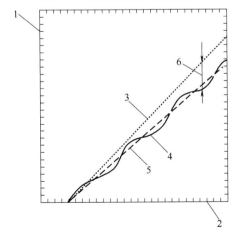

图 5-30　响应曲线线性化示例

1—测得量　2—输入量　3—理想响应曲线　4—用多项式近似法评定的响应曲线

5—斜率为放大倍数 a 的直线　6—调整前局部残余修正误差

5.3.2.2　区域法表面结构横向扫描系统的不同配置

区域法表面结构测量仪器由横向扫描系统和探测系统组成，如图 5-6 所示。表面结构扫描式仪器由四部分组成：X 坐标轴驱动、Y 坐标轴驱动、Z 坐标轴测量探头以及被测表面。表 5-6 中给出了不同配置的区别。本部分主要涉及接触式探测系统，对于非接触式单点探测系统的横向扫描系统也适用。

表 5-6　横向扫描系统的可能配置

		驱动单元				
		两个导向基准(X 和 Y)			一个区域导向基准	
		$PX \circ CY$ [①]	$PX \circ PY$ [①]	$CX \circ CY$ [①]	PXY [①]	CXY [①]
探测	无弧形运动误差修正	$PX \circ CY$-A	$PX \circ PY$-A	$CX \circ CY$-A	PXY-A	CXY-A
系统	无或有弧形运动误差修正	$PX \circ CY$-S	$PX \circ PY$-S	$CX \circ CY$-S	PXY-S	CXY-S

注：对于两个给定函数 f 和 g，$f \circ g$ 是 f 和 g 的复合函数。

[①] PX = 沿 X 轴移动的探测系统；PY = 沿 Y 轴移动的探测系统；$PX \circ CY$ = 探测系统沿 X 轴移动，工件沿 Y 轴移动；$PX \circ PY$ = 沿 X 轴和 Y 轴移动的探测系统；PXY = 在 XY 平面内移动的探测系统；CX = 沿 X 轴移动的工件；CY = 沿 Y 轴移动的工件；$CX \circ CY$ = 沿 X 轴和 Y 轴移动的工件；CXY = 在 XY 平面内移动的工件。

5.3.2.3　典型测量方法

区域法表面结构测量仪器能够测量 X、Y、Z 的数值，据此计算出区域法表面结构参数，如图 5-31 所示。X、Y 的数值表示了被测点的横向位置，Z 的数值表示了测量点的高度，得到这三个数值就可以计算不同的区域法表面结构参数。图中的提取表面等效于 GB/T 6062—2009 定义的轨迹表面。

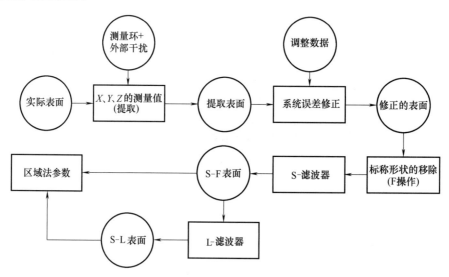

图 5-31　区域法表面结构测量仪器的典型测量方法

5.4　仪器的校准

5.4.1　轮廓法接触式仪器的校准

GB/T 19600—2004《产品几何量技术规范（GPS）　表面结构　轮廓法　接触（触针）

式仪器的校准》等同采用 ISO 12179：2000，规定了符合 GB/T 6062 定义的接触（触针）式仪器的校准原则，提供了用测量标准对仪器进行校准的校准方法和程序。

5.4.1.1　仪器校准的应用条件

接触（触针）式仪器一般由主机、驱动器、测头和轮廓记录器组成（见图 5-27）。如果主机配备了几个驱动器和测头，则仪器的每一种配置都应分别校准。

当接触（触针）式仪器的基本部件发生变化，而有意或无意地影响了测得的轮廓或测量结果时，仪器应进行校准。仪器的每一种配置都应分别进行校准。例如，接触（触针）式仪器更换测头后，则应重新校准。

考虑外界环境因素的影响，接触（触针）式仪器的校准应在与使用环境条件相似的地点进行，如噪声、温度、振动、空气流动等。

5.4.1.2　接触（触针）式仪器的计量特性

在接触（触针）式仪器的计量特性中，只对与测量任务相关的特性进行校准（例如，测量间距参数时，不必校准垂直轮廓分量），见表 5-7。

表 5-7　计量特性的校准

测量任务	校准方法	图例
残余轮廓校准	用表面无划伤的光学平晶复现残余轮廓。任务相关校准时应选用合适的轮廓和参数（例如，粗糙度轮廓选 Ra、Rq 或 Rt；波纹度轮廓选 Wq 或 Wt） 用这种校准方法可以评价外部导轨的直线度、外部环境和仪器噪声对测量的影响	—
轮廓垂直分量校准	以深度测量标准（见表 5-13）复现轮廓深度，用于评定仪器在测量轮廓垂直分量时的示值误差。如果没有深度测量标准，可以采用量块代替。在使用量块时，要考虑量块高度差的不确定度影响	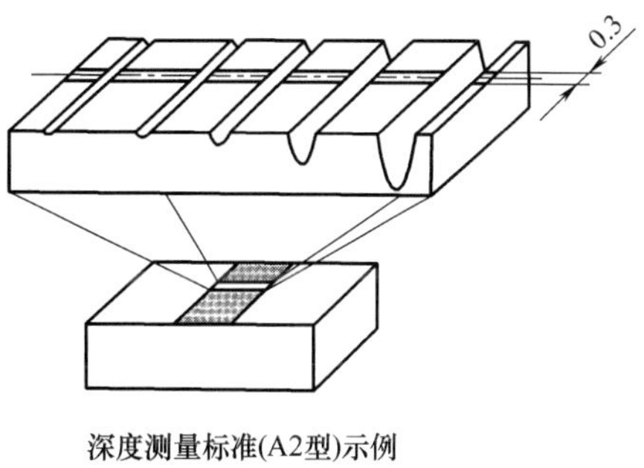 深度测量标准(A2型)示例
轮廓水平分量校准	以间距测量标准（见表 5-13）复现轮廓单元的平均宽度 PSm，如右图所示，用于评定仪器在测量水平轮廓分量时的示值误差	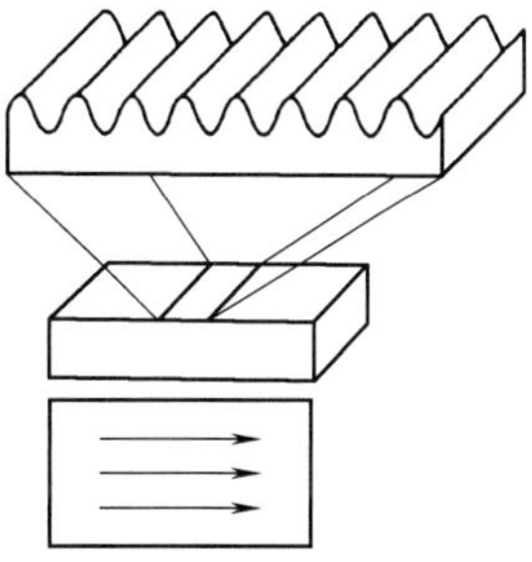 间距测量标准(C类)示例

（续）

测量任务	校准方法	图例
轮廓坐标测量系统校准	用倾斜的光学平晶复现： 1）最小二乘最佳拟合角度的角度值 2）去掉最小二乘最佳拟合直线后的原始轮廓总高度 Pt 从而确定了与水平和垂直坐标分量相关的仪器误差（如滑行速度的变化,测量的非线性等） 在去掉最小二乘最佳拟合标称形状后,轮廓坐标测量标准复现了原始轮廓的总高度 Pt,从而建立了坐标系统	 **倾斜的光学平晶和测量方案示例**
接触（触针）式仪器综合校准	粗糙度测量标准复现：算术平均偏差 Ra 和轮廓的最大高度 Rz。从而实现了对接触（触针）式仪器整机性能的综合检查	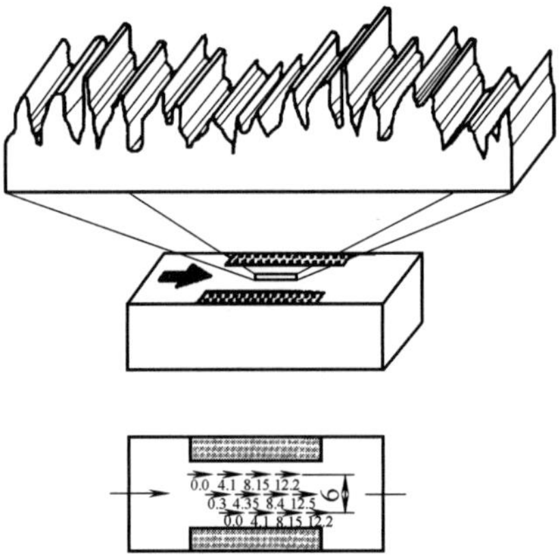 **粗糙度测量标准(D型)和测量方案示例**

5.4.1.3 仪器的校准过程

（1）校准准备　在校准开始前,应先根据厂家操作说明书检查接触（触针）式仪器,以确定仪器是否工作正常,再根据厂家说明书检查触针针尖的状态。对接触（触针）式仪器的校准,应做以下准备工作：

1）评定残余轮廓。

2）深度测量标准的工作面应尽可能与基准面调水平。所有的测量标准都应正确地调平。例如,在整个评定长度内,粗糙度测量标准的工作面应调平到设定的测量范围的 10% 以内且不大于 $10\mu m$。

3）在任务相关校准中,应使用与被测表面粗糙度相适应的粗糙度测量标准。

4）每次测量都应在测头垂直测量范围的中间部分进行。

5）为了达到规定的测量不确定度（见 5.4.1.4 节）,对每个测量标准都要进行足够多次测量。由于测量标准的不均匀性、测量过程的变化,以及接触（触针）式仪器的重复性等因素的影响,通常应进行多次重复测量。

6）使用测量标准的测量条件应与校准测量标准时所用条件相一致。

7）应当使用校准测量标准时所用的最佳拟合程序（如最小二乘、最小区域等）。

（2）残余轮廓评定　测量光学平晶。确定残余轮廓并计算表面结构参数 Pt 和 Pq。在任务相关校准中，应在与实际测量相一致的测量条件下进行校准。例如，在测量一个粗糙度测量标准时，要设定取样长度 $\lambda c = 0.8 mm$，切除长度率为 300：1，评定长度为 4mm，Ra 和 Rz 测得值应在仪器的校准证书上给出并简要说明。

（3）轮廓垂直分量校准

1）校准目的：测量深度测量标准的沟槽部分，从原始轮廓曲线计算参数值，求出它们与测量标准的校准证书给出的对应参数值之间的差值。

2）校准过程：测量深度测量标准的校准区域内轮廓截面的沟槽［见表 5-7 中深度测量标准（A2 型）示例］。使触针在每次测量时滑过沟槽，根据深度测量标准校准证书上提供的方法求出沟槽深度值。给出测量（平均）值（由几次测量值计算的结果）与测量标准的校准证书给出的数值之间的差值。如果没有深度测量标准，可以将两块量块平行放置在光学平晶上，两块量块要紧密接触，不能有距离。触针移过两个量块且从全轮廓曲线上求得两量块的高度差。由两块量块的校准证书上给出的量块高度值求出量块高度差，计算实际测量的高度差与量块高度差之间的差值。

（4）轮廓水平分量校准

1）校准目的：测量间距测量标准，计算测得的间距参数与测量标准的校准证书给出的对应值之间的差值。

2）校准过程：在间距测量标准的全测量范围内分点测量［见表 5-7 中间距测量标准（C 类）示例］。求出原始轮廓参数 Psm。计算几次测量值的算术平均值与测量标准的校准证书给出值之间的差值。

（5）轮廓坐标系统的校准

1）校准目的：测量倾斜的光学平晶、球体或棱体，从去掉样板的最小二乘最佳标称拟合形状后的轮廓曲线计算 Pt 值。

2）校准过程：测量每个倾斜的测量标准，所用的行程长度与测量标准倾斜的标称角度应符合测量标准校准证书的规定。测量要尽可能地分散在整个测量区域内（见表 5-7 中倾斜的光学平晶和测量方案示例）。求出去掉最小二乘最佳拟合轮廓线后的轮廓深度和角度的最小二乘最佳拟合值的算术平均值，记录测得的最大轮廓深度和倾斜角度的平均值。测量轮廓坐标测量标准，计算去掉最小二乘最佳拟合标称形状后的 Pt 值。

测量每个轮廓坐标测量标准时，所用的行程长度应符合测量标准校准证书的规定，测量应分散在整个测量区域内。计算去掉最小二乘最佳拟合标称形状后的轮廓深度，记录最大轮廓深度。轮廓坐标测量标准通常采用球体和棱体。

（6）接触（触针）式仪器综合校准

1）校准目的：测量粗糙度测量标准，计算由粗糙度轮廓求得的粗糙度参数值与测量标准校准证书给出的对应参数值之间的差值。

2）校准过程：测量每个粗糙度测量标准，测量应尽可能地分散在整个测量区域内［见表 5-7 中粗糙度测量标准（D 型）和测量方案示例］。计算每个粗糙度参数的算术平均值。记录测量的粗糙度参数值与测量标准校准证书给出值之间的差值。

5.4.1.4　测量不确定度

（1）测量标准校准证书中应给出的信息

1）计量特性的完整说明（包括相应的测量方案、滤波器取样长度 λc 和 λs、滤波器类型、取样长度的说明等）。

2）不确定度 U_{ct}，计量特性给出的数值，所用的包含因子（见 GB/T 18779.2）。

3）标准不确定度估计 u_i，在校准所用的范围（测量窗口）内计量特性的变化。

4）关于标准不确定度估计 u_i，如何用于不确定度 U_{ct} 计算的描述。

（2）用测量标准校准测量仪器时测量结果的不确定度　校准期间测量结果的不确定度应按 GB/T 18779.2 中给出的方法评估。

一个被校准的计量特性的不确定度 Q 包括两个分量 $u(q)$ 和 u_a。$u(q)$ 是已知量的样本标准不确定度估计，u_a 是按 GB/T 18779.2 中给出的方法对不确定度估计的调整（计量特性中系统误差的修正）。

扩展不确定度 U 按下式计算：

$$U = k\sqrt{u(q)^2 + u_a^2}$$

式中　k——包含因子。

在计算不确定度时，要注意测量标准的表面或台阶高度并不是完全一致的，因此测量结果有分散性。在不确定度的随机分量中，这个结果是通过标准不确定度估计计算出来的。由测量标准引起的这个随机分量包含在测量标准的扩展不确定度 U 中。因此，这个随机分量不能加入不确定度分量 $u(q)$ 中。

允许根据 JJF 1059 或根据方差分析法（ANOVA）由经验估计不确定度 $u(q)$。GB/T 18779.2 中给出了校准结果的不确定度计算指南。

5.4.1.5　接触（触针）式仪器的校准证书

校准证书应该包括 GB/T 19022.1 中所需信息和以下内容：

1）接触（触针）式仪器的所有信息（生产商、型号、出厂编号）。

2）使用的测量标准（标识编号）。

3）校准方法的依据。

4）所涉及的一系列测量条件（即测量范围、滑行速度、行程长度、测量传输带宽、触针针尖半径等）。

5）用光学平晶测量残余轮廓的测量结果。

6）测量深度测量标准和间距测量标准的测量结果，及其与测量标准对应计量特性值的差值。

7）测量倾斜的光学平晶得到的轮廓，去掉最小二乘最佳拟合形状后的 Pt 值。

8）如果需要，测量轮廓坐标测量标准的测量结果，去掉最小二乘最佳拟合标称形状后的 Pt 值。

9）测量地点及影响校准的环境条件，此类信息的来源包括仪器生产厂家的说明和测量标准的提供者。

10）测量的扩展不确定度和根据 GB/T 18779.2 编制的不确定度评定文件。

5.4.1.6　测量图形法参数仪器的校准

（1）测量标准　测量图形法参数 R、AR、W、AW 的仪器是用 GB/T 19067.1 定义的 C4 型测量标准（见表 5-13）校准的。

如图 5-32 所示，用 C4 型测量标准复现：具有 0.25mm 的间距、粗糙度图形的平均深度 R 和粗糙度图形的平均间距 AR 的测量标准；具有 0.8mm 的间距、波纹度图形的平均深度 W

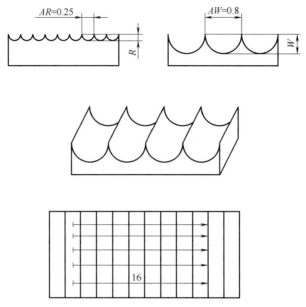

图 5-32　粗糙度和波纹度测量标准（C4 型）和测量方案

和波纹度图形的平均间距 AW 的测量标准。

（2）校准

1）选择针尖半径为 $2\mu m$ 的触针，触针针尖半径用电子显微镜检查。

2）将图形的常用界限值 A、B 设定为默认值：$A = 0.5mm$，$B = 2.5mm$。

3）使测量方向尽可能平行于被测量表面，并平行于测量标准的长边。

4）选择尽可能小的测量范围。

5）将测量范围选在测量标准的中间部分。

6）设定测量长度为 16mm，以保证测量起止于轮廓谷。

7）在每一个用于校准的测量标准上平行测量 5 次，5 次测量随意分布在测量标准的宽度范围内。

8）如果经常在测量标准的一个位置测量，会造成测量标准的磨损。

9）求出 R、AR、W、AW 参数 5 次测量结果的平均值和标准偏差。R 和 W 的平均值用于校准垂直放大率，AR 和 AW 的平均值用于校准水平放大率。这些参数值的标准偏差受仪器重复性和被校准标准均匀性的影响，应成为计算测量不确定度的一部分。

10）如果不能将软件测量标准加入仪器的测量链中，用上述同样方法，使用 GB/T 19067.1 定义的 D 类测量标准也可以验证图形法的算法。

5.4.2　区域法接触式仪器的校准

GB/T 33523.701—2017《产品几何技术规范（GPS）　表面结构　区域法　第 701 部分：接触（触针）式仪器的校准与测量标准》等同采用 ISO 25178-701：2010，规定了表面结构区域法接触（触针）式仪器的校准、验收和周期检定的检测方法。

5.4.2.1　仪器的校准项目

像其他大多数测量仪器一样，专用于区域法表面结构测量的测量仪器在计量室或直接在车间使用。

（1）静态噪声的测量　测量目的是评定测量仪器噪声和环境噪声（通过地面传导的噪声、声波及电磁噪声）。测量过程中不能移动测量仪器，触针应与测量标准接触（见表5-8）。测试应在最不利的预期工作条件下进行。

表5-8　静态噪声的测量

测量分类	轮廓法
使用标准	任意测量标准
测量条件	应按照校准的使用要求选择等效测量长度[①]及嵌套指数。施加在测量标准上的接触力应与测量仪器测量时相同
评定参数	校准时典型参数为轮廓最大高度 Rz
测量方法	使用仪器的最大放大倍数进行测量
测量结果	测得参数值的平均值应加上表5-10定义的等效参数的最大允许误差（MPE）

① 参数计算需要用长度单位表示的量，然后测量时间转换为等效测量长度。

（2）操作者调整的校准　操作者调整包括垂直调整量的校准、水平调整量的校准和垂直度的评定，见表5-9。

表5-9　操作者调整的校准

条件 校准项目	垂直调整量的校准		水平调整量的校准		垂直度的评定
	用沟槽测量标准校准	用球测量标准校准	用沟槽测量标准校准	用由球/平面构成的测量标准校准	
测量分类	轮廓法	轮廓法	区域法	区域法	区域法
使用标准	A1型或A2型（见GB/T 19067.1）或ER型、CG2型测量标准（见表5-12或表5-15）	E1型（见GB/T 19067.1）或ES型测量标准（见表5-15）	ER2型、ER3型、CG1型或CG2型测量标准（见表5-15）	ES型测量标准（见表5-15）	ER2型、ER3型或ES型测量标准（见表5-15）
测量条件	按提供的校准证书	Z轴垂直测量范围：应使用探头垂直测量范围的有效部分，并与触针最大测量范围相适应	按照校准证书的规定选择测量区域	按照校准证书的规定选择测量区域	按照校准证书的规定选择测量区域、滤波器、水平采样间距
评定参数	沟槽深度 d	球半径 r_d（或 r_S）、圆度偏差：RON_t 的评定值（见 ISO/TS 12181-1）	ER2型：沟槽间距 l_1 和 l_2 ER3型：沿 X 轴和 Y 轴的沟槽直径 D_f	沿 X 轴和 Y 轴的相交圆直径 D_i	垂直度 Δ_{PER}（见 GB/T 33523.601）
测量方法	—	—	在 X-Y 范围内的几个区域测量	—	用区域法在 X-Y 测量范围内的中心区域测量

（续）

条件 校准项目	垂直调整量的校准		水平调整量的校准		垂直度的评定
	用沟槽测量标准校准	用球测量标准校准	用沟槽测量标准校准	用由球/平面构成的测量标准校准	
测量结果	应记录参数 d 的平均值与校准值之间的相对偏差	应记录球半径 r_d、参数 RON_t 的平均值与校准值的相对偏差	应记录所评定参数测得值的平均值与校准值的相对偏差	应记录所评定参数测得值的平均值与校准值的相对偏差	应记录最大垂直度偏差 Δ_{PER}

注：1. 用球测量标准校准适用于垂直测量范围大，尤其是具有弧形运动误差修正的测量仪器。

2. 用沟槽测量标准校准适用于垂直测量范围有限，且无回转运动误差修正的测量仪器。

3. RON_t 是 GB/T 24632.1—2009 中规定的，为局部圆度最大正偏差与局部圆度最大负偏差的绝对值之和。如果测量仪器不能计算参数 RON_t，可将轮廓曲线经低通滤波后，评定参数 Wt；或者按照 GB/T 18618 的规定，用求最小二乘圆的方法去除形状成分后，评定参数 Wte（波度总深度）。

（3）计量特性的校准 计量特性的校准见表 5-10。

表 5-10 计量特性的校准

条件 校准项目	平面度偏差的评定	动态噪声的测量	沿 X 轴（或 Y 轴）滞后的评定
测量分类	区域法和轮廓法	区域法	区域法
使用标准	光学平晶（X 轴、Y 轴的调平应符合 GB/T 19600—2004 中 7.1）	光学平晶（按照 GB/T 19600—2004 中 7.1 要求，与基准表面对齐）	A 型或 E 型（参见 GB/T 19067.1）或 ER2 型、ER3 型测量标准（见表 5-12 或表 5-15）
测量条件	测量区域：不启动限位开关的情况下测量仪器测量范围内的全部区域	测量区域的大小与所用滤波器的嵌套指数相匹配 扫描轴方向的轮廓测量长度与所用滤波器的嵌套指数相匹配	按照校准证书的规定选择测量区 应选择沿扫描轴最小的采样间距 D_x
评定参数	FLT_t 的评定符合 GB/T 24630.1—2009 STR_t 的评定符合 GB/T 24631.1—2009	在 S-L 表面评定轮廓最大高度 Rz	x_{HYS}（或 y_{HYS}）：在表面全范围内沟槽底部 X（或 Y）位置的总偏差
测量方法	—	用测量仪器的最大放大倍数： 1）在 X-Y 测量范围内的一个角落完成一次测量 2）在 X-Y 测量范围内的中央位置完成一次测量 3）在 X-Y 测量范围内的一个对称角落完成一次测量	测量时 Y 轴（或 X 轴）不运动，即沿 X 轴（或 Y 轴）的所有轮廓在沟槽的同一位置测量。测量速度应选择使用时两个速度中最小的一个
测量结果	应记录最大平面度偏差 FLT_t 和沿 X 轴和 Y 轴的最大直线度偏差 STR_t	应记录所评定的参数	应记录参数 x_{HYS}（或 y_{HYS}） 如果测量仪器不能评定这些参数，可用图形法评定滞后

5.4.2.2 残余误差的评定

表 5-11 中给出了残余误差评定的方法。

表 5-11　残余误差评定的方法

要素	符号	定义	评定方法
触针	H	从转轴到触针针尖圆心的垂直高度	测量 E 型[①]或 ES 型[①]测量标准
	L	从转轴到触针针尖圆心的水平长度	测量 E 型[①]或 ES 型[①]测量标准
	r_{tip}	针尖圆弧半径	测量内容： 1) 像 CS 型一样带匹配的凸形槽和凹形槽对的 E 型[①]或 ES 型[①]测量标准，或 2) 具有小轮廓间距的 C 型测量标准，或 3) B 型测量标准
	γ[②]	针尖圆锥角度	用显微镜在 X、Y 方向测量圆锥角度，评定其平均值 注意：此评定的目的是避免测量时与圆锥体接触
	R_1	横向分辨力	测量一个窄沟槽[②]
	W_1	全高度转换的极限宽度	测量一个沟槽[③]
探头	α_Z	放大倍数	测量 E 型[①]或 ES 型[①]测量标准 测量 A 型或 ER 型测量标准
	D_Z[④]	Z 方向量化步距	测量光学平晶
探头及转轴	z_{HYS}	纵向滞后	测量 E 型[①]测量标准
	$v_{dyn,c}$	探测系统的临界动态特性	测量向下步距
	Fz	响应曲线	测量 E 型[①]或 ES 型[①]测量标准 测量高度量块
转轴	J_Y	触针相对转轴沿 Y 方向跟踪误差的横向分量	用区域法对 E 型[①]或 ER2 型测量标准进行测量
位置传感器(线性编码器、微分螺杆、……)	F_X, F_Y	响应曲线	用一个基准长度测量系统(如激光干涉仪)测量 或沿 X 轴或 Y 轴测量一个定距测量标准
	a_X, a_Y	放大倍数	测量 A、C、ER、ES 型[①]测量标准 用一个基准长度测量系统(如激光干涉仪)测量 或沿 X 轴或 Y 轴测量一个定距测量标准
	D_X, D_Y	X(Y)方向采样间距	本特性由仪器制造商给出[⑤]
	x_{HYS}	两条相邻轮廓在 X 方向重定位的滞后	测量 A 型、ER 型、E 型[①]或 ES 型[①]测量标准
	y_{HYS}	两条相邻轮廓在 Y 方向重定位的滞后	测量 A 型、ER 型、E 型[①]或 ES 型[①]测量标准
区域导向基准(垂直分量)	$z_{FLT(X,Y)}$	在 XY 平面运动的平面度偏差的高度分量	在全部测量区域内测量光学平晶
	$z_{STR(X)}$	沿 X 轴的直线度偏差的高度分量	用光学平晶在 X 轴测量全范围内测量直线度偏差
	$z_{STR(Y)}$	沿 Y 轴的直线度偏差的高度分量	用光学平晶在 Y 轴测量全范围内测量直线度偏差

（续）

要素	符号	定义	评定方法
区域导向基准（水平分量）	Δ_{PER}	测量仪器 X 轴与 Y 轴的垂直度	测量 ER2 型、ER3 型，或 ES 型[①]测量标准
	$y_{STR(X)}$	沿 X 轴直线度偏差的横向分量 Y	用光学平晶在 X 轴测量全范围内的垂直位置测量直线度偏差
	$x_{STR(Y)}$	沿 Y 轴直线度偏差的横向分量 X	用光学平晶在 Y 轴测量全范围内的垂直位置测量直线度偏差
仪器	N_s	静态噪声[⑥]	静态测量（触针与被测表面接触但不移动）
	N_d	动态噪声[⑥]	沿 X、Y 轴测量光学平晶

注：表中提到的测量标准和具有 X、Y、Z 移动和旋转的高精度工作台组合可完成大量计量特性的校准。
① 不适用于无弧形运动误差补偿的仪器（这些仪器通常垂直测量范围较小）。
② 实际上，横向分辨力受限于采样间距和数字量化步距。
③ 得到触针针尖圆弧半径和圆锥角度后，可以评定高度传输的宽度极限。
④ 应用高分辨力模数转换器（ADC）可以优化垂直量化性能。
⑤ 采样间距的减小降低了由此带来的测量误差。
⑥ 不可能修正测量噪声，但 S-滤波器会减小噪声。

5.5　实物测量标准

　　实物测量标准具有所赋量值，使用时以固定形态复现或提供具有一个或多个量值的用于表面结构测量的专用测量标准。实物测量标准有时称为校准样件、校准样品、校准标准、标准制品、物理测量标准或物理标准。实物测量标准一般可用于两种不同的目的：① 仪器计量特性的校准，需要测量不确定度的评定；②用户用来调整测量仪器，生成被测量的修正因子。两种目的的效果均取决于实物测量标准的计量特性。

5.5.1　轮廓法实物测量标准类型

　　GB/T 19067.1—2003《产品几何量技术规范（GPS）　表面结构　轮廓法　测量标准　第1部分：实物测量标准》等同采用 ISO 5436-1：2000，规定了适用于基于 GB/T 6062—2002 定义的轮廓法表面结构测量仪器计量特性校准的测量标准。

　　GB/T 19067.1—2003 给出了五类计量标准，每一类都有几种型式，见表5-12。

表5-12　轮廓法测量标准的类型和名称

类型	名称	解　释
A 类	深度测量标准	用于校准触针式仪器的垂直轮廓分量
A1 型	平底宽沟槽	这种测量标准有一个校准好的带平底的沟槽,带平顶的脊台,或分开的多个这种特征,其深度或高度相等或递增。每一特征要足够宽,从而对触针针尖的形状或尺寸不敏感。这种测量标准上所具有的平坦底部沟槽是由其宽度 w 和深度 d 表征

（续）

类型	名称	解　　释
A2 型	圆底宽沟槽	这种测量标准与 A1 型相似,所不同的是圆底槽的半径要足够大,从而对触针针尖的形状或尺寸不敏感。这种测量标准上所具有的圆弧底部宽沟槽是由其半径 r 和深度 d 表征 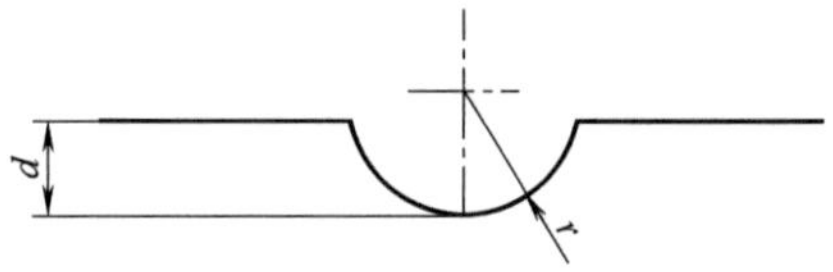
B 类	针尖测量标准	主要用于校准针尖的几何特性
B1 型	—	这种测量标准具有一个窄沟槽或对触针针尖尺寸敏感程度成比例增加的分离的多个窄沟槽。窄沟槽具有圆弧底部,其半径对触针针尖形状或尺寸足够敏感
B2 型	—	这种测量标准具有两个 Ra 名义值相等的沟槽形式,一个对触针针尖尺寸是敏感的,另一个是非敏感的。敏感沟槽型是由 Rsm 和相应的顶角 α 表征的具有尖锐峰谷的等腰三角形沟槽,使 Ra 值与触针针尖尺寸有关。非敏感沟槽型为近似正弦或弓形沟槽,使得 Ra 值与触针针尖几何尺寸几乎无关 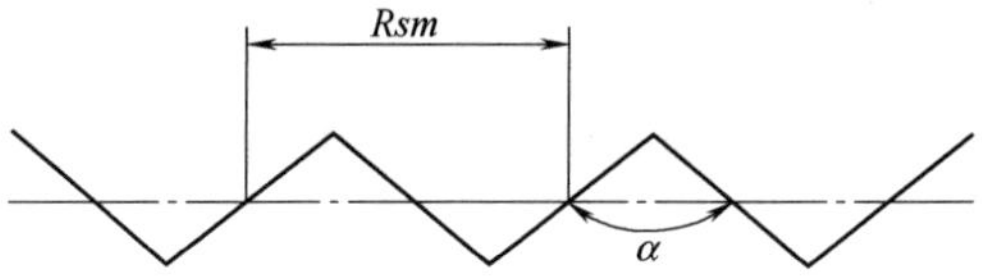 B2型沟槽(敏感沟槽) 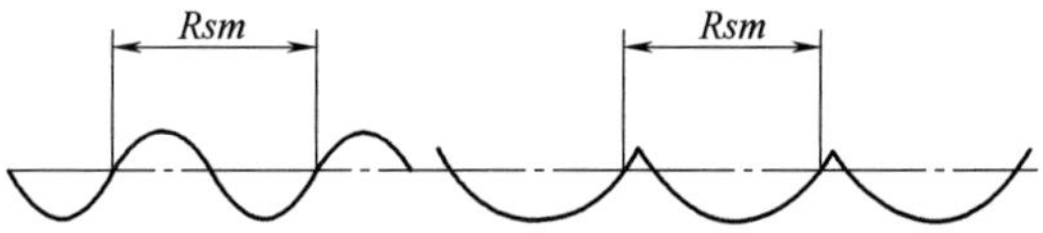 B2型沟槽(非敏感沟槽)
B3 型	—	这种测量标准具有凸出的尖锐刀口,如无覆层的剃刀刀片的刃宽约为 $0.1\mu m$ 或更小。用触针滑过这种测量标准并记录表面轮廓的图形,对触针尺寸进行评定
C 类	空间测量标准	主要用于校准垂直轮廓分量。如果沟槽的间距在可接受的界限内,也可用于水平轮廓分量的校准。本测量标准系列的目的是能够对多个水平和幅值的传输特性进行检查 　　该测量标准具有简单形状的重复沟槽的栅格(正弦、三角或弓形)。对该测量标准一个基本要求是不同波形的标准化的测量标准在一定条件下是相互兼容的,即如果使用方法正确,它们将会产生同样的仪器校准或检定结论。这种测量标准的特性由 Ra 和 Rsm 表征。所选择的数值应当使由触针或滤波器引起的衰减可被忽略

（续）

类型	名称	解　释
C 类	空间测量标准	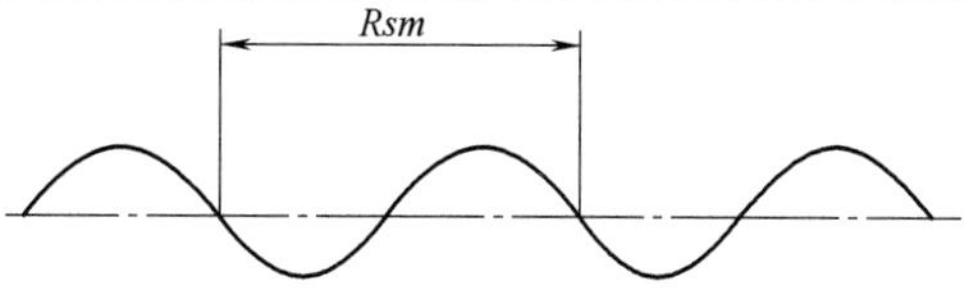 C1型：正弦轮廓沟槽 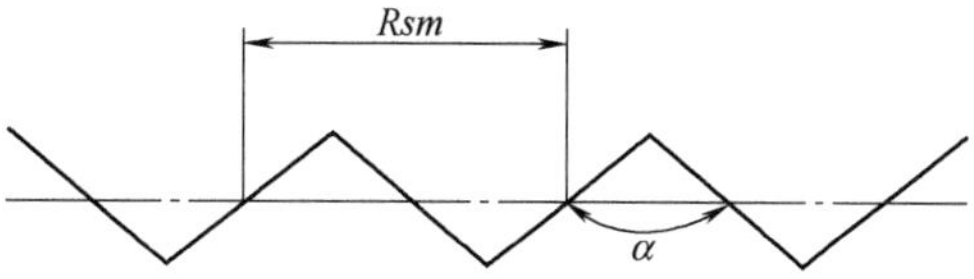 C2型：等腰三角形沟槽  C3型：模拟正弦轮廓沟槽 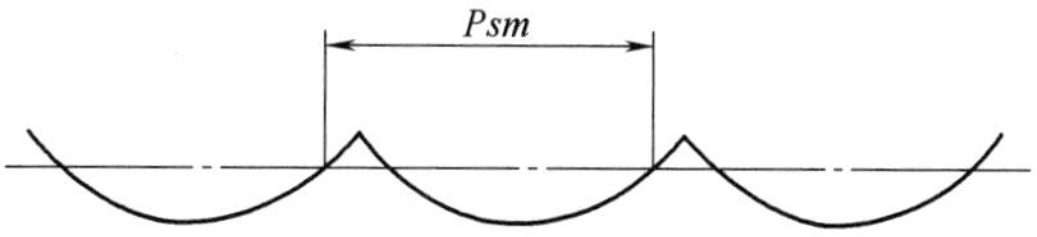 C4型：弓形轮廓沟槽
D 类	粗糙度测量标准	适用于所有仪器的校准
D1 型	单向不规则轮廓	在移动方向上存在不规则轮廓（例如从磨削加工中获得的轮廓），但为方便使用，垂直于移动方向的横截面轮廓近似恒定。这种测量标准的特性由 Ra 和 Rz 表征。无规则磨削轮廓在测量标准的测量方向上每 5 个 λc 重复，在垂直于测量方向上轮廓形状保持恒定，如下图所示 　　这种测量标准模仿实际工件，峰顶间距的范围宽，但减少了达到稳定平均值所需要的测量次数。它们为校准提供了可靠的最终的全面的检查手段 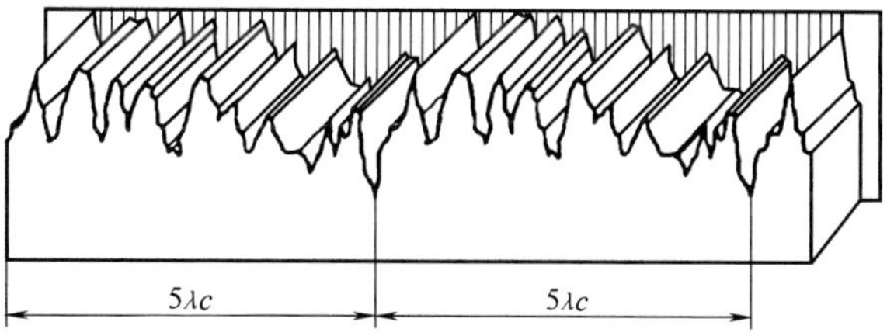 D1型沟槽(轮廓每5个λc间隔重复)
D2 型	圆环不规则轮廓	这种测量标准在径向上存在不规则轮廓（例如从磨削加工中获得的轮廓），为方便使用，沿圆周方向的横截面轮廓近似恒定。这种测量标准的特性由 Ra 和 Rz 表征。无规则磨削轮廓在测量标准的径向每 5 个 λc 重复，在垂直于测量方向上（圆周方向）轮廓形状保持恒定，见表 5-13 中圆形不规则轮廓解释图
E 类	轮廓坐标测量标准	用来校准仪器的轮廓坐标系统
E1 型	精密球或半球	由一个球或半球组成。这种测量标准的特性由其半径和 Pt 表征
E2 型	精密棱体	由一个具有梯形横截面的棱体组成。梯形的基底是平行面的长边。梯形棱体的顶面和斜面为测量面。所设计的两边测量面的角度要保证在仪器的全部测量范围内触针针尖始终与表面接触。这种测量标准的特性由面间角和每一表面的 Pt 表征

　　GB/T 33523.70 也涵盖了不同类型的轮廓法实物测量标准，见表 5-13 ，表中列出了 GB/T 33523.70 与 GB/T 19067.1 中定义的实物测量标准的命名对照。类型符号前缀 P 表示轮廓法实物测量标准类型。

表 5-13　轮廓法实物测量标准类型

GB/T 33523.70			GB/T 19067.1
类型	名称	解　释	
PPS	周期正弦波形	这种实物测量标准复现了一个单方向延伸的正弦波形。该正弦波的形状由周期 p 和幅值 d 确定。被测量见表 5-14	C1 或 B2
PPT	周期三角形	该实物测量标准沿一个方向复现一个三角形。三角波形状由周期 p 和深度 d，或者深度 d 和夹角 α 确定。被测量见表 5-14	B2 或 C2
PPR	周期矩形	该实物测量标准沿一个方向复现一个矩形波。矩形波形状由槽宽 w，周期 p 和槽深 d 确定。被测量见表 5-14	—
PPA	周期弧形	该实物测量标准沿一个方向复现一个弧形。弧形由周期 p 和半径 r，或者由周期 p 和深度 d 确定。被测量见表 5-14 该标准用于校准触针式仪器的垂直轮廓分量	C4 或 B2
PGR	矩形沟槽	该实物测量标准具有一个带平坦底部的宽沟槽，或者具有多个深度相等或深度逐渐增大的沟槽，并且每个沟槽的宽度都足够大，使其对仪器的横向分辨力不敏感（例如触针针尖）。每个沟槽由其宽度 w 和深度 d 确定。该标准用于校准触针式仪器的垂直轮廓分量	A1

（续）

GB/T 33523.70			GB/T 19067.1
类型	名称	解　释	
PGC	圆形沟槽	该实物测量标准类似于 PGR 类型,不同之处在于沟槽具有半径足够大的圆形底部,使其对仪器的横向分辨力限制不敏感。该实物测量标准由其半径 r 和深度 d 确定 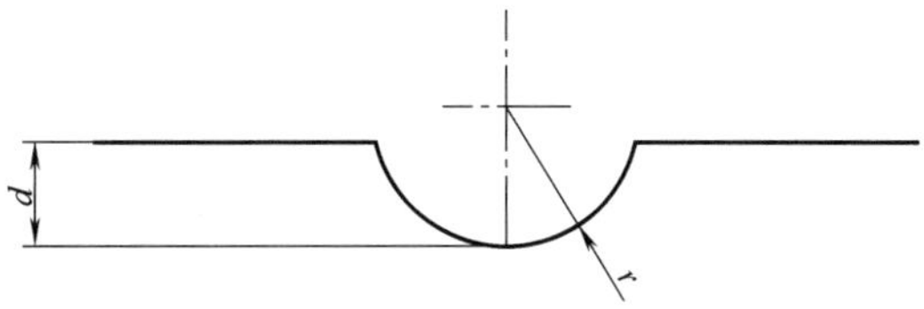	A2
PRO	不规则轮廓	这种测量标准的特性由 Ra 和 Rz 表征。实物测量标准在驱动方向上具有不规则的轮廓(例如通过磨削获得的轮廓) 该测量标准在纵向上每间隔 $5\lambda c$ 重复不规则轮廓,在垂直于实物测量标准的测量方向,轮廓形状是恒定的,如下图所示 该实物测量标准模拟了包含各种波峰间距的工件,但减少了给出较好平均值所需的测量方向移动次数。为了保证测量结果的准确性,提供了对仪器调整的整体检查 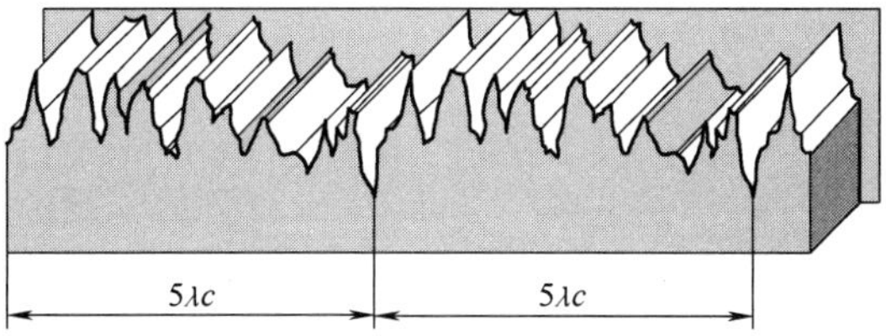	D1
PCR	圆形不规则轮廓	该圆形实物测量标准在径向具有不规则的轮廓,可以方便地在其圆周方向具有近似不变的横截面 该实物测量标准具有不规则的轮廓,其在实物测量标准的径向每 $5\lambda c$ 重复一次。在垂直于实物测量标准的方向(沿圆周方向)上,轮廓形状是不变的。被测量是 Ra 和 Rz 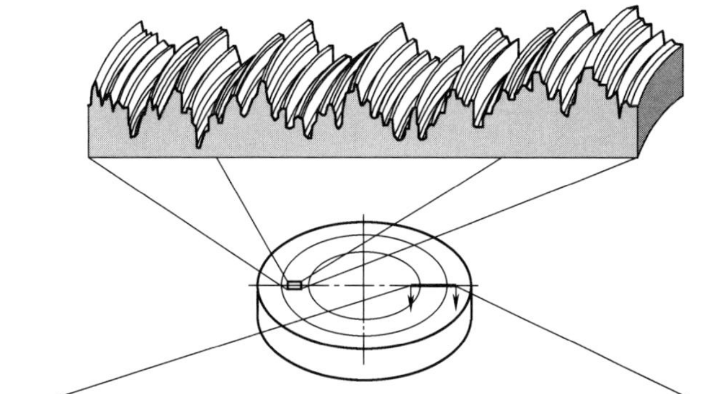	D2

（续）

GB/T 33523.70			GB/T 19067.1
类型	名称	解　释	
PRI	棱体	该实物测量标准由具有梯形横截面的棱体组成。梯形的底部是平行表面的较长部分。由梯形上表面和梯形两侧面构成测量表面。两个侧面测量表面的角度设计值应覆盖测头的上升/下降范围，并可兼容测头所能测量的最大斜率 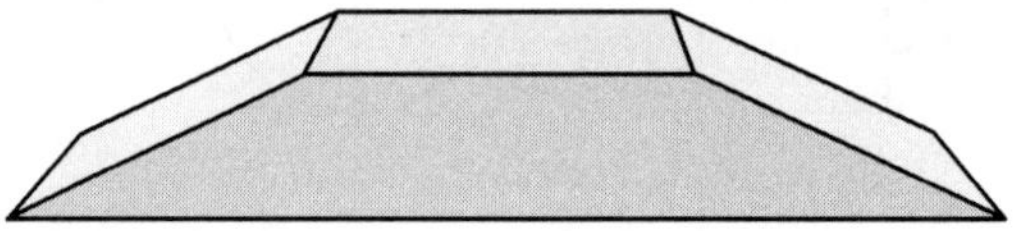 实物测量标准由两侧面之间的夹角和每个侧面上的 Pz 确定	E2
PRB	剃刀切削刃	该实物测量标准具有精细的凸出边缘。它主要用于评价触针式仪器的触针针尖半径。例如，未镀膜的剃刀切削刃具有约 $0.1\mu m$ 或更小的边缘宽度 　触针形貌可以通过扫描锋利的凸出边缘（例如剃刀切削刃）来测量。如果 r_1 是触针针尖半径，r_2 是剃刀切削刃的半径，则记录的轮廓具有半径 $r = r_1 + r_2$。此外，如果 r_2 远小于 r_1，则记录的半径大约等于触针针尖半径本身。此方法只能用于扫描速度非常慢的直接轮廓法记录仪器 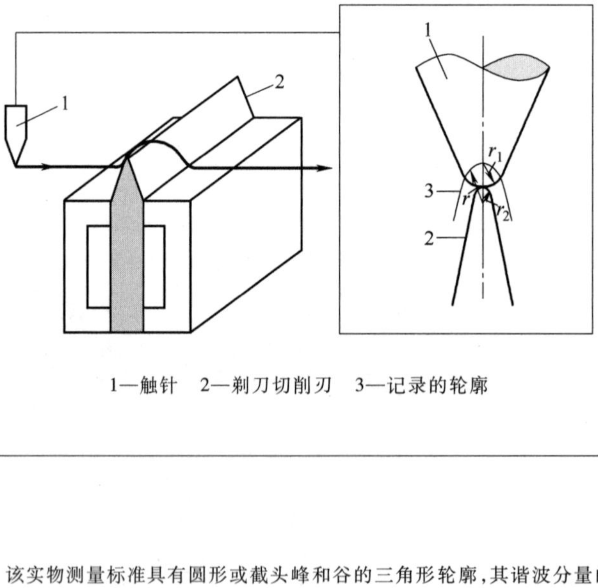 1—触针　2—剃刀切削刃　3—记录的轮廓	B3
PAS	近似正弦波形	该实物测量标准具有圆形或截头峰和谷的三角形轮廓，其谐波分量的总均方根不超过基波有效值的10%。被测量为 Rsm 和 Ra  	C3

(续)

类型	名称	解　释	GB/T 19067.1
		GB/T 33523.70	
PCS	轮廓标准	此实物测量标准由一个包括不同几何图形的轮廓组成：至少两个圆弧（一个凸圆弧、一个凹圆弧）；至少两个楔形/三角形（一个凸形、一个凹形）。被测量为 r_i、α_i、l_i、h_i 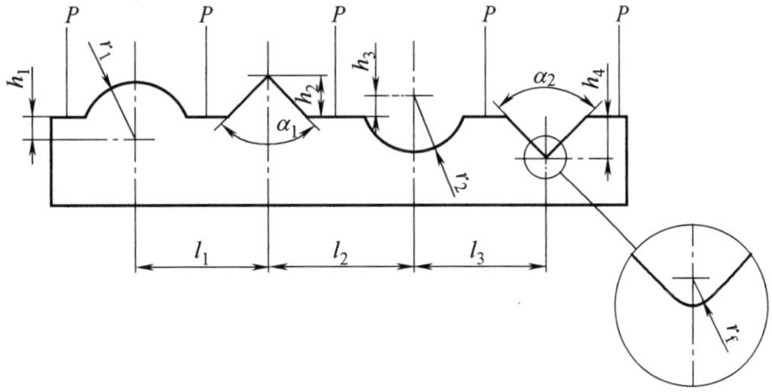 P—在公共区域中有五个特征的基准平面　r_f—沟槽底面半径 r_i—圆弧半径　α_i—楔形/三角形侧面之间的夹角 l_i—在平行于圆心之间的平面 P 的方向上测量的距离和/或三角形的侧面相对于基准平面的交点；在平行于 P 方向上，圆心间和/或圆心与角分线（角两边交点）间的水平距离 h_i—在垂直于圆心之间的平面 P 的方向和/或三角形的侧面的交叉点处测量的高度；在垂直于 P 方向上，圆心间和/或圆心与角分线（角两边交点）间的垂直距离	—
PDG	双沟槽	该实物测量标准具有两条平行的沟槽。被测量为沟槽间距 l 和沟槽深度 d 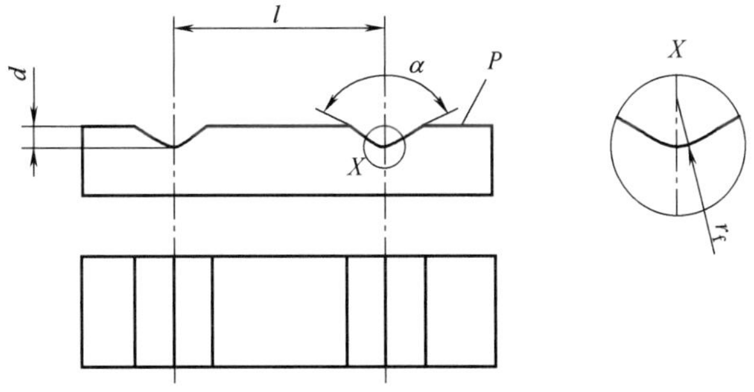 d—沟槽深度　l—沟槽间距　α—沟槽两侧面的夹角 P—基准平面　r_f—沟槽底部圆弧半径	—

表 5-14　PPS 型、PPR 型、PPT 型、PPA 型实物测量标准的被测量

方　　向	轮　廓　法	区　域　法
Z 轴	Ra 或 Rq	Sa 或 Sq
X 轴（Y 轴）	Rsm（等于周期 p）	平均 Psm

5.5.2　区域法实物测量标准类型

GB/T 33523.70—2020《产品几何技术规范（GPS）　表面结构　区域法　第70部分：

实物测量标准》修改采用 ISO 25178-70：2014，规定了用于定期验证和调整区域法表面结构测量仪器的实物测量标准的特性。本部分中的实物测量标准适用于仪器系统误差的评定和修正，通过对修正系数 C_x、C_y 和 C_z 的评定和检验对 X、Y 和 Z 的坐标值进行校准（参见 GB/T 33523.60×系列）。

使用这些实物测量标准无法将仪器引入的误差与滤波和计算算法引起的误差分开。这些计算方法可以用软件测量标准来测试（见5.6节）。

本部分所述的大多数实物测量标准均可用来验证和修正区域法测量仪器的驱动单元 X 与驱动单元 Y 之间的垂直度偏差。测量方法和实物测量标准的特性应由其制造商提供。

表 5-15 给出了区域法的实物测量标准类型。前缀 A 用于区域法实物测量标准类型。

表 5-15　区域法实物测量标准类型

GB/T 33523.70			GB/T 33523.701
类型	名称	解　释	
AGP	垂直沟槽	该实物测量标准由四条沟槽组成一个矩形。被测量为 d、l_1、l_2 和 θ 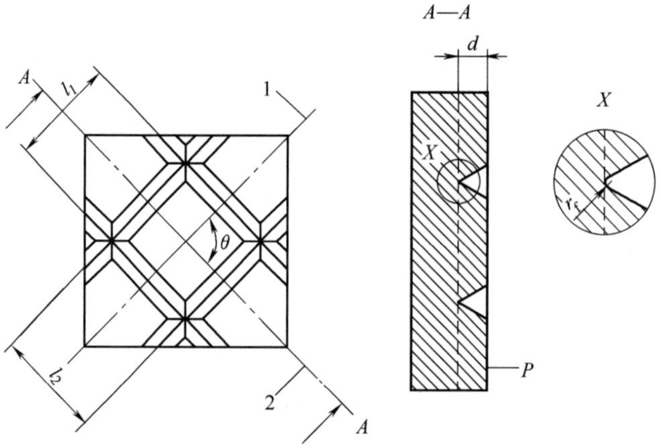 d—沟槽深度　l_1、l_2—沟槽间距　1、2—平行沟槽的对角线 θ—沟槽间夹角　P—基准平面　r_f—沟槽底部圆弧半径	ER2
AGC	圆环沟槽	该实物测量标准具有一个圆环沟槽。被测量为 d 和 D_f 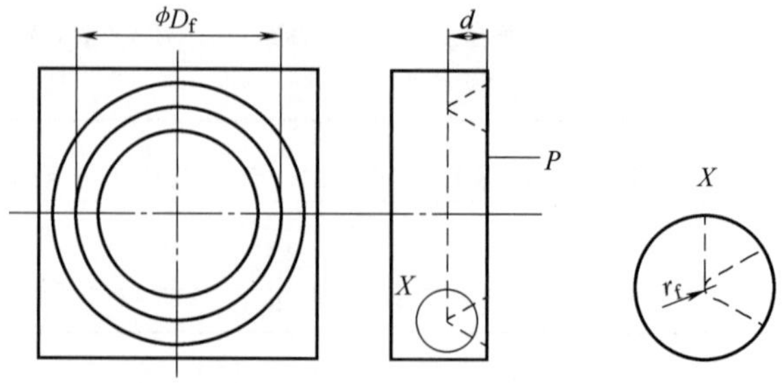 d—沟槽深度　D_f—沟槽直径　P—基准平面　r_f—沟槽底部圆弧半径	ER3

（续）

GB/T 33523.70			GB/T
类型	名称	解　　释	33523.701
ASP	半球	该实物测量标准包括一个半球。被测量是球体（或半球）的半径 球体的半径应在测头的有效测量范围之内；允许触针针尖的球形部分保持接触（而不是触针的任何其他部分）；允许光学测头保持在其工作角度内 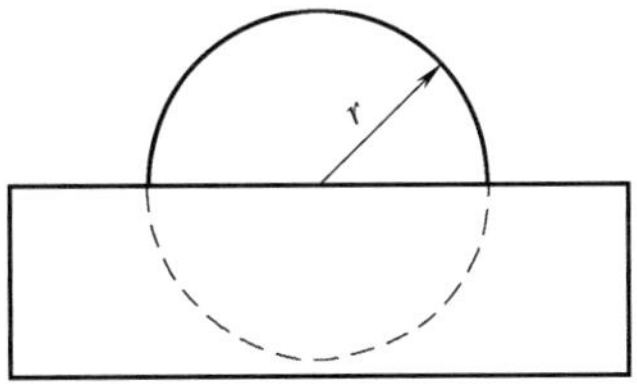 	—
APS	平面-球	该实物测量标准由部分球 S 和基准平面 P 组成。被测量为 d、R_s 和 D_i 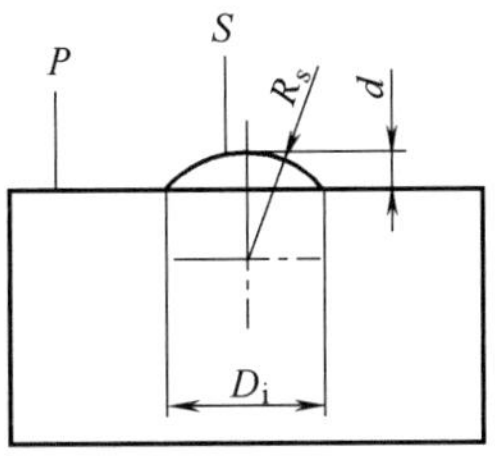 d—从球顶端到基准平面 P 的最大距离　S—部分球　R_s—球体半径 D_i—相交圆直径　P—基准平面	ES
ACG	交叉栅线	该实物测量标准具有二维阵列图形，由凸起的线条、沟槽或点组成。应标明 X 轴、Y 轴及其有效区域。可用参考标记标明在测量标准上，也可在测量标准的校准证书上注明 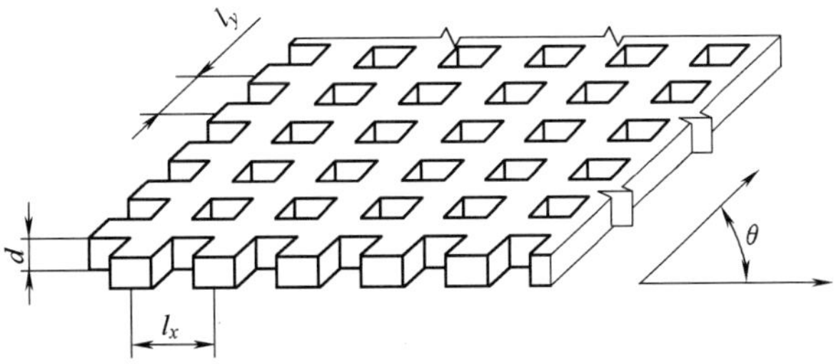 l_x—X 轴方向的栅距　l_y—Y 轴方向的栅距　θ—X 轴和 Y 轴之间的夹角 d—沟槽深度 被测量为： 1）l_x、l_y 是在测量标准的全部有效区域内 X 轴和 Y 轴上的平均栅距 2）li_x、li_y 是 X 轴和 Y 轴上的单个节距，用于计算线性偏差 3）θ 是在测量标准的全部有效区域内 X 轴和 Y 轴之间的平均夹角 4）d 是在测量标准的全部有效区域内平底沟槽的平均深度	CG2

（续）

GB/T 33523.70			GB/T 33523.701
类型	名称	解　释	
ACS	交叉正弦	该实物测量标准是通过沿 X 轴的正弦波型（由其周期 p_x 和振幅 a_x 定义）和沿 Y 轴的正弦波型（由其周期 p_y 和振幅 a_y 定义）叠加而成。被测量为表面高度的算术平均值 Sa 和表面高度的均方根值 Sq 	—
ARS	径向正弦	该实物测量标准由径向正弦波型（即从中心的任何方向的横截面给出线性正弦波）形成，由其周期 p 和其幅度 d 定义。被测量为表面高度的算术平均值 Sa 和表面高度的均方根值 Sq 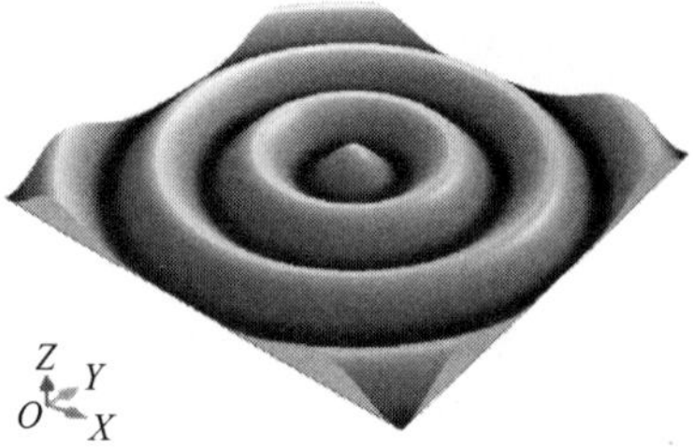	—
ASG	星形沟槽	该实物测量标准包括许多在 X-Y 平面中相对于方位角方向具有三角形横截面的沟槽。它主要用于验证仪器的横向分辨力 沟槽从公共中心辐射，随着它们越来越远而变宽。沟槽在 X-Y 平面中具有平坦底面，并且垂直侧壁与 X-Y 平面正交。两个连续的径向方向侧面之间的夹角相等。被测量是 d，作为 Psm 的函数的轮廓深度  在圆形轮廓上测量被测量，该圆形轮廓被提取为与图案的顶点同心。随着圆形轮廓的测量更接近顶点，Psm 将发生变化。当 Psm 接近仪器分辨力值的两倍时，轮廓的深度将发生变化	—

（续）

	GB/T 33523.70		GB/T 33523.701
类型	名称	解　释	
AIR	不规则形状	实物测量标准的表面形貌由有限范围的波长分量组成。应定义表面周期或单位取样区域。应标记实物测量标准的 X 轴和 Y 轴,以使其与仪器的坐标系匹配 　应定义活动区域。无论取样位置如何,取样区域都应包含相同的高度值。表面形貌应是各向同性的,并且要评估其表面结构参数值,例如 Sq(或 Sa)、Sz、Ssk 和 Sku 　实物测量标准的表面形貌由有限范围的波长分量组成。通过使用随机制造工艺或自回归模型控制制造工艺,可以实现不规则的实物测量标准 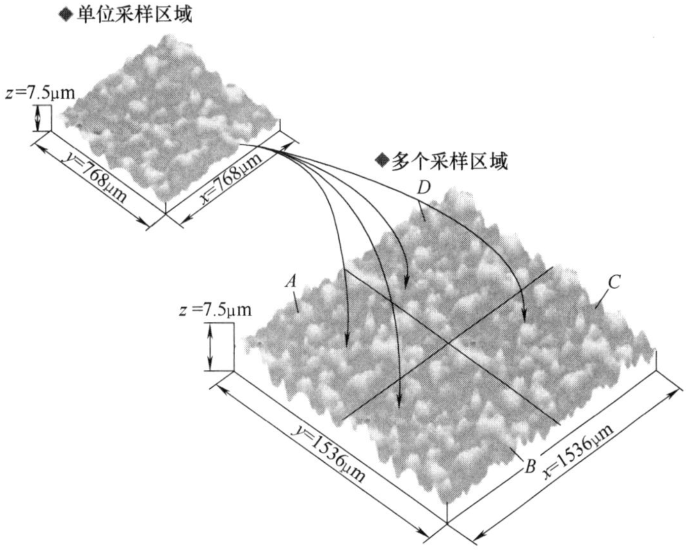 	—
AFL	平面	该实物测量标准是可忽略形状偏差和粗糙度的平面,通常由抛光玻璃制成 　被测量对轮廓法有 Pt、Pq、Rq 或 Rz、$STRt$;对区域法有 Sq 或 Sz、$FLTt$	—
APC	光致变色图案	该实物测量标准不应有高度变化,只应有颜色变化。它旨在评估光学仪器的某些特性 　各种图案均可以使用和生成,下图为由边长尺寸为 d 的黑色和白色(或透明)正方形制成的棋盘图案  　这些实物测量标准旨在通过测量光强来获得 　被测量取决于在实物测量标准上绘制的模式,用户应参考证书来了解所需的被测量	—

5.5.3 实物测量标准名称的对照表

实物测量标准在 GB/T 19067.1、GB/T 33523.701 和 GB/T 33523.70 中有不同的描述和命名。表 5-16 提供了实物测量标准名称在不同标准中命名的对照。

表 5-16 实物测量标准名称在不同标准中命名的对照

类型	名称	标 准 号		
		GB/T 33523.70	GB/T 19067.1	GB/T 33523.701
轮廓法实物测量标准类型（见表 5-13）	周期正弦波形	PPS	C1 或 B2	—
	周期三角形	PPT	B2 或 C2	—
	周期矩形	PPR	—	—
	周期弧形	PPA	C4 或 B2	—
	矩形沟槽	PGR	A1	—
	圆形沟槽	PGC	A2	—
	不规则轮廓	PRO	D1	—
	圆形不规则轮廓	PCR	D2	—
	棱体	PRI	E2	—
	剃刀切削刃	PRB	B3	—
	近似正弦波形	PAS	C3	—
	轮廓标准	PCS	—	CS
区域法实物测量标准类型（见表 5-15）	双沟槽	PDG	—	ER1
	垂直沟槽	AGP	—	ER2
	圆环沟槽	AGC	—	ER3
	半球	ASP	E1	—
	平面-球	APS	—	ES
	交叉栅线	ACG	—	CG2
	交叉正弦	ACS	—	—
	径向正弦	ARS	—	—
	星形沟槽	ASG	—	—
	不规则形状	AIR	—	—
	平面	AFL	—	—
	光致变色图案	APC	—	—

注：前缀 P 用于轮廓法实物测量标准类型；前缀 A 用于区域法实物测量标准类型。

5.6 软件测量标准

由于实物测量标准不能用于测量仪器的评价滤波算法和参数计算的算法带来的误差，但可利用软件测量标准检测。为检验在测量仪器上用于计算被测量的软件，可以复现具有已知规范不确定度的被测参数值的参考数据或参考软件称为软件测量标准。

GB/T 19067.2—2004《产品几何量技术规范（GPS）　表面结构　轮廓法　测量标准　第2部分：软件测量标准》修改采用了 ISO 5436-2：2001，规定了用于测量仪器软件校验的 F1 型和 F2 型软件测量标准（标准具）的术语定义，F1 型软件测量标准的文件格式。适用于基于 GB/T 6062—2002 定义的轮廓法表面结构测量仪器的计量特性校准的测量标准。

GB/T 33523.71—2020《产品几何技术规范（GPS）　表面结构　区域法　第71部分：软件测量标准》修改采用了 ISO 25178-71：2017，规定了用于测量仪器软件校验的 S1 型和 S2 型软件测量标准（标准具）的术语定义，S1 型软件测量标准的文件格式。

5.6.1　轮廓法软件测量标准

5.6.1.1　F 型软件测量标准

软件测量标准用于验证测量仪器的软件（例如：滤波算法，参数计算等）。包括 F1 型标准数据和 F2 型标准软件。本节术语"软件量规"是软件测量标准 F1 的简称。

（1）F1 型标准数据　F1 型是一个在适当的存储介质上的用数字描述总表面或轮廓的计算机数据文件。

F1 型测量标准适用于测试软件，在测试/校准状态下将它们以数据形式输入被测试软件，然后将运行结果与该参考件在测试状态下软件量规校准证书的被检定结果相比较。

用数学方法设计的合成数据检定结果，通常可以直接计算，而不需要用 F2 型测量标准检定。

（2）F2 型标准软件　F2 型测量标准是标准软件，由可溯源的计算机软件组成，并可以与测量仪器中的软件进行比较。

F2 型测量标准适用于测试软件，输入相同数据组至测试/校准状态下的测试软件和标准软件，然后将被测试软件的结果与参考软件认证的结果相比较。F2 型测量标准值应可溯源。F2 型测量标准也可用于认证 F1 型标准数据。

5.6.1.2　F1 型标准数据的文件格式

这个文件协议的文件扩展名为 .smd。用于软件量规的文件协议被分成四个独立段或记录，即：记录 1 头部、记录 2 其他信息（可选的和非强制的）、记录 3 数据和记录 4 检验和。每个记录由若干信息行组成，在每行内有一些用于信息编码的"域"。这个文件格式是 7 位 ASCII 字符。每行以回车（<cr>）和换行（<lf>）结束。

每个记录都由记录尾（<ASCII 3>）回车（<cr>）和换行（<lf>）结束。

最后一个记录还要由文件尾（<ASCII 26>）= 结束，每段的分隔符是至少一个空格。

（1）记录 1——头部　第一个记录包括一个固定的头部，它包括以下信息（见表 5-17）：

1）软件量规文件格式的版本号。

2）文件标识。

3）存储特征的 GPS 特征类型数字和名称——坐标信息。

4）轮廓上数据点的个数。

5）采样间隔。

6）数据点分辨率。

表 5-17 记录 1 头部的各行段

行	段名	举例	注释
记录 1 的 第一行的段	The_revision_number(校正数)	'GB/T .1—200 '	ASCII 字符串
	File_identifier(文件标识符)	'××××××'	ASCII 字符串
记录 1 的 第二行的段	Feature_type(特征类型)	'PRF' 'SUR'	轮廓数据{例:(X,Z),(R,A)等} 表面数据{例:(X,Y,Z),(R,A,Z)等}
	Feature_number(特征数)	0	无符号整数
	Feature_name(特征名称)	'ISO 000'	ASCII 字符串
记录 1 的 其余行的段	Axis_name(坐标名)	'CX' 'CY' 'CZ' 'PR' 'PA'	笛卡儿坐标 X 轴 笛卡儿坐标 Y 轴 笛卡儿坐标 Z 轴 极坐标半径 极坐标角度
	Axis_type(坐标类型)	'A' 'I' 'R'	绝对数据① 增量数据② 相对数据③
	Number_of_points(点数)	4003	采样点数(无符号长整数)
	Units(单位)	'm' 'mm' 'μm' 'nm' 'rad' 'deg'	米 毫米 微米 纳米 弧度 度
	Scale_factor(比例系数)	1.00E+000	标明单位的比例(双精浮点数)
	Axis_data_type(坐标数据类型)	'I' 'L' 'F' 'D'	整数 长整数 单精浮点数 双精浮点数
	Incremental_value④(增量值)	1e-3	增量值(双精浮点数)

① 绝对数据:每个数据是沿着这个坐标到原点的距离。
② 增量数据:假设数据是这个轴上的距离是相等的,那么只需要一个增量值。
③ 相对数据:每个数据值是沿着这个坐标到前一个点的距离,第一个值是到坐标原点的距离。
④ 仅限于 I 型坐标。

(2)记录 2——其他信息(可选的和非强制的) 第二个记录包括其他信息,这个信息是由一个关键字开始的。下列示例各个条目并不是完全无任何遗漏的,新的关键字也是有可能被指定和使用的(见表 5-18)。如果记录 2 不用记录尾(<ASCII3>),直接跟在记录 1 的记录尾后。

表 5-18 记录 2 关键词示例

关 键 词	类 型	注 释
DATE	ASCII 字符串	测量日期
TIME	ASCII 字符串	测量时间
CREATED_BY	ASCII 字符串	执行测量者名字
INSTRUMENT_ID	ASCII 字符串	测量仪器的标识(制造商和型号)

（续）

关 键 词	类 型	注 释
INSTRUMENT_SERIAL	ASCII 字符串	测量仪器的序列号
LAST_ADJUSTMENT	ASCII 字符串	最新调整的日期和时间
PROBING_SYSTEM	见表 5-19	测量时用到的探头系统的详细程序
COMMENT	被/＊和＊/所限定的 ASCII 字符串 （例:/＊some text＊/）	一般注释 （能跨越行,不能被嵌套）
OFFSET_mm	双精浮点数	从原点测量启动偏差（mm）
SPEED	双精浮点数	滑行速度（mm/s）
PROFILE_FILTER	见表 5-20	—
PARAMETER_VALUE	见表 5-21	—

表 5-19　记录 2 中可选的探头系统的段

段 名	有 效 示 例	注 释
Keyword	PROBING_SYSTEM	—
Probing_system_identification	String_ASCII	探头系统型号的标识
Probing_system_type	Contacting Non_contacting	接触式 非接触式
Tip_radius_value[①]	Double_precision_float	半径值
Units	'm' 'mm' 'μm' 'nm'	米 毫米 微米 纳米
Tip_angle[①]	Double_precision_float	触针球形部分的锥角（度）

① 只对接触型探头系统有效。

表 5-20　记录 2 中的可选的滤波器段

段 名	有 效 示 例	注 释
Keyword	FIL TER	—
Filter_type	'Gaussian' 'Motif'	符合 GB/T 18777 的高斯滤波器 符合 GB/T 18618 的图形滤波器
Ls_cutoff_value	Ls0.25e+1	"Ls"和双精度浮点数。切除长度 λ_s 的值（μm）
Lc_cutoff_value	Lc0.8e+0	"Lc"和双精度浮点数。切除长度 λ_c 的值（μm）
Lf_cutoff_value	Lf8.0e+0	"Lf"和双精度浮点数。切除长度 λ_f 的值（μm）
Motif_A	MA0.5	"MA"和单精度浮点数。 符合 GB/T 18618 的 A 值
Motif_B	MB2.5	"MB"和单精度浮点数。 符合 GB/T 18618 的 B 值

表 5-21　记录 2 中的可选的参数段

段　名	有效示例	注　释
Keyword	PARAMETER_VALUE	—
Paramter_name	String ASCII	参数名称,例如"Wq"
Paramter_value	Double_precision_float	参数值
Units	'm'	米
	'mm'	毫米
	'μm'	微米
	'nm'	纳米
Uncertainty	Double_precision_float	符合 GUM 的不确定度的计算

（3）记录 3——数据　第三个记录含有数据，记录 1 中定义的每一个坐标（非增量式）都需要相关数据。按照记录 1 中定义的坐标顺序，将记录 3 中的数据写在数据模型中。记录 3 的每一行对应一个数据值，包括一段：Data_value。

用记录 1 中的比例系数乘以数据值，所得数值单位，在记录 1 中定义。

记录 3 中的数据是原始数据，在标定后不调整。表 5-22 给出了这个段的有效选择。

表 5-22　记录 3 的段

段　名	类　型	注　释
Data_value （数据值）	Integer 整数 Long integer 长的整数 Single precision float 单精浮 Double precision float 双精浮	数据值用在记录 1 中所定义的格式表示： 'Axis_data_type'

（4）记录 4——校验和　该记录包括记录 1、记录 2、记录 3 中数据的校验和。用校验和来保证数据的完整性。

校验和是通过将记录 1、2、3 中所有独立字节的数值求和（包括<cr><lf>和记录尾等）而得到的以 65535 为模的无符号长整数。

5.6.2　区域法软件测量标准

5.6.2.1　软件测量标准

软件测量标准用于验证测量仪器的软件（例如：滤波算法，参数计算等）。测量标准的内容应视为尺度限定表面（即 S-F 表面或 S-L 表面）。测量标准的内容不包括形状信息，因此在测量标准用于被测软件之前，不需对其进行去除形状信息的操作。包括 S1 型参考数据和 S2 型参考软件。本节术语"软件量规"是软件测量标准 S1 的简称。

（1）S1 型参考数据　该类型测量标准是在适当的存储介质上的用数字描述尺度限定表面的计算机数据文件。

S1 型参考数据适用于测试软件，在测试/校准状态下将它们以数据形式输入被测试软件，然后将运行结果与该参考件在测试状态下软件量规校准证书的被检定结果相比较。

用数学方法设计的合成数据检定结果，通常可以直接计算，而不需要用 S2 型测量标准检定。

（2）S2 型参考软件　这些测量标准是参考软件，由可溯源的计算机软件组成，并可以与测量仪器中的软件进行比较。

　　S2 型参考软件适用于测试软件，输入相同数据组至测试/校准状态下的测试软件和参考软件，然后将被测试软件的结果与参考软件认证的结果相比较。参考软件值应可溯源。S2 型测量标准也可用于认证 S1 型参考数据。

5.6.2.2　S1 参考数据的文件格式

　　这个文件协议的文件扩展名为 SDF。用于软件量规的文件协议被分成三个独立段或记录，即：记录 1 头部、记录 2 数据区和记录 3 尾部。

　　（1）记录 1——头部　头部包含有关每个特定测量量的一般信息。该记录由各种信息编码的"字段"组成。其二进制格式由表 5-23 中定义的固定长度字段组成。除版本号作为头部外，ASCII 格式由一系列"关键词=字段值"组成，其中关键词是表 5-23 中给出的 ASCII 字段名称。

表 5-23　记录 1 的 ASCII 和二进制字段

信息	ASCII 格式字段名称	二进制格式		描　述
		数据类型	字节长度	
版本号	N/A	CHAR[8]	8	软件量规文件格式的版本是一个由八个字符组成的数组，其格式如下：ASCII 文件格式"aISO-1.0"，或二进制文件格式"bISO-1.0"。此格式的发展将按如下形式修改版本号，例如"-2.0,-3.0…"
测量仪器生产商标识	ManufacID	CHAR[10]	10	标识包括数据源，还可能包括硬件和软件标识
原始创建日期和时间	CreateDate	CHAR[12]	12	用十二个字符的字段（DDMMYYYYHHMM）存储测量完成的日期和时间。冗余分隔符并不存储，应用零填充字段（即 0307 为 7 月 3 日而不是 37）
最后修改日期和时间	ModDate	CHAR[12]	12	用十二个字符的字段（DDMMYYYYHHMM）存储最后修改 SDF 文件的日期和时间
轮廓上数据点的个数（X 轴）	NumPoints	UINT16	2	每个轮廓上数据点的最大个数（沿 x 方向）不应超过一个 UINT16 的存储空间（65535）
轮廓数量（Y 轴）	NumProfiles	UINT16	2	轮廓或轨迹数量（N）最大值不应超过一个 UINT16 的存储空间（65535）。如果 $N=1$，则可以将数据作为轮廓加载；但它的大小限制在 65535 点以内
X 轴刻度	Xscale	DOUBLE	8	这三个刻度因数提供了对标准计量单位米的缩放比例。X 标度是沿 x 方向的采样间隔，Y 标度是沿 y 方向的轮廓间隔，Z 标度是沿 z 方向的量化步长。因此，$1\mathrm{E}^{-6}$ 的 X 标度，Y 标度或 Z 标度值表示 $1\mu m$ 的采样间距。有效的刻度因数应为非零正数
Y 轴刻度	Yscale	DOUBLE	8	
Z 轴刻度	Zscale	DOUBLE	8	

（续）

信息	ASCII 格式 字段名称	二进制格式		描　　述
		数据类型	字节长度	
Z轴分辨力	Zresolution	DOUBLE	8	表明 z 方向上的量化步长。在某些处理操作（如移除数据）之后，数据类型可能已经改变或已经被重新缩放，使得原始量化数据被重新量化。因此，包含该值可使用户了解测量仪器的原始基本分辨力。分辨力值的单位为米。如果该值未知，则应将此字段设置为负数,例如-1
压缩类型	Compression	BYTE	1	该字段通常被定义为数据的压缩类型。默认为"无压缩"。因此,头部字段值为 0
数据类型	DataType	BYTE	1	该字段为定义用于存储的基本数据类型。字段值 5 表示数据类型为 INT16;6 表示数据类型为 INT32;7 表示数据类型为 DOUBLE。之前定义的 SDF 格式使用的其他数据类型不应使用
校验和类型	CheckType	BYTE	1	该字段为定义数据的校验和的类型。默认"无校验和",因此,该字段值为 0
		总计	81	

（2）记录 2——数据区　数据文件的数据区包含表面的编码高度信息，用于点数 M 和轮廓数 N。实际高度值（即以米为单位）通过将编码值按照文件头部中定义的 Z 轴刻度因数进行缩放获得。数据区以串行方式包含形貌数据。轮廓以在 y 方向上的位置顺序连续存储。x 数据用数据文件的行标识；y 数据用数据文件的列标识。

通过将坏和丢失的数据点设置为相应数据类型的最小值，且该值位于任何有效数据点都不被允许使用的数据范围内（例如，INT32 值为-2147483648，DOUBLE 值为 qNAN），以识别坏和丢失的数据点。在 ASCII 格式中，使用字符串"BAD"。

"坏"数据（异常值）的处理：作为测量过程的结果，某些形貌测量系统在整个测量图中产生不正确的数据点。这些数据点可以视为"坏"数据。

"丢失"数据的处理（信号丢失）：作为测量过程的结果，某些形貌测量系统在整个测量图中产生没有值的数据点（即缺少值）。这些数据点可以视为"丢失"数据。

（3）记录 3——尾部　数据文件的尾部部分包含与特定测量相关联的历史信息。例如，当一个测量过程完成时，操作者姓名，测量条件和样本规范之类的信息可以与数据文件一并存储。此外，可以将应用于数据文件的操作信息（如滤波、数据求逆和其他过程参数）附加到数据文件中。任何数据所有者认为有用的其他信息以及尚未存储在头部中的信息也可以写在尾部。为了简便起见并保持灵活的可扩展性，尾部应具有可变长度并置于数据文件的末尾。因此，尾部作为一系列字符串（CHARACTER）存储在文件的末尾。

5.6.2.3　软件测量标准证书

每个软件测量标准经过单独校准后，至少应附有表 5-24 中的信息。这些信息应尽可能在包含了每个测量标准的载体上标记，这些数值会被分别标记在每个测量标准，并提供唯一的标识，例如序列号。

表 5-24　软件测量标准证书信息

序号	信　息
1	标题,例如,"校准证书"(S1 型和 S2 型)
2	软件测量标准供应商的名称和地址(S1 型和 S2 型)
3	证书的唯一标识(例如序列号),还有每页的页码及总页数(S1 型和 S2 型)
4	每个相关的计量特性的实际规范操作集(参见 GB/T 24637.2)(S1 型和 S2 型)
5	每个相关的计量特性的校准值及其所评定的不确定度,U[参见 JJF 1059.1](S1 型和 S2 型)[①]
6	校准细节,包括:所设计的数学合成数据的校准结果是否可以直接计算,而不需要用 S2 型的测量标准进行校准;使用 S2 型测量标准时,同时提供所使用的 S2 型测量标准相关信息及其不确定度数值(S1 型和 S2 型)
7	每次校准时的其他参考条件,例如:数字评价的基础(水平和垂直的量化)(S1 型和 S2 型)
8	所发布数值的说明,即直接测量还是综合导出。直接测量时,应提供探头的相关细节(S1 型)
9	开发、检查或验证校准参考软件时,所使用的硬件或操作系统的标识(S2 型)[②]

① 对于参考软件,可能无法给出某些计量特征值的不确定度的解析方程。在这些情况下,应给出所有相关信息,以便用户自己计算不确定度。

② 该标识适用于从测量仪器到计算/计算机的整个过程。

5.6.2.4　ASCII SDF 文件表述示例

ASCII SDF 文件表述示例如下:

数据文件由一系列以 CR(ASCII#13),LF(ASCII#10)或 CR+LF 终止的行组成。

忽略多余"空格"字符(ASCII#9,ASCII#10,ASCII#32,以及数据部分中的空格字符)。

文件的三个记录(即头部,数据和尾部)以包含字符"＊"(ASCII#42)的单行终止。因此,最后一行的"＊"代表数据文件的结束。

ASCII 描述的所有三个记录均可变长度。

头部的元素作为单独的字段给出,以便于阅读和使用文件的输入输出。

数据文件的第一个字段应包含版本号。

与头部有关的所有其他字段可以在头部中以任何顺序放置。

每个字段包含三个部分:①字段名称(见表 5-23;字段名称不区分大小写);②字段分隔符"＝"(ASCII#61);③数值。

数据区的元素可以由任何数量和类型的"空格"字符分隔。

通常,使用固定的字段宽度和分隔(使用 CR/LF 字符)多个元素(取决于数据类型)有助于它们满足 80 个字符的行宽。这样就可以在屏幕上键入文件以方便检查。

示例:SDF 文件的 ASCII 表达的布局。图 5-33 是示例中数据的图示。

aISO-1.0 <CR> <LF>

ManufacID = ISOTC213 <CR> <LF>

CreateDate = 040120100853 <CR> <LF>

ModDate = 050320101353 <CR> <LF>

NumPoints = 251 <CR> <LF>

NumProfiles = 251 <CR> <LF>

Xscale = 1.0E-6 <CR> <LF>

Yscale = 1. 0E-6 <CR> <LF>

Zscale = 1. 0E-6 <CR> <LF>

Zresolution = 1. 0E-9 <CR> <LF>

Compression = 0 <CR> <LF>

DataType = 7 <CR> <LF>

CheckType = 0 <CR> <LF>

* <CR> <LF>

1. 00000 0. 99874 0. 99495 0. 98865 0. 97986 0. 96858 ⋯⋯ 1. 00000 <CR> <LF>

0. 99874 0. 99748 0. 99369 0. 98740 0. 97862 0. 96736 ⋯⋯ 0. 99874 <CR> <LF>

0. 99495 0. 99369 0. 98993 0. 98366 0. 97491 0. 96369 ⋯⋯ 0. 99495 <CR> <LF>

0. 97986 0. 97862 0. 97491 0. 96874 0. 96012 0. 94907 ⋯⋯ 0. 97986 <CR> <LF>

⋯⋯

* <CR> <LF>

<OperatorName> Tom Jones </ OperatorName>

<PartName> S2 Softgauges Example </PartName>

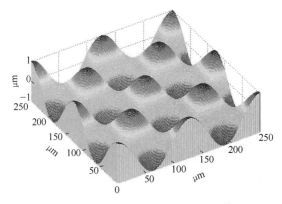

图 5-33 典型 SDF 文件示例中数据示例

第6章

表面结构中的滤波技术及应用图解

在表面结构的测量中要使用滤波技术，而且从 ISO 3274：1975（GB/T 6062）发布以来在该领域中已实现了标准化。众所周知，表面结构参数值对滤波有高度的依赖性，而且为了使表面结构的控制有意义，必须定义滤波方式。ISO 16610（GB/Z 26958 或 GB/T 26958）制定了 GPS 滤波系列标准，滤波标准 GB/Z 26958 系列的矩阵模型见表 6-1。本章主要介绍该系列标准的 GPS 滤波技术及应用图解，其内容体系及涉及的标准如图 6-1 所示。

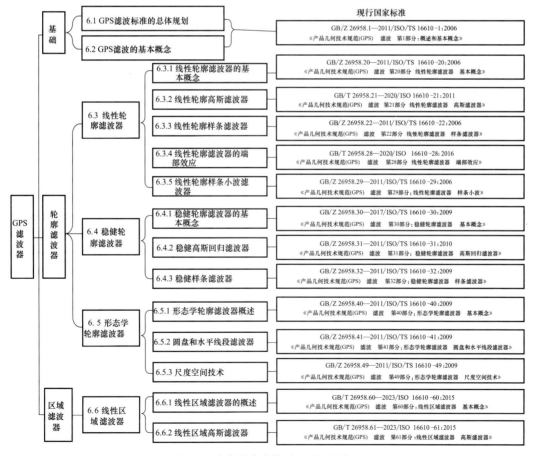

图 6-1　本章的内容体系及涉及的标准

6.1 GPS 滤波标准的总体规划

6.1.1 GPS 滤波标准的矩阵模型

滤波标准 GB/Z 26958 系列的矩阵模型见表 6-1。

表 6-1 GB/Z 26958 系列的矩阵模型

—	滤波器:GB/Z 26958 系列					
通用	第 1 部分					
—	轮廓滤波器			区域滤波器		
基础	第 1 部分→(未来的第 11 部分)			第 1 部分→(未来的第 12 部分)		
—	线性	稳健	形态部分	线性	稳健	形态
基本概念	第 20 部分	第 30 部分	第 40 部分	第 60 部分	第 70 部分	第 80 部分
专用滤波器	第 21 部分	第 31 部分	第 41 部分	第 61 部分	第 71 部分	第 81 部分
	第 22 部分	第 32 部分	第 42 部分	第 62 部分	第 72 部分	第 82 部分
	第 23 部分	第 33 部分	第 43 部分	第 63 部分	第 73 部分	第 83 部分
	第 24 部分	第 34 部分	第 44 部分	第 64 部分	第 74 部分	第 84 部分
	第 25 部分	第 35 部分	第 45 部分	第 65 部分	第 75 部分	第 85 部分
如何滤波	第 26 部分	第 36 部分	第 46 部分	第 66 部分	第 76 部分	第 86 部分
	第 27 部分	第 37 部分	第 47 部分	第 67 部分	第 77 部分	第 87 部分
	第 28 部分	第 38 部分	第 48 部分	第 68 部分	第 78 部分	第 88 部分
多分辨率	第 29 部分	第 39 部分	第 49 部分	第 69 部分	第 79 部分	第 89 部分

注:斜体表示有可能,但目前国际标准中还没有的部分。

GB/Z 26958 系列各部分的标题为:

1) 第 1 部分:概述和基本概念。

2) 第 20 部分:线性轮廓滤波器 基本概念。

3) 第 21 部分:线性轮廓滤波器 高斯滤波器。

4) 第 22 部分:线性轮廓滤波器 样条滤波器。

5) 第 28 部分:轮廓滤波器 端部效应。

6) 第 29 部分:线性轮廓滤波器 样条小波。

7) 第 30 部分:稳健轮廓滤波器 基本概念。

8) 第 31 部分:稳健轮廓滤波器 高斯回归滤波器。

9) 第 32 部分:稳健轮廓滤波器 样条滤波器。

10) 第 40 部分:形态学轮廓滤波器 基本概念。

11) 第 41 部分:形态学轮廓滤波器 圆盘和水平线段滤波器。

12) 第 49 部分:形态学轮廓滤波器 尺度空间技术。

13) 第 60 部分:线性区域滤波器 基本概念。

14) 第 61 部分:线性区域滤波器 高斯滤波器。

15) 第 71 部分:稳健区域滤波器 高斯回归滤波器。

16）第85部分：形态学区域滤波器 分割。

6.1.2 典型滤波器的优缺点

几种典型滤波器的优缺点见表6-2。

表6-2 几种典型滤波器的优缺点

类 别	优 点	缺 点	关 注 点
6.3.2 线性轮廓高斯滤波器（GB/T 26958.21）	1）知名 2）定义清晰 3）Nyquist 采样 4）有重构可能 5）易于计算 6）圆度：无边界效应 7）易于解释 8）嵌套的数学模型系列 9）由截止波长定义 10）无振铃效应 11）无侧面凸出	1）不稳健 2）异常值敏感 3）使缺陷表面变形 4）必须首先去除形状 5）边界效应 6）非紧支 7）没有小波分析可能	1）基于傅里叶波长的线性系统 2）易用于间隔数据
6.3.3 线性轮廓样条滤波器（GB/Z 26958.22）	1）边界效应易于处理 2）没有必要去除形状 3）不会使缺陷表面变形 4）易于计算 5）圆度：无边界效应 6）有小波分析可能 7）Nyquist 采样 8）由截止波长定义 9）去噪声 10）比高斯快 11）自我调整 12）紧支 13）可用于随意间距数据 14）适应于任意表面	应用范围目前还没有完全确定	1）可作线性/非线性傅里叶理解 2）可被高斯近似 3）在级数 N 趋向无穷大时，B 样条收敛于高斯 4）线性样条的约束条件收敛于 2RC 5）PC 滤波器
6.3.5 线性轮廓样条小波滤波器（GB/Z 26958.29）	1）定位和识别异常值 2）滤出单个特征 3）适用于非稳定表面 4）无必要去除形状 5）去噪声 6）Nyquist 采样 7）有重构可能 8）易于计算 9）对闭合轮廓无边界效应 10）嵌套的数学模型系列 11）与截止波长定义类似 12）比高斯快 13）能应用于短轮廓 14）能应用于表面	1）多种不同母小波类型 2）难于理解 3）应用范围目前还没有完全确定	1）包括 B 样条 2）不同于傅里叶波长

（续）

类　别	优　点	缺　点	关　注　点
6.5.2　圆盘和水平线段 滤波器 （GB/Z 26958.41）	1）机械表面定义 2）模拟接触现象（如 E-系统） 3）不会歪曲 Chebyshev 配合 4）闭合轮廓：无边界效应 5）嵌套的数学模型系列 6）没有必要去除形状 7）紧支 8）适于随机间距数据 9）比高斯快	1）应用范围还没有完全确定 2）异常值敏感	1）不同于傅里叶波长 2）非线性滤波器 3）用于建立基准（阿尔法外壳）的默认滤波器
6.5.3　尺度空间技术 （GB/Z 26958.49）	1）定义明确 2）嵌套的数学模型系列 3）本质稳健 4）易于计算 5）可作多分辨率类型分析 6）边界效应易于处理 7）没有必要去除形状 8）与截止波长定义类似	1）应用范围还没有完全确定 2）已发表的算法比高斯慢	1）不同于傅里叶波长 2）非线性滤波器 3）球由曲率而不是波长定义 4）取样法则（非 Nyquist） 5）有重构可能

6.2　GPS 滤波的基本概念

GB/Z 26958.1—2011《产品几何技术规范（GPS）　滤波　第 1 部分：概述和基本概念》等同采用了 ISO/TS 16610-1：2006，规定了 GPS 滤波的基本术语和 GPS 滤波采用的基本流程框架。

6.2.1　GPS 滤波的基本术语和定义

GPS 滤波的基本术语的定义及解释见表 6-3。

表 6-3　GPS 滤波的基本术语的定义及解释

术　语	定义及解释
部分表面 （surface portion） SP	部分表面是被分离的组成表面的一部分。示例如图 6-2 所示
基本数学模型 （primary mathematical moldels）	部分表面的系列嵌套数学表达式,每个表达式都可以用有限个参数来描述

（续）

术　语	定义及解释
嵌套指数 （nesting index） NI	表示一特定基本数学模型相对嵌套水平的数或数列 注意：①嵌套指数是特征分离所依据的临界尺寸。相当于筛子的筛孔尺寸 ②给定嵌套指数的模型，指数较低的包含较多的表面信息，而指数较高的包含较少的表面信息，示例如下图所示 ③按照惯例，当嵌套指数趋于零（或系列指数全趋于零）时，存在一个基本数学模型，能以任意给定的接近程度，近似表达工件的真实表面 示例：高斯滤波器的截止波长是一个嵌套指数的示例。对形态滤波器而言，嵌套指数是构造元素的大小（如圆盘的半径），其不同于截止波长中的波长概念 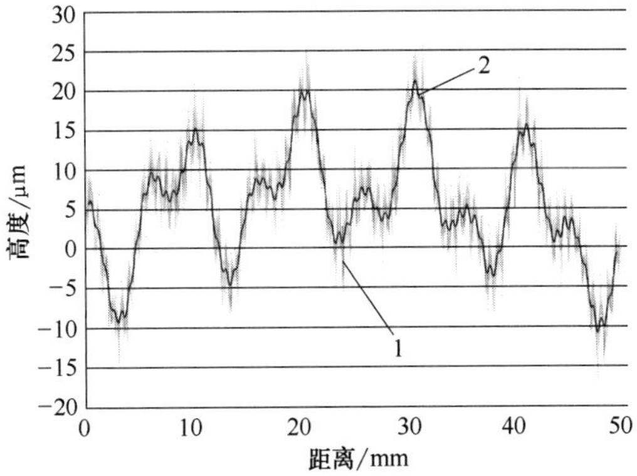 a) 截止波长为0.8mm嵌套指数的高斯滤波器 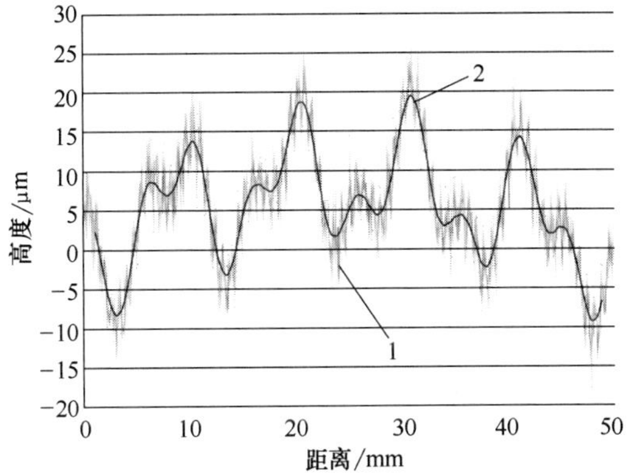 b) 截止波长为2.5mm嵌套指数的高斯滤波器 1—未滤波的原始轮廓（灰色的）　2—已滤波的轮廓（黑色的）
自由度 （degrees of freedom）	<基本数学模型>用于完整描述一特定基本数学模型的独立参数的个数
原始表面 （primary surface）PS	具有指定嵌套指数的基本数学模型表达的部分表面
原始轮廓 （primary profile）	原始表面和一个理想平面的交线
基本映射 （primary mapping） PM（ ∣ NI）	嵌套指数导引的映射关系，指定嵌套指数 NI 与特定原始表面的映射，该原始表面（PS）代表满足筛选和投影准则的部分表面（SP） 用映射的数学术语表示，即 $$PS = PM(SP \mid NI)$$ 基本映射是一个基础滤波器，在它的基础上可以构建其他滤波器（如基本映射的加权平均值、基本映射的上界等）

（续）

术　语	定义及解释
筛选准则 （sieve criterion）	对部分表面 SP 先后应用两种基本映射与仅应用其中一种基本映射完全等同，即该基本映射具有最高嵌套指数的准则 用映射的数学术语表达，即 $$PM(PM(SP \mid NI_1) \mid NI_2) = PM(SP \mid NI)$$ $$NI = \max(NI_1, NI_2)$$
投影准则 （projection criterion）	一个具有特定嵌套指数 NI 的原始表面使用相同嵌套指数 NI 基本映射到它自身的准则
滤波 （filtration）	通过降低一个非理想要素的信息水平产生新的非理想要素的操作 滤波是把数据中感兴趣的特征从其他特征中分离出来的方法。例如：筛选粒子，采用不同尺寸的筛孔，可以将土壤粒子分成不同规格大小
轮廓滤波器 （profile filter）	用于表面轮廓滤波操作的操作集
区域滤波器 （areal filter）	用于部分表面区域滤波操作的操作集
异常值 （outlier）	数列中对分离的组成要素不具代表性或典型性的局部值，以幅度和尺度为特征 并非所有的异常值仅依数据就能予以确定：只考虑那些与针尖几何特征不一致的值。有时可以基于幅度/尺度标准给出警示
开放轮廓 （open profile）	具有两个端点且长度有限的表面轮廓
闭合轮廓 （closed profile）	没有端点且长度有限的表面轮廓 表面轮廓不与自身相交，即简单闭合曲线或约当（Jordan）曲线
稳健性 （robustness）	输出数据对输入数据中特定现象的不敏感性。特定现象如异常值、划伤、台阶等
滤波方程 （filter equation）	滤波器的数学描述方程。滤波方程不一定对滤波器的数字实现给定算法

6.2.2　GPS 滤波术语的示例

示例 1：圆轮廓（闭合轮廓）的截取傅里叶级数。

假定公称要素是一个柱面，分离的组成要素将会是相应的非理想要素。

（1）部分表面　该示例的部分表面是一个来自于分离的组成要素的圆轮廓（见图 6-2）。

（2）基本数学模型　基本数学模型是圆轮廓的截取傅里叶级数，N 阶模型包含不大于 N 阶谐波的所有谐波。

在极坐标中，N 阶数学表达式为：

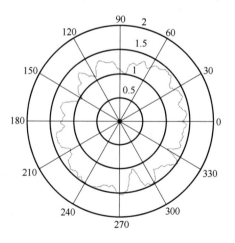

图 6-2　分离的组成要素的圆轮廓

$$R_N(\theta) = a_0 + \sum_{i=1}^{N} \left[a_i \cos(i\theta) + b_i \sin(i\theta) \right]$$

式中　R_N——N 阶半径；

θ——角度；

a_i、b_i——傅里叶系数。

这是一个嵌套模型，因为 N 阶模型包含轮廓上所有小于等于 N 阶的谐波。

（3）嵌套指数 NI　合适的嵌套指数为该模型的最小角度波长 $2\pi/N$。

当角度波长趋近于零时，N 趋向无穷大，也就是说该模型逼近一个完整的傅里叶级数。众所周知，在适当假设之下，圆轮廓几乎在任何情况下都等于其完整傅里叶级数。当嵌套指数接近零时，模型 $R_N(\theta)$ 几乎在任何情况下都接近真实圆轮廓。

（4）自由度　模型 $R_N(\theta)$ 有 $2N+1$ 个独立参数，因而有 $2N+1$ 个自由度。

（5）基本映射　为了得到滤波轮廓，有必要将圆轮廓映射到一个截取傅里叶级数。可由以下方式实现：首先对分离的组成要素进行傅里叶变换，然后截取傅里叶级数，计算模型系数（见图6-3）。显而易见，基本映射方法满足筛选准则。

示例2：轮廓上的交替顺序形态学滤波器。

假定公称要素是一个立方体表面，分离的组成要素是非理想要素，其相应于一指定立方体表面的平面。

（1）部分表面　该部分表面是一个分离组成要素的线轮廓（见图6-4）。

（2）基本数学模型　基本数学模型是一个

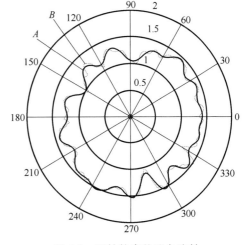

图6-3　原始轮廓的基本映射
A—原始轮廓　B—分离的组成要素

瞬时曲率绝对值都低于给定最大值的轮廓，示例如图6-5所示。这个模型是嵌套的，因为一个给定最大绝对曲率值的模型包含所有最大绝对曲率值更小的模型。

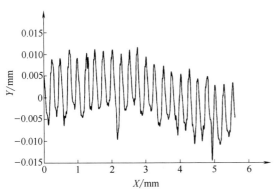

图6-4　一个分离组成要素的线轮廓
X—距离　Y—高度

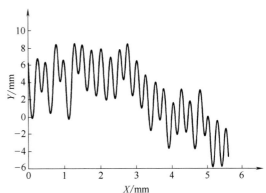

图6-5　嵌套指数为0.8mm的基本数学模型示例
X—距离　Y—高度

（3）嵌套指数　一个合适的嵌套指数由与曲率绝对值的倒数相对应的半径给出。当半径趋于零（曲率值趋于无穷大），该模型将趋向所需轮廓。

（4）自由度　对应每个嵌套指数都可能建立一个数学模型，因此，对给定的嵌套指数无法确定自由度。

（5）基本映射　为了获得滤波表面，有必要将组成要素映射为一个具有明确嵌套指数的基本数学模型（见图6-6）。可以通过对分离的组成要素进行一系列以圆形为构造元素的嵌套指数递增的形态开放和闭合操作得到，最后结束于相同半径的嵌套指数（详见 GB/Z 26958.49）。显而易见，基本映射的方法满足筛选准则。

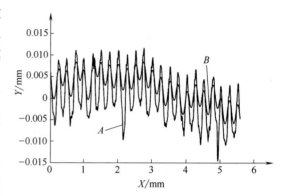

图 6-6　原始轮廓

X—距离　*Y*—高度　*A*—分离的组成要素　*B*—原始轮廓

6.2.3　滤波器的标识

表6-4列出了在指定滤波器时涉及的一些基本语义。表6-5列出了滤波器标识。

例如，代码 FALG：F 是滤波器符号、A 表示区域型滤波器、L 表示是线性滤波器、G 表示是高斯滤波器。

表 6-4　滤波器代码中的基本语义

滤波器	类　　型	分　　类
F＝滤波器	A＝区域（3D）	L＝线性的
		M＝形态学的
		R＝稳健的
	P＝轮廓（2D）	L＝线性的
		M＝形态学的
		R＝稳健的

表 6-5　滤波器标识

类型	分类	代码	名字	所在 ISO 文件
FA	FAL	FALG	高斯滤波器	ISO/TS 16610-61
		FALS	样条滤波器	ISO/TS 16610-62
		FALW	样条小波滤波器	ISO/TS 16610-69
	FAM	FAMCB	封闭球滤波器	ISO/TS 16610-81
		FAMCH	封闭水平线段滤波器	ISO/TS 16610-81
		FAMOB	开放球滤波器	ISO/TS 16610-81
		FAMOH	开放水平线段滤波器	ISO/TS 16610-81
		FAMAB	交替系列球滤波器	ISO/TS 16610-89
		FAMAH	交替系列水平线段滤波器	ISO/TS 16610-89

（续）

类型	分类	代码	名字	所在 ISO 文件
FA	FAR	FARG	稳健高斯滤波器	ISO/TS 16610-71
		FARS	稳健样条滤波器	ISO/TS 16610-72
FP	FPL	FPLG	高斯滤波器	ISO/TS 16610-21
		FPLS	样条滤波器	ISO/TS 16610-22
		FPLW	样条小波滤波器	ISO/TS 16610-29
	FPM	FPMCD	封闭盘滤波器	ISO/TS 16610-41
		FPMCH	封闭水平线段滤波器	ISO/TS 16610-41
		FPMOD	开放盘滤波器	ISO/TS 16610-41
		FPMOH	开放水平线段滤波器	ISO/TS 16610-41
		FPMAD	交替系列盘滤波器	ISO/TS 16610-49
		FPMAH	交替系列水平线段滤波器	ISO/TS 16610-49
	FPR	FPRG	稳健高斯滤波器	ISO/TS 16610-31
		FPRS	稳健样条滤波器	ISO/TS 16610-32
FP（特殊情况）		F2RC	2RC 滤波器	ISO 3274

6.3 线性轮廓滤波器

6.3.1 线性轮廓滤波器的基本概念

GB/Z 26958.20—2011《产品几何技术规范（GPS） 滤波 第 20 部分：线性轮廓滤波器 基本概念》等同采用了 ISO/TS 16610-20：2006，规定了线性轮廓滤波器的基本概念。

6.3.1.1 线性轮廓滤波器的术语及定义

线性轮廓滤波器相关术语及定义见表 6-6。

表 6-6 线性轮廓滤波器相关术语及定义

术　语	定　义
线性轮廓滤波器 （linear profile filter）	将轮廓分为长波和短波成分的轮廓滤波器
相位修正（线性）轮廓滤波器［phase correct（linear） profile filter］	不产生导致非对称轮廓变形的相移的轮廓滤波器 相位修正滤波器是线性相位滤波器的一种特殊类型，因为任何线性相位滤波器都能够转换为(简单地通过平移权函数)零相移滤波器，即相位修正滤波器
滤波器的传输特性 （transmission characteristic of a filter）	表示滤波器对正弦轮廓信号幅值的衰减特性，以衰减量与轮廓波长的关系函数表示。传输特性是权函数的傅里叶变换
权函数 （weighting function）	用于计算中线的函数，该函数表明某点的相邻轮廓点的权重 中线的传输特性是权函数的傅里叶变换

（续）

术　　语	定　　义
截止波长 （cut-off wavelength）	通过轮廓滤波器后，幅值衰减50%的正弦轮廓的波长 线性轮廓滤波器用滤波器类型和截止波长值来区分 截止波长是线性轮廓滤波器的推荐嵌套指数
滤波器组 （filter bank）	以明确结构排列的高通和低通滤波器序列
多分辨率分析 （multi-resolution analysis）	由一个滤波器组将一个轮廓分解为不同尺度成分的过程。尺度也称为分辨率

6.3.1.2　线性轮廓滤波器的特性

（1）线性轮廓滤波器的权函数　一般的线性轮廓滤波器定义为：

$$y(x) = \int K(x,\xi)z(\xi)\,\mathrm{d}\xi \tag{6-1}$$

式中　$z(\xi)$——未滤波轮廓；

$y(x)$——滤波后获得的轮廓；

$K(x,\xi)$——一个对称且具有空间不变性的实核函数。

如果 $K(x,\xi) = K(x-\xi)$，滤波过程是一个卷积操作，其定义为：

$$y(x) = \int K(x-\xi)z(\xi)\,\mathrm{d}\xi \tag{6-2}$$

该核函数称为滤波器的权函数。

由于采样数据总是离散的，这里描述的滤波器也应是离散的。如权函数是连续的，应转换为离散形式。

（2）数据的离散表示　一组采样轮廓数据可以用一个向量表示。向量维数 n 等于数据点的数目。假定均匀采样即等间距采样，则轮廓的第 i 个数据点为向量的第 i 个元素，即

$$(a_1, a_2, \cdots, a_i, \cdots, a_{n-1}, a_n) \tag{6-3}$$

（3）线性轮廓滤波器的离散表示　线性轮廓滤波器用矩阵表示，其维数等于滤波数据点数，如果滤波器是非周期性的，则该矩阵为一恒定对角矩阵，即：

$$\begin{pmatrix} \ddots & \ddots & \ddots & \ddots & \ddots & & \\ & c' & b' & a & b & c & \\ & & c' & b' & a & b & c \\ & & & c' & b' & a & b & c \\ & & & & \ddots & \ddots & \ddots & \ddots & \ddots \end{pmatrix} \tag{6-4}$$

反之，若滤波器为周期性的，则该矩阵为一循环矩阵，即

$$\begin{pmatrix} a & b & c & \cdots & \cdots & c' & b' \\ b' & a & b & c & \cdots & \cdots & c' \\ c' & b' & a & b & c & \cdots & \cdots \\ \ddots & \ddots & \ddots & \ddots & \ddots & \ddots & \ddots \\ & \cdots & c' & b' & a & b & c \\ c & \cdots & \cdots & c' & b' & a & b \\ b & c & \cdots & \cdots & c' & b' & a \end{pmatrix} \tag{6-5}$$

如果滤波器是相位修正滤波器 则该滤波器的矩阵为对称矩阵，即 $b = b'$，$c = c'$，$\cdots$（一般地，$a_{ij} = a_{ji}$）。矩阵每一行 i 的所有元素 a_{ij} 之和为定值，对于低通滤波器来说，该值等于 1，即

$$\sum_j a_{ij} = 1 \tag{6-6}$$

对一个对称矩阵，矩阵每一列 j 的元素 a_{ij} 之和恒定，也等于 1，即：$\sum_i a_{ij} = 1$

（4）权函数的离散表示　若经过相应的平移后，滤波器矩阵表达式的每一行都相同，则矩阵元素可以只用一行表示，即

$$a_{ij} = s_k \quad k = i - j \tag{6-7}$$

s_k 构成一维向量 s，其维数等于输入或输出数据向量的长度。该向量 s 就是滤波器权函数的离散表示。

注意：通常权函数的长度远小于数据列的长度，因此 s 两端都要补零。

示例 1：移动平均滤波器通常用于数据列的简易平滑（没有必要采用最优方法）。本示例为一个带有离散权函数的移动平均滤波器，长度为 3 的权函数，即

$$\left(\cdots, 0, 0, \frac{1}{3}, \frac{1}{3}, \frac{1}{3}, 0, 0, \cdots \right)$$

权函数通常又称为脉冲响应函数，因为当输入数据列为单一单位脉冲（$\cdots$，0，0，0，1，0，0，0，$\cdots$）时，它是滤波器的输出数据列。

如果权函数连续，应对它进行采样以获得离散数据列，且采样间距应等于滤波数据的采样间距。为了使权函数的离散采样满足归一化条件，从而避免偏离效应，应对其进行再次归一化处理。

示例 2：根据 GB/T 18777，高斯滤波器是一个由方程 $s(x)$ 定义的连续权函数，即

$$s(x) = \frac{1}{\alpha \times \lambda c} \exp \left[-\pi \left(\frac{x}{\alpha \times \lambda c} \right)^2 \right] \tag{6-8}$$

式中　x——距权函数中心的（最大）距离；

$\quad \lambda c$——截止波长；

$\quad \alpha$——常数，$\alpha = \sqrt{\dfrac{\ln 2}{\pi}} = 0.4697\cdots$。

一个连续权函数（高斯滤波器）的示例如图 6-7 所示。

对式（6-8）归一化处理，权函数的取样数据 s_k 为：

$$s(x) = \frac{1}{C} \exp \left[-\pi \left(\frac{\Delta x}{\alpha \times \lambda c} \right)^2 k^2 \right] \tag{6-9}$$

$$C = \sum_k \exp \left[-\pi \left(\frac{\Delta x}{\alpha \times \lambda c} \right)^2 k^2 \right]$$

式中　C——归一化常数；

$\quad \Delta x$——取样间隔。

6.3.1.3　滤波方程

（1）滤波方程　如果滤波器由矩阵 S 表示，输入数据

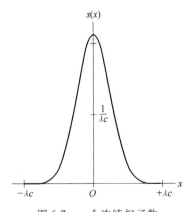

图 6-7　一个连续权函数
（高斯滤波器）的示例

由向量 z 表示，输出数据由向量 w 表示，则滤波操作可用线性方程表示，即

$$w = Sz \tag{6-10}$$

这个方程是滤波方程，如果 S^{-1} 是滤波器矩阵 S 的逆矩阵，则：

$$z = S^{-1}w \tag{6-11}$$

也是有效的滤波方程。

滤波器可用矩阵 S 或其逆矩阵 S^{-1} 定义，两者都会产生一个比较简单的定义。但是，权函数只能由矩阵的行向量给出。

在逆矩阵不存在的情况下，滤波过程不可逆，也就是说，不可能进行数据重构，这种滤波器称为不稳定滤波器。滤波器的稳定性可由它的传递函数看出，一个不稳定滤波器的传递函数 $H(\omega)$ 至少在一个频率 ω 位置时值为零。

示例 3：移动平均滤波器矩阵不可逆，因而该滤波器不稳定。

$$\frac{1}{3}\begin{pmatrix} \ddots & \ddots & \ddots & & & \\ & 1 & 1 & 1 & & \\ & & 1 & 1 & 1 & \\ & & & 1 & 1 & 1 \\ & & & & \ddots & \ddots & \ddots \end{pmatrix} \tag{6-12}$$

如果该滤波器被改变为如下移动平均滤波器（$\alpha < 1/2$），它将变成稳定滤波器，即

$$\frac{1}{1+2\alpha}\begin{pmatrix} \ddots & \ddots & \ddots & & & \\ & \alpha & 1 & \alpha & & \\ & & \alpha & 1 & \alpha & \\ & & & \alpha & 1 & \alpha \\ & & & & \ddots & \ddots & \ddots \end{pmatrix} \tag{6-13}$$

如果 S 是一个常对角矩阵或循环矩阵，则逆矩阵 S^{-1} 也是一个常对角矩阵或循环矩阵。如果 S 对称，则逆矩阵 S^{-1} 也对称。

（2）离散卷积 滤波方程可以写为：

$$w_i = \sum a_{ij}z_j = \sum S_{i-j}z_j \tag{6-14}$$

式（6-14）称为离散卷积，缩写为 $w = S \cdot z$。

如果滤波器矩阵是循环矩阵，则卷积也循环，也就是说系数 S_{i-j} 可以视为在两端（被限定的）周期性地延伸。循环卷积可用快速傅里叶变换（FFT）计算，它比通常的卷积运算要快。

示例 4：图 6-8 所示为一离散卷积的实例。图示给出了 $i=3$ 点的滤波值 w_i，由点 $j=0,\cdots,$ 6 的数据点与权函数在点 $i-j$ 处采样值的积求和得到。w_i 的计算公式为：$w_i = \sum\limits_{j=0}^{n} S_{i-j}z_j$。

（3）传递函数 离散卷积的离散傅里叶变换得到，即

$$W = HZ \tag{6-15}$$

式中 Z——输入向量 z 的离散傅里叶变换；

W——输出向量 w 的离散傅里叶变换；

H——权函数 s 离散表达的离散傅里叶变换。

函数 H 称为滤波器的传递函数。它依赖于波长 λ 或角频率 $\omega = 2\pi/\lambda$，因为它由傅里叶

变换转换到波长或频域。

权函数的离散表达式是由 s_k 组成的向量 s，其傅里叶变换 $H(\omega)$ 为：

$$H(\omega) = \sum_k s_k \mathrm{e}^{-\mathrm{i}\omega k} = s_0 + \sum_{k \neq 0} s_k(\cos\omega k + \mathrm{i}\sin\omega k)$$

$$(6\text{-}16)$$

一般而言，传递函数是复数形式，但是如果权函数对称，$s_{-k} = s_k$，可以将其简化为实传递函数，即

$$H(\omega) = s_0 + 2\sum_{k > 0} s_k \cos\omega k \quad (6\text{-}17)$$

相位修正滤波器的传递函数是实函数，也就是说，其虚部为零。这是因为虚部表示相移，而相位修正滤波器不存在相移。

示例 5：移动平均滤波器的传递函数为：

$$H(\omega) = \frac{1 + 2\cos\omega}{3} \tag{6-18}$$

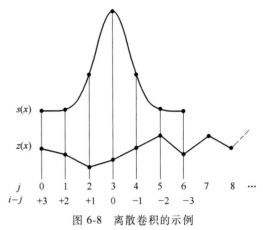

图 6-8　离散卷积的示例

该传递函数图形如图 6-9 所示。该滤波器不稳定，因为如果 $\omega = \pm 2\pi/3$，则 $H(\omega) = 0$。

图 6-9 所示的移动平均滤波器是一个低通滤波器，因为 $H(\omega)$ 在频率 $\omega = 0$ 附近取最大值。反之，高通滤波器的传递函数 $H(\omega)$ 在接近 $\omega = \pm\pi$ 的最高频率区取得最大值。如果已知一个低通滤波器的传递函数 $H_0(\omega)$，那么得到高通滤波器传递函数 $H_1(\omega)$ 的简单办法就是计算 $H_1(\omega) = 1 - H_0(\omega)$。但是，该方法并不总是最佳选择。

示例 6：高通滤波器与移动平均滤波器是互补的，因而是稳定的。（加权）移动平均滤波器，具有（低通）传递函数，即

$$H_0(\omega) = \frac{1 + 2\alpha\cos\omega}{1 + 2\alpha} \tag{6-19}$$

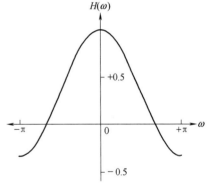

图 6-9　波长为 3mm 的移动平均滤波器的传递函数

而相应的高通滤波器具有传递函数，即

$$H_1(\omega) = 1 - H_0(\omega) = \frac{2\alpha}{1 + 2\alpha}(1 - \cos\omega) \tag{6-20}$$

$\alpha = 0.25$ 时高通和低通传递函数如图 6-10 所示。

低通滤波器的权函数是：

$$\left(\cdots, 0, 0, \frac{\alpha}{1 + 2\alpha}, \frac{1}{1 + 2\alpha}, \frac{\alpha}{1 + 2\alpha}, 0, 0, \cdots\right) \tag{6-21}$$

高通滤波器的权函数可以简单地表示为：

$$\left(\cdots, 0, 0, -\frac{\alpha}{1 + 2\alpha}, \frac{2\alpha}{1 + 2\alpha}, -\frac{\alpha}{1 + 2\alpha}, 0, 0, \cdots\right) \tag{6-22}$$

这种滤波器称为（加权）移动差分滤波器。

（4）滤波器组　在双通道滤波器组中，两滤波器通常是高通和低通两个滤波器，可用它们的传递函数 $H_0(\omega)$ 和 $H_1(\omega)$ 表示，其目的是将输入数据分为低频（长波长）和高频（短波长）成分。

示例7：如图6-11所示，将轮廓 $z(x)$ 通过一个低通滤波器 $H_0(\omega)$ 和一个高通滤波器 $H_1(\omega)$ 分成波纹度成分 $w(x)$ 和粗糙度成分 $r(x)$。

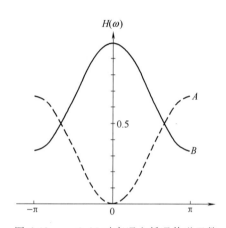

图 6-10　$\alpha = 0.25$ 时高通和低通传递函数

A—高通滤波函数　B—低通滤波函数

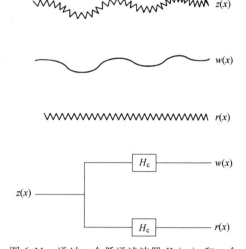

图 6-11　通过一个低通滤波器 $H_0(\omega)$ 和一个高通滤波器 $H_1(\omega)$ 将测得轮廓 $z(x)$ 分成波纹度成分 $w(x)$ 和粗糙度成分 $r(x)$

通常，低通和高通滤波器的传递函数重叠（在相同波长处非零，见图6-11），这在实际的滤波器应用中不可避免。这种情况下，成分分离不理想，因为频率重叠区间内的输入数据将部分地进入两个通道，从而在每一个通道都引起混叠。任何由滤波数据重构输入数据的操作都要考虑这一事实。

滤波器组的分级导致多分辨分析，每一级滤波都将得到轮廓数据更细微的细节，它们出现多尺度上，然而，滤波器组应特别设计，以达到多分辨的能力。

6.3.2　线性轮廓高斯滤波器

GB/T 26958.21—2020《产品几何技术规范（GPS）　滤波　第21部分：线性轮廓滤波器　高斯滤波器》等同采用了 ISO 16610-21：2011，规定了高斯滤波器用于轮廓滤波的计量特性，给出了分离表面轮廓长波与短波成分的方法，适用于表面轮廓粗糙度特征提取操作，其他信号滤波分析场合可参考采用。

6.3.2.1　开放轮廓的高斯轮廓滤波器特性

（1）权函数　开放轮廓高斯滤波的权函数（见图6-12）如下：

$$s(x) = \frac{1}{a \times \lambda c} \exp\left[-\pi\left(\frac{x}{a \times \lambda c}\right)^2\right] \qquad (6\text{-}23)$$

式中　x——距权函数中心（最大）的距离；

λc——截止波长；

a——常数，此时截止波长 λc 处有 50% 传输特性。

为便于应用，权函数方程写为：

$$s(x) = \begin{cases} \dfrac{1}{a \times \lambda c} \exp\left[-\pi \left(\dfrac{x}{a \times \lambda c} \right)^2 \right] & -L_c \lambda c \leqslant x \leqslant L_c \lambda c \\ 0 & x < -L_c \lambda c, x > L_c \lambda c \end{cases} \tag{6-24}$$

式中　L_c——权函数的截取常数（见表 6-7 中的推荐值）；

　　　a——常数，$a = \sqrt{\ln 2 / \pi} \approx 0.4697$。

（2）开放轮廓长波成分的传输特性　传输特性由权函数的傅里叶变换得到。长波成分（中线）的传输特性（见图 6-13）为：

$$\frac{a_1}{a_0} = \exp\left[-\pi \left(\frac{a \times \lambda c}{\lambda} \right)^2 \right] \tag{6-25}$$

式中　a_0——滤波前（波长 λ 的）正弦轮廓幅值；

　　　a_1——长波成分（中线）中（波长 λ 的）正弦轮廓幅值；

　　　λ——正弦轮廓的波长。

（3）开放轮廓短波成分的传输特性　传输特性（见图 6-14）由权函数的傅里叶变换得到，它是长波轮廓成分传输特性的补，即

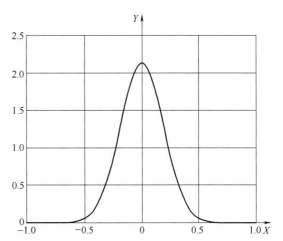

图 6-12　开放轮廓的高斯轮廓滤波器权函数

X—$x/\lambda c$　　Y—$\lambda c \times s(x)$

$$\frac{a_2}{a_0} = 1 - \exp\left[-\pi \left(\frac{a \times \lambda c}{\lambda} \right)^2 \right] \quad \frac{a_2}{a_0} = 1 - \frac{a_1}{a_0} \tag{6-26}$$

式中　a_2——短波成分中（波长 λ 的）正弦轮廓幅值。

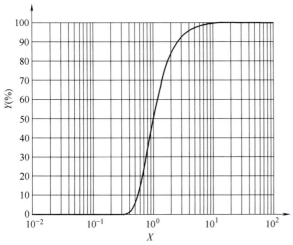

图 6-13　开放轮廓高斯滤波器的长波传输特性

X—$\lambda / \lambda c$　　Y—幅值传输比例 a_1/a_0 的百分数

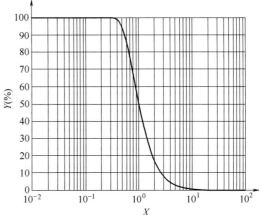

图 6-14　开放轮廓高斯滤波器的短波传输特性

X—$\lambda / \lambda c$　　Y—幅值传输比例 a_2/a_0 的百分数

（4）端部效应　因为开放轮廓只定义有限长度，高斯滤波器与开放轮廓的卷积将在轮廓端部滤波响应中引起非趋势性的改变，这就是端部效应。开放轮廓上发生显著端部效应的部分称为端部效应区域。

减少这种端部效应的方法，是取较长的一段轮廓进行高斯滤波，然后去除端部效应区域，进而得到无显著端部效应的滤波响应（见图6-15）。

可供选择的减小端部效应的另外方法参见 GB/T 26958.28。图 6-16 所示是采用矩保持准则高斯滤波（$\lambda c = 0.8\text{mm}$）的示例。

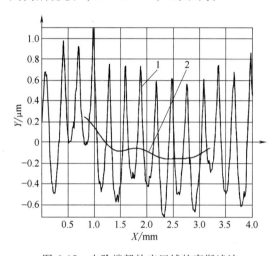

图 6-15　去除端部效应区域的高斯滤波
（$\lambda c = 0.8\text{mm}$）示例

1—未滤波的轮廓　2—已滤波的轮廓　X—长度　Y—高度

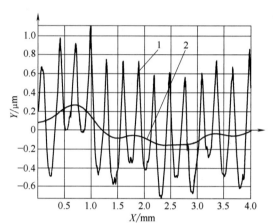

图 6-16　使用 GB/T 26958.28 矩保持准则
高斯滤波（$\lambda c = 0.8\text{mm}$）示例

1—未滤波的轮廓　2—已滤波的轮廓　X—长度　Y—高度

6.3.2.2　闭合轮廓的高斯轮廓滤波器特性

说明：如果轮廓长度（周长）小于 $2\lambda c$，不推荐使用闭合轮廓滤波器。

（1）闭合轮廓滤波的高斯权函数　闭合轮廓滤波器的权函数（见图6-17）是限定在长度为 L 的闭合轮廓内的高斯密度函数。当选取截止频率为 $f_c = L/\lambda c$，其表达为：

$$
s(x) = \begin{cases} \dfrac{f_c}{aL}\exp\left[-\pi\left(\dfrac{xf_c}{aL}\right)^2\right] & -\dfrac{L_c L}{f_c} \leq x \leq \dfrac{L_c L}{f_c} \\ 0 & x < -\dfrac{L_c L}{f_c}, x > \dfrac{L_c L}{f_c} \end{cases} \tag{6-27}
$$

式中　x——沿闭合轮廓距高斯权函数中心（最大）的距离；

f_c——以每周波数表示的截止频率；

L——闭合轮廓的长度；

L_c——截取常数（见表 6-7 中的推荐值）；

a——常数，$a = \sqrt{\ln 2/\pi} \approx 0.4697$。

（2）闭合轮廓长波成分的传输特性　滤波特性（见图6-18）由权函数的傅里叶变换得到，当 $\lambda c \ll L$ 时，滤波中线的传输特性由下式近似表示：

$$
\frac{a_1}{a_0} = \exp\left[-\pi\left(\frac{af}{f_c}\right)^2\right] \tag{6-28}
$$

式中　a_0——滤波前（频率 f 的）正弦轮廓的幅值；

$\qquad a_1$——长波成分（中线）中（频率 f 的）正弦轮廓的幅值；

$\qquad f$——以每周波数表示的正弦轮廓频率。

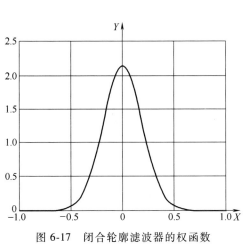

图 6-17　闭合轮廓滤波器的权函数

$$X—(f_c/L)x \qquad Y—(L/f_c)s(x)$$

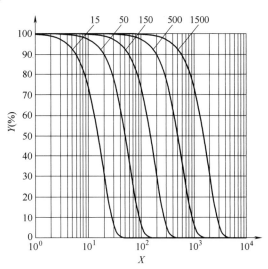

图 6-18　不同截止频率（UPR 表示）下闭
合轮廓滤波器的长波传输特性

X—每周波数（UPR）　Y—幅值传输比例 a_1/a_0 的百分数

（3）闭合轮廓短波成分的传输特性　短波轮廓成分的传输特性（见图 6-19）是长波轮廓成分传输特性的补。短波轮廓成分是原始表面轮廓与长波轮廓成分的差。当极限波长 $\lambda c \ll L$ 时，传输特性表达式近似为：

$$\frac{a_2}{a_0}=1-\exp\left[-\pi\left(\frac{af}{f_c}\right)^2\right] \qquad \frac{a_2}{a_0}=1-\frac{a_1}{a_0}$$

$$(6-29)$$

式中　a_2——短波中（频率 f 的）正弦轮廓的幅值。

6.3.2.3　开放轮廓和闭合轮廓滤波的执行误差

（1）开放轮廓的截取高斯权函数　理论上，开放轮廓的高斯权函数从负无穷大到正无穷大都取正值，即有无限支撑。但是高斯权函数随着离开中心会快速地接近零，因此，在应用中，足够远离中心的区域实际都为零。换言之，高斯权函数在任何实际执行中都具有有限的支撑。这相当于执行截取高斯权函数，其中开放轮廓的截取高斯权函数定义为：

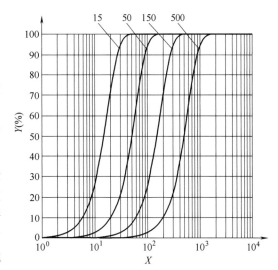

图 6-19　不同截止频率（UPR 表示）下闭
合轮廓短波成分的传输特性

X—每周波数（UPR）　Y—幅值传输
比例 a_2/a_0 的百分数

$$\tilde{s}(x) = \begin{cases} 0 & x < -L_{\mathrm{c}} \times \lambda c \\ s(x) & -L_{\mathrm{c}} \times \lambda c \leq x \leq L_{\mathrm{c}} \times \lambda c \\ 0 & x > L_{\mathrm{c}} \times \lambda c \end{cases} \tag{6-30}$$

式中 x——距高斯权函数中心的距离；

λc——截止波长；

L_{c}——截取常数（见表 6-7 中的推荐值）。

图 6-20 所示为一个开放轮廓的截取高斯权函数的示例。

截取权函数是对真正的高斯权函数的近似，因此当用截取权函数执行卷积时，与执行真正的高斯权函数的卷积相比总是存在误差。应该合理选择截取常数 L_{c}，使执行误差处于可接受的应用水平。

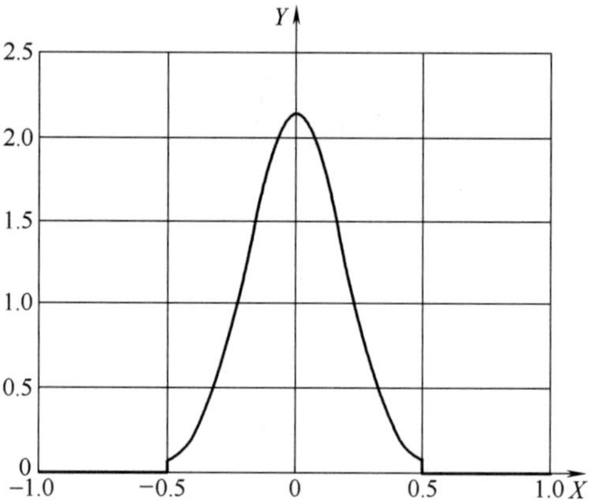

注意，执行误差不同于由端部效应引起的误差（参见 GB/T 26958.28），并且也不包括由于高斯滤波器的数字实现而引起的误差。

（2）开放轮廓截取常数 L_{c} 时的执行误差 从数学上讲，权函数截取有限区间可以用相乘一个矩形函数来描述，因此，截取有限区间的权函数表示为：

$$\tilde{s}(x) = s(x) r(L_{\mathrm{c}}, x) \tag{6-31}$$

式中 $s(x)$——高斯权函数；

$\tilde{s}(x)$——截取高斯权函数；

$r(L_{\mathrm{c}}, x)$——矩形函数，定义如下：

图 6-20 $L_{\mathrm{c}} = 0.5$ 的截取高斯权函数应用于开放轮廓的示例

X—$x/\lambda c$ Y—$\lambda c \times \tilde{s}(x)$

$$r(L_{\mathrm{c}}, x) = \begin{cases} 1 & -L_{\mathrm{c}} \times \lambda c \leq x \leq L_{\mathrm{c}} \times \lambda c \\ 0 & x < -L_{\mathrm{c}} \times \lambda c, x > L_{\mathrm{c}} \times \lambda c \end{cases} \tag{6-32}$$

执行误差被定义为截取高斯权函数的传递函数与高斯权函数的传递函数的最大偏差。

截取高斯权函数的傅里叶变换是：

$$\tilde{S}(\omega) = (S * R)(\omega) = \int_{-\infty}^{\infty} S(\nu) R(L_{\mathrm{c}}, \omega - \nu) \mathrm{d}\nu \tag{6-33}$$

式中 $S(\nu)$——高斯权函数的傅里叶变换；

$R(\cdots)$——矩形函数的傅里叶变换，如下式所示：

$$R(L_{\mathrm{c}} - \omega) = \int_{-L_{\mathrm{c}} \times \lambda c}^{L_{\mathrm{c}} \times \lambda c} \mathrm{e}^{-\mathrm{i}\omega x} \mathrm{d}x = 2L_{\mathrm{c}} \times \lambda c \operatorname{sinc}\left(\frac{L_{\mathrm{c}} \times \lambda c}{\pi} \omega\right) \tag{6-34}$$

式中，$\operatorname{sinc}(x) = \dfrac{\sin(\pi x)}{\pi x}$ 是 $\sin c$ 函数。

利用式（6-32），截取高斯权函数的传递函数与高斯权函数的传递函数的最大偏差发生在 $\omega = 0$ 时，导致的最大偏差 $Y = \operatorname{erfc}\left(\dfrac{L_{\mathrm{c}}\sqrt{\pi}}{a \times \lambda c}\right)$，如图 6-21 和表 6-7 所示。

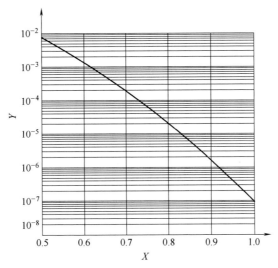

图 6-21　不同截取常数的执行误差

X—截取常数 L_c　Y—执行误差

表 6-7　不同截取常数的执行误差

截取常数 L_c	执行误差（%）	截取常数 L_c	执行误差（%）
0.5	0.76	0.8	1.96e-003
0.6	0.14	1.0	9.47e-006

在轮廓 $w(x)$ 上，最大偏差的估计为：

$$\Delta w(x) \leqslant p_{\max} \text{erfc}\left(\frac{L_c \sqrt{\pi}}{a \times \lambda c}\right) \tag{6-35}$$

式中　$p_{\max}$——轮廓绝对值的最大值。

（3）闭合轮廓的截取高斯权函数　闭合轮廓滤波器的权函数是长度为 L 的闭合轮廓的高斯密度函数方程，当截止频率 $f_c = L/\lambda c$ 时，其表达式为：

$$s(x) = \begin{cases} \dfrac{f_c}{aL} \exp\left[-\pi\left(\dfrac{xf_c}{aL}\right)^2\right] & -\dfrac{L_c L}{f_c} \leqslant x \leqslant \dfrac{L_c L}{f_c} \\[4mm] 0 & x < -\dfrac{L_c L}{f_c}, x > \dfrac{L_c L}{f_c} \end{cases} \tag{6-36}$$

式中　x——沿闭合轮廓距高斯权函数中心（最大）的距离；

f_c——以每周波数表达的截止频率；

L——闭合轮廓的长度；

L_c——截取常数（见表 6-7 中的推荐值）；

a——常数，$a = \sqrt{\ln2/\pi} \approx 0.4697$。

图 6-22 中为一个闭合轮廓的截取高斯权函数的示例。

截取权函数是对真正的高斯权函数的近似，因此当用截取权函数执行卷积时，与执行真正的高斯权函数的卷积相比总是存在误差。截取常数 L_c 应该合理选择，使执行误差处于应用中可接受的水平。

闭合轮廓的截取高斯权函数的数学计算与开放轮廓相同，用 L/f_c 代替 λc（即 $\lambda c = L/f_c$）。图 6-21 和表 6-7 对于闭合轮廓情况也是相同的。

（4） L_c 的推荐值

1）一般情况下，截取常数取 $L_c = 0.5$。

2）对于期望将执行误差减小到 0.14% 的精密表面滤波而言，截取常数取 $L_c = 0.6$。

3）对于参考软件，截取常数应取为 $L_c = 1.0$，以使执行误差不显著。

6.3.2.4 高斯轮廓滤波器的应用实例

将高斯轮廓滤波器应用于开放和闭合轮廓的实例如图 6-23 和图 6-24 所示。

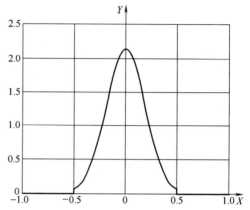

图 6-22　闭合轮廓的 $L_c = 0.5$ 截取

高斯权函数的示例

$$X—(f_c/L)x \quad Y—(L/f_c)\tilde{s}(x)$$

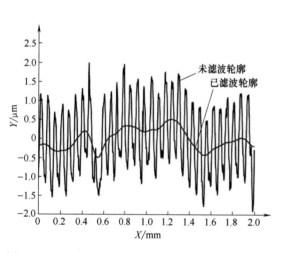

图 6-23　用矩保持准则进行端部效应校正后铣削表面

（截止波长 $\lambda c = 0.8$mm 的开放高斯滤波器）

$$X—长度 \quad Y—高度$$

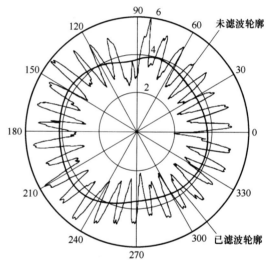

图 6-24　$f_c = 5$UPR 闭合高斯滤波器

应用于铣削/冲压表面

6.3.3　线性轮廓样条滤波器

GB/Z 26958.22—2011《产品几何技术规范（GPS）　滤波　第 22 部分：线性轮廓滤波器　样条滤波器》等同采用了 ISO/TS 16610-22：2006，规定了用于轮廓滤波的样条滤波器。

6.3.3.1　样条滤波器的术语及定义

样条滤波器的术语及定义见表 6-8。

表 6-8　样条滤波器的术语及定义

术语	定义
样条 （spline）	分段多项式的线性组合，各段间光滑连接 样条阶次等于最高阶次多项式的阶次，如一个三次样条由三次多项式组成

（续）

术语	定　义
基样条 （cardinal spline）	具有无限支撑样条空间的基函数
自然样条 （natural spline）	在端点外为直线的样条
样条轮廓滤波器 （spline profile filter）	基于样条的线性轮廓滤波器

6.3.3.2　样条滤波器的特性

（1）权函数　样条轮廓滤波器的权函数不能由简单的近似方程（闭合式）给出，因此样条轮廓滤波器由滤波方程而不是权函数来描述。但是必要时，样条轮廓滤波器权函数的数值计算是可能的。

如果采样间距 Δx 足够小，且轮廓滤波器基于三次基样条，在一个默认值 $\beta = 0$ 情况下，权函数 $s(x)$ 可用下式连续函数近似逼近：

$$s(x) = \frac{\pi}{\lambda c} \sin\left(\sqrt{2}\frac{\pi}{\lambda c}|x| + \frac{\pi}{4}\right) \exp\left(-\sqrt{2}\frac{\pi}{\lambda c}|x|\right)$$

$$(6\text{-}37)$$

样条轮廓滤波器的传输特性基于三次基样条，三次基样条的理想样条轮廓滤波器的权函数如图 6-25 所示。

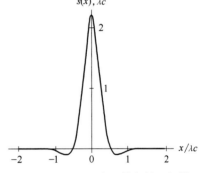

图 6-25　基于三次基样条的理想样条轮廓滤波器的权函数

（2）非周期样条轮廓滤波器的滤波方程　对于开放轮廓应采用非周期样条轮廓滤波器，其滤波方程为：

$$[1 + \beta\alpha^2 \boldsymbol{P} + (1-\beta)\alpha^4 \boldsymbol{Q}]w = z \qquad (6\text{-}38)$$

式中　$\boldsymbol{P}$、$\boldsymbol{Q}$——n 行 n 列的矩阵，即：

$$\boldsymbol{P} = \begin{pmatrix} 1 & -1 & & & & & \\ -1 & 2 & -1 & & & & \\ & -1 & 2 & -1 & & & \\ & & \ddots & \ddots & \ddots & & \\ & & & -1 & 2 & -1 & \\ & & & & -1 & 2 & -1 \\ & & & & & -1 & 1 \end{pmatrix}$$

$$\boldsymbol{Q} = \begin{pmatrix} 1 & -2 & 1 & & & & & \\ -2 & 5 & -4 & 1 & & & & \\ 1 & -4 & 6 & -4 & 1 & & & \\ & \ddots & \ddots & \ddots & \ddots & \ddots & & \\ & & & 1 & -4 & 6 & -4 & 1 \\ & & & & 1 & -4 & 5 & -2 \\ & & & & & 1 & -2 & 1 \end{pmatrix}$$

α——参数，$\alpha = \dfrac{1}{2\sin\dfrac{\pi\Delta x}{\lambda c}}$，$0 \leqslant \beta \leqslant 1$；

z——滤波前的轮廓取样数据向量，其维数为 n，n 为轮廓取样点数；

w——滤波后的轮廓数据向量，其维数为 n，n 为轮廓取样点数；

λc——轮廓滤波器的截止波长；

Δx——采样间距。

向量 w 为轮廓的长波成分，短波成分 r 可以通过 $r=z-w$ 得到。

β 称为张力参数，控制着样条曲线与所通过数据点的紧密度。

（3）周期样条轮廓滤波器的滤波方程　周期样条轮廓滤波器应用于闭合轮廓滤波，其滤波方程为：

$$\left[1+\beta\alpha^2\widetilde{P}+(1-\beta)\alpha^4\widetilde{Q}\right]\widetilde{w}=\widetilde{z} \tag{6-39}$$

式中　P、Q——n 行 n 列的矩阵，即：

$$\widetilde{P}=\begin{pmatrix} 2 & -1 & & & & & -1 \\ -1 & 2 & -1 & & & & \\ & -1 & 2 & -1 & & & \\ & & \ddots & \ddots & \ddots & & \\ & & & -1 & 2 & -1 & \\ & & & & -1 & 2 & -1 \\ -1 & & & & & -1 & 2 \end{pmatrix} \quad \widetilde{Q}=\begin{pmatrix} 6 & -4 & 1 & & & 1 & -4 \\ -4 & 6 & -4 & 1 & & & 1 \\ 1 & -4 & 6 & -4 & 1 & & \\ & \ddots & \ddots & \ddots & \ddots & \ddots & \\ & & 1 & -4 & 6 & -4 & 1 \\ 1 & & & 1 & -4 & 6 & -4 \\ -4 & 1 & & & 1 & -4 & 6 \end{pmatrix}$$

α——参数，$\alpha=\dfrac{1}{2\sin\dfrac{\pi\Delta x}{\lambda c}}$，$0\leqslant\beta\leqslant1$；

$\widetilde{z}$——滤波前的轮廓取样数据向量，其维数为 n，n 为轮廓取样点数；

$\widetilde{w}$——滤波后的轮廓数据向量，其维数为 n，n 为轮廓取样点数；

λc——轮廓滤波器的截止波长；

Δx——采样间距。

向量 $\widetilde{w}$ 为轮廓的长波成分，短波成分 $\widetilde{r}$ 可以通过 $\widetilde{r}=\widetilde{z}-\widetilde{w}$ 得到。

β 称为张力参数，控制着样条曲线与所通过数据点的紧密度；如果没有特别说明，$\beta=0$。

（4）轮廓长波成分的传输特性　滤波特性（见图 6-26）可以通过对样条轮廓滤波器的滤波方程的傅里叶变换得到，长波成分的滤波特性由下式近似（对很小的采样间距 Δx），即：

$$\frac{a_1}{a_0}=\left[1+4\beta\alpha^2\sin^2\frac{\pi\Delta x}{\lambda}+16(1-\beta)\alpha^4\sin^4\frac{\pi\Delta x}{\lambda}\right]^{-1} \tag{6-40}$$

式中　a_0——滤波前正弦轮廓的幅度；

a_1——长波成分中正弦轮廓的幅度；

λ——正弦轮廓的波长（$\lambda\geqslant2\Delta x$）；

Δx——采样间距；

β——张力参数。

（5）轮廓短波成分的传输特性　轮廓短波成分为表面轮廓与轮廓长波成分的差值，其滤波特性如图 6-27 所示，满足下式：

$$\frac{a_2}{a_0}=1-\frac{a_1}{a_0}=\left[4\beta\alpha^2\sin^2\frac{\pi\Delta x}{\lambda}+16(1-\beta)\alpha^4\sin^4\frac{\pi\Delta x}{\lambda}\right]\left[1+4\beta\alpha^2\sin^2\frac{\pi\Delta x}{\lambda}+16(1-\beta)\alpha^4\sin^4\frac{\pi\Delta x}{\lambda}\right]^{-1}$$

$$\tag{6-41}$$

式中 a_2——正弦轮廓短波成分的幅度。

轮廓短波成分的传输特性和长波成分传输特性互补，二者之和为 1。

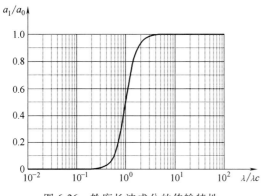
图6-26 轮廓长波成分的传输特性
$(\beta = 0, \ \Delta x = \lambda c / 200)$

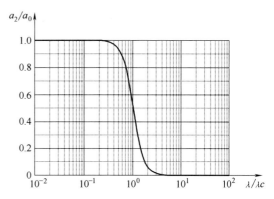
图6-27 轮廓短波成分的传输特性
$(\beta = 0, \ \Delta x = \lambda c / 200)$

（6）嵌套指数的推荐值 建议从一等比对数序列中选择嵌套指数（截止波长 λc）。经验表明，连续尺度间比值约等于 10 的平方根时最优。嵌套指数应从下面序列中选取：

$\cdots$，$2.5 \mu m$，$8 \mu m$，$25 \mu m$，$80 \mu m$，$250 \mu m$，$0.8 mm$，$2.5 mm$，$8 mm$，$25 mm$，$\cdots$

6.3.3.3 采样间距的影响

样条轮廓滤波器的传输特性依赖于采样间距 Δx（见图6-28）。如果 Δx 足够小，所有方程中的正弦运算可用其幅角代替。

例如，当 $\Delta x = 0.01 \lambda c$，误差为 $e < 5.2 \times 10^{-6}$。此时中 a 参数不再依赖于 Δx，可以表示为：

$$\frac{a_1}{a_0} = \left[1 + \beta \left(\frac{\lambda c}{\lambda} \right)^2 + (1 - \beta) \left(\frac{\lambda c}{\lambda} \right)^4 \right]^{-1} \tag{6-42}$$

但是根据采样定理（见 ISO/TS 14406），只有当 $\lambda \geqslant 2 \Delta x$ 才成立。

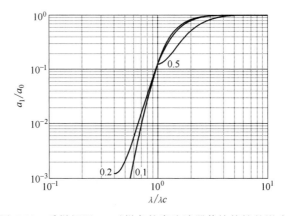
图6-28 采样间距 Δx 对样条轮廓滤波器传输特性的影响
（参数 $\beta = 0$；$\Delta x / \lambda c$：0.1，0.2，0.5）

6.3.3.4 样条轮廓滤波器的应用实例

样条轮廓滤波器和高斯滤波器（目前的轮廓滤波器）的应用实例如图6-29~图6-32所示。

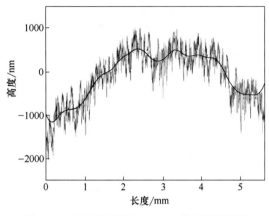

图 6-29　应用截止波长 0.8mm 的高斯滤波器

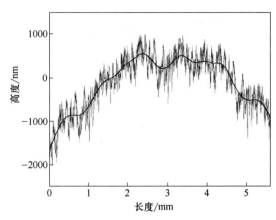

图 6-30　应用截止波长 0.8mm，$\beta=0$ 的样条轮廓滤波器

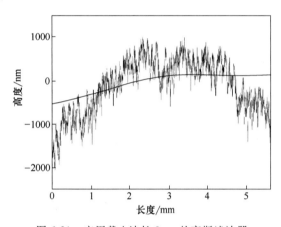

图 6-31　应用截止波长 8mm 的高斯滤波器

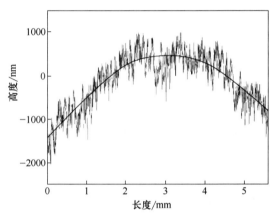

图 6-32　应用截止波长 8mm，$\beta=0$ 的样条轮廓滤波器

6.3.4　线性轮廓滤波器的端部效应

GB/T 26958.28—2020《产品几何技术规范（GPS）　滤波　第 28 部分：轮廓滤波器　端部效应》等同采用了 ISO 16610-28：2016，给出了一种处理线性轮廓滤波器端部效应的方法。适用于表面轮廓分析的滤波操作，其他有限长度信号滤波分析场合可参考采用。

6.3.4.1　轮廓滤波器端部效应的术语及定义

轮廓滤波器端部效应的术语及定义见表 6-9。

表 6-9　轮廓滤波器端部效应的术语及定义

术语	定　义
端部效应 （end effect）	开放轮廓滤波时，在轮廓端部滤波响应中出现的一种非趋势性变化
端部效应区域 （end effect region）	在开放轮廓端部出现显著端部效应的区域
矩 （moment）	一个实值函数 $f(x)$ 的 n 阶矩 μ_n，定义为： $$\mu_n = \int_{-\infty}^{\infty} x^n f(x)\,\mathrm{d}x$$

（续）

术语	定义
矩准则 （moment criterion）	应用于线性轮廓滤波的相移不变滤波器类的准则，该滤波器权函数有 $1 \sim n$ 阶矩为 0 的特性，即： $$\int_{\Omega} x^p s(x) \mathrm{d}x = 0, \quad p = 1, \cdots, n$$ 式中　$s(x)$——滤波器的权函数； 　　　Ω——权函数定义区域

6.3.4.2　端部效应校正方法

（1）概述　基于卷积的低通滤波公式定义如下：

$$w(x) = \int_{-l_1}^{l_2} z(x-u) s(u) \mathrm{d}u = \int_{x-l_2}^{x+l_1} z(u) s(x-u) \mathrm{d}u, \quad l_2 \leqslant x \leqslant l_t - l_1 \tag{6-43}$$

式中　$w(x)$——基准线；

　　　$z(x)$——测得原始轮廓；

　　　l_t——测量长度。

与测得原始轮廓 $z(x)$ 相比，基准线仅在 $l_2 \leqslant x \leqslant l_t - l_1$ 区间内有效。端部效应区域为 $B_2 = [0, l_2]$ 和 $B_1 = [l_t - l_1, l_t]$。

示例1：标准高斯滤波器权函数的区间段 $l_1 = l_2 = \lambda c/2$，滤波公式不能应用到整个遍历长度。在端部效应区域，高斯曲线的左端或右端落到了轮廓外，如图6-33所示。

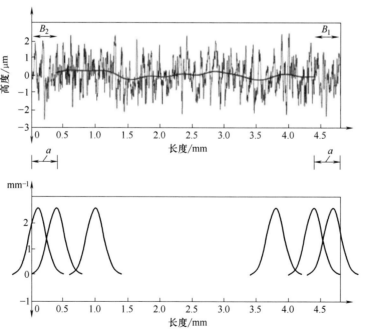

图6-33　标准高斯滤波器的端部效应

B_1—l_1 右端部效应区域　B_2—l_2 左端部效应区域　a—端部效应区域

（2）轮廓外延法

1）补零法。补零法是一种轮廓滤波后保留整个遍历长度的简单方法。即在原始轮廓

$z(x)$ 左边长为 l_2、右边长为 l_1 的区间填充零，即：

$$\widetilde{z}(x) = \begin{cases} 0 & -l_2 \leqslant x < 0 \\ z(x) & 0 \leqslant x \leqslant l_t \\ 0 & l_t < x \leqslant l_t + l_1 \end{cases} \quad (6\text{-}44)$$

矩准则中的滤波公式可以重写为：

$$w(x) = \int_{-l_1}^{l_2} \widetilde{z}(x-u)s(u)\,\mathrm{d}u = \int_{x-l_1}^{x+l_2} \widetilde{z}(u)s(x-u)\,\mathrm{d}u, \quad 0 \leqslant x \leqslant l_t \quad (6\text{-}45)$$

示例 2：图 6-34 所示为对无倾斜轮廓进行 $l_1 = l_2 = \lambda c/2$ 补零，并进行高斯权函数滤波。

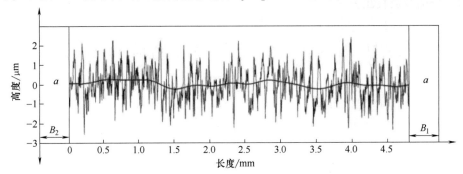

图 6-34　无倾斜轮廓的补零延展及标准高斯权函数滤波

B_1—l_1 右端部效应区域　B_2—l_2 左端部效应区域　a—补零延展区域

示例 3：如图 6-35 所示是倾斜轮廓补零延展（$l_1 = l_2 = \lambda c/2$）并使用高斯权函数滤波（本例中，端部效应仍然未被消除）。

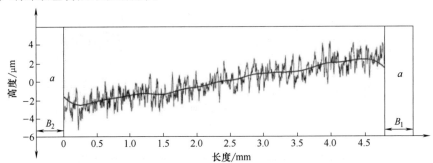

图 6-35　倾斜轮廓的补零延展及标准高斯滤波

B_1—l_1 右端部效应区域　B_2—l_2 左端部效应区域　a—补零延展区域

2）线性外插法。线性外插法中，首先对左、右端部效应区域内的轮廓分别采用最小二乘直线拟合，即：

$$\int_0^{l_2} [z(x) - m_1 x - t_1]^2 \mathrm{d}x \xrightarrow[m_1, t_1]{\mathrm{Min}} \text{ 和 } \int_{l_t-l_1}^{l_t} [z(x) - m_r x - t_r]^2 \mathrm{d}x \xrightarrow[m_r, t_r]{\mathrm{Min}} \quad (6\text{-}46)$$

进一步实施轮廓外延，即：

$$\widetilde{z}(x) = \begin{cases} m_1 x + t_1 & -l_2 \leqslant x < 0 \\ z(x) & 0 \leqslant x \leqslant l_t \\ m_r x + t_r & l_t < x \leqslant l_t + l_1 \end{cases} \quad (6\text{-}47)$$

示例4：图6-36所示为对倾斜轮廓线性外插值（$l_1 = l_2 = \lambda c/2$），并使用高斯权函数滤波。

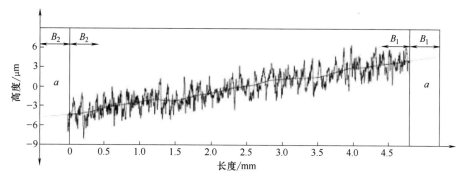

图 6-36 倾斜轮廓的线性外插值延展及标准高斯滤波

B_1—l_1 右端部效应区域 B_2—l_2 左端部效应区域 a—线性外插值区域

（3）对称延展法 测得轮廓可以在左右两边分别进行对称延展。

1）线对称镜像延展。测得轮廓通过水平镜像在左右两边分别延展，即：

$$\widetilde{z}(x) = \begin{cases} z(-x) & -l_2 \leqslant x < 0 \\ z(x) & 0 \leqslant x \leqslant l_t \\ z(2l_t - x) & l_t < x \leqslant l_t + l_1 \end{cases} \tag{6-48}$$

将 $\widetilde{z}(x)$ 代入式（6-45），即得到基准线。

示例5：图6-37给出了使用线对称镜像延展（$l_1 = l_2 = \lambda c/2$），并进行高斯权函数滤波。

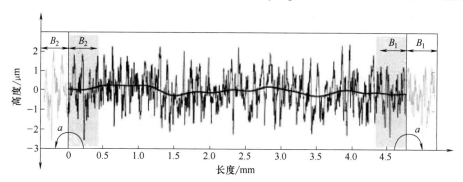

图 6-37 轮廓的线对称镜像延展及其标准高斯滤波

B_1—l_1 右端部效应区域 B_2—l_2 左端部效应区域 a—镜像延展区域

示例6：图6-38所示为对倾斜轮廓线对称镜像延展（$l_1 = l_2 = \lambda c/2$），并使用高斯权函数滤波。

2）点对称延展。测得轮廓通过水平和垂直反射（点对称）在左右两边分别延展，两对水平和垂直反射线分别在轮廓的端点相交。

点对称镜像由下式定义：

$$\widetilde{z}(x) = \begin{cases} 2z(x=0) - z(-x) & -l_2 \leqslant x < 0 \\ z(x) & 0 \leqslant x \leqslant l_t \\ 2z(x=l_t) - z(2l_t - x) & l_t < x \leqslant l_t + l_1 \end{cases} \tag{6-49}$$

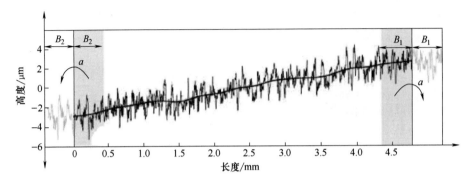

图 6-38　倾斜轮廓的线对称镜像延展及标准高斯滤波

B_1—l_1 右端部效应区域　B_2—l_2 左端部效应区域　a—镜像延展区域

在式（6-45）中插入 $\tilde{z}(x)$，就产生了基准线。

示例 7：图 6-39 给出了对倾斜轮廓点对称镜像延展（$l_1 = l_2 = \lambda c/2$），并进行高斯权函数滤波。

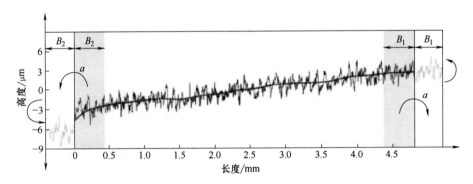

图 6-39　倾斜轮廓的点对称镜像延展及标准高斯滤波

B_1—l_1 右端部效应区域　B_2—l_2 左端部效应区域　a—点对称镜像延展区域

6.3.4.3　保持矩准则

为了对给定的权函数 $s(x)$ 保持矩准则，在端部效应区域，滤波公式（6-43）须变为：

$$w(x) = \int_{\max(x-l_2,0)}^{\min(x+l_1,l_t)} z(\xi) \left[\sum_{p=0}^{n} b_p(x)(x-u)^p s(x-u) \right] du, 0 \leqslant x \leqslant l_t \qquad (6-50)$$

式中　n——权函数 $s(x)$ 的消失矩；

$b_p(x)$——相移不变校正函数。

在区间 $-l_2 \leqslant x \leqslant l_t - l_1$，滤波公式（6-50）中的 $b_p(x)$ 为：

$$b_p(x) = \begin{cases} 1, & p=0 \\ 0, & p>0 \end{cases}, \quad l_2 \leqslant x \leqslant l_t - l_1 \qquad (6-51)$$

在端部效应区域 $0 \leqslant x \leqslant l_2$ 和 $l_t - l_1 \leqslant x \leqslant l_t$，$b_p(x)$ 可以通过矩阵方程得到，即：

$$\begin{pmatrix} \mu_0(x) & \mu_1(x) & \cdots & \mu_n(x) \\ \mu_1(x) & \mu_2(x) & \cdots & \mu_{n+1}(x) \\ \vdots & \vdots & & \vdots \\ \mu_n(x) & \mu_{n+1}(x) & \cdots & \mu_{2n}(x) \end{pmatrix} \begin{pmatrix} b_0(x) \\ b_1(x) \\ \vdots \\ b_n(x) \end{pmatrix} = \begin{pmatrix} 1 \\ 0 \\ \vdots \\ 0 \end{pmatrix} \qquad (6\text{-}52)$$

其中，

$$\mu_p(x) = \int_{\max(x-l_2,0)}^{\min(x+l_1,l_1)} (x-u)^p s(x-u) \mathrm{d}u, p = 0, \cdots, 2n \qquad (6\text{-}53)$$

示例1：由于其权函数的对称性，标准高斯滤波器存在消失矩 $p = 1$。求解式（6-52），在端部效应区，校正函数 $b_p(x)$ 为：

$$b_0(x) = \mu_2(x)/\det(x), b_1(x) = -\mu_1(x)/\det(x) \qquad (6\text{-}54)$$

式中，$\det(x) = \mu_2(x)\mu_0(x) - \mu_1(x)^2$。

图 6-40 所示为在不同位置处 $l_1 = l_2 = \lambda c/2$ 的权函数。

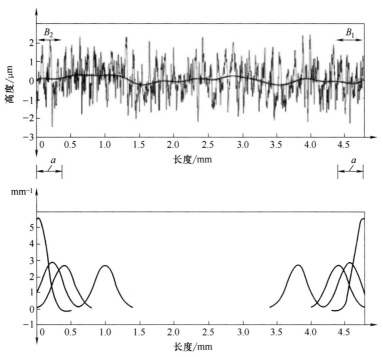

图 6-40 矩保持条件 $n = 1$ 标准高斯滤波

$B_1 \text{—} l_1$ 右端部效应区域　$B_2 \text{—} l_2$ 左端部效应区域　a—端部效应区域

由于选择矩条件 $n = 1$，如图 6-41 所示，滤波器可以准确近似倾斜轮廓。

如图 6-42 所示，矩条件 $n = 1$ 滤波器可以很好地近似弧形轮廓。

示例2：对于校正函数，只保持零阶矩将会得到一个非常简单的表达，即：

$$b_0(x) = 1/\mu_0(x) \qquad (6\text{-}55)$$

对 $l_1 = l_2 = \lambda c/2$，结果如图 6-43 所示。

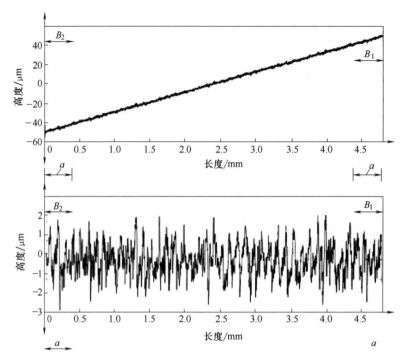

图 6-41　倾斜轮廓的一阶矩标准高斯滤波

$B_1—l_1$ 右端部效应区域　　$B_2—l_2$ 左端部效应区域　　a—端部效应区域

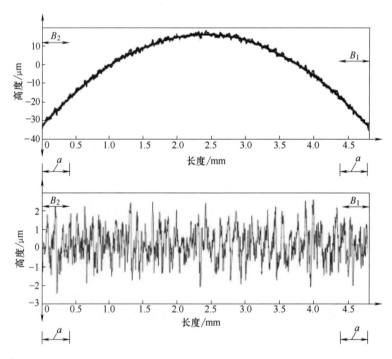

图 6-42　弧形轮廓的一阶矩标准高斯滤波

$B_1—l_1$ 右端部效应区域　　$B_2—l_2$ 左端部效应区域　　a—端部效应区域

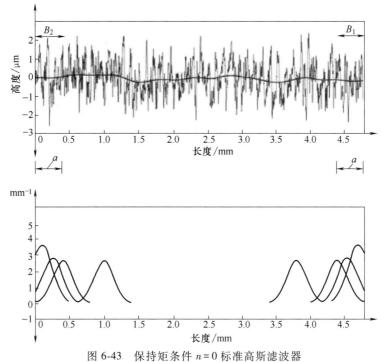

图 6-43　保持矩条件 $n=0$ 标准高斯滤波器

B_1—l_1 右端部效应区域　B_2—l_2 左端部效应区域　a—端部效应区域

如图 6-44 所示，相对本节的示例 1，如滤波器没有消失矩，当对倾斜轮廓滤波时，将会在端部区域导致歪曲的粗糙度轮廓。

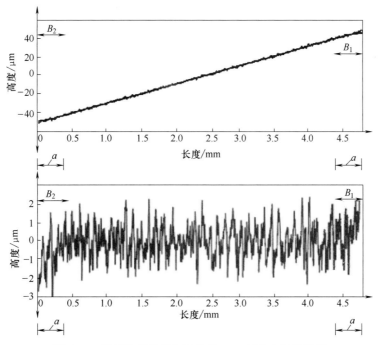

图 6-44　倾斜轮廓的保持矩条件 $n=0$ 标准高斯滤波器

B_1—l_1 右端部效应区域　B_2—l_2 左端部效应区域　a—端部效应区域

建议：如果没有特别指明，默认的端部校正是不进行端部校正。如果采用端部校正，应使用矩保持准则。端部校正设计见表6-10。

表 6-10　端部校正设计

端部校正	标识符号	参　　数
零填充	$E_cZ_p l_1 l_2$	在轮廓左边 l_2 和右边 l_1 填充 0
线性延展	$E_cL_E l_1 l_2$	在轮廓左边 l_2 和右边 l_1 进行外推
线对称镜像延展	$E_cL_{SR} l_1 l_2$	在轮廓左边 l_2 和右边 l_1 进行延展
点对称镜像延展	$E_cP_{SR} l_1 l_2$	在轮廓左边 l_2 和右边 l_1 进行延展
矩保持准则	$E_cM_{RC} n l_1 l_2$	n 是矩的阶数，在轮廓左边 l_2 和右边 l_1 进行延展

6.3.5　线性轮廓样条小波滤波器

GB/Z 26958.29—2011《产品几何技术规范（GPS）　滤波　第 29 部分：线性轮廓滤波器　样条小波》等同采用了 ISO/TS 16610-29：2006，规定了用于轮廓滤波的样条小波及相关概念，给出了样条小波的基本术语及其应用。

6.3.5.1　样条小波的术语及定义

样条小波的相关术语及定义见表6-11。

表 6-11　样条小波相关术语及定义

术语	定　　义
母小波 （mother wavelet）	形成小波分析基本构架的单变量或多变量函数，和尺度函数有关 通常母小波积分为零，具有空间域上局域化、频域上有限带宽的特性。实值母小波实例如下图所示 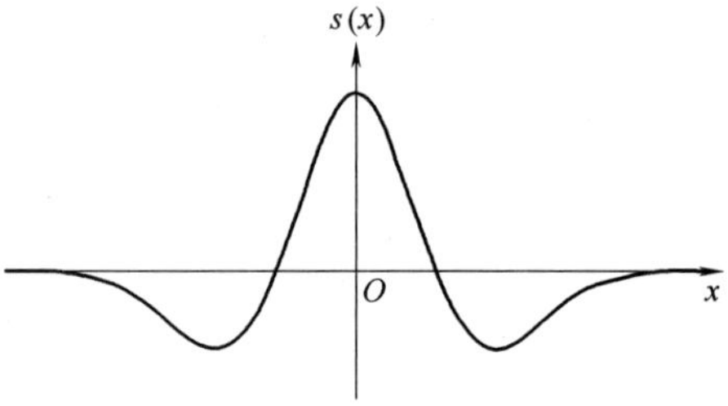
小波族 （wavelet family）	通过母小波的伸缩和平移生成的函数族。假定 $g(x)$ 为母小波，则小波族 $g_{a,b}(x)$ 按下方式生成： $$g_{a,b}(x)=a^{-0.5}g\left(\frac{x-b}{a}\right)$$ 式中　a——伸缩参数； 　　　　b——平移参数
伸缩 （dilation）	<小波>用因子 a 缩放空间变量 x 的变换 对任一正实数 a，该变换将函数 $g(x)$ 变换为 $a^{-0.5}g(x/a)$，因子 $a^{-0.5}$ 使变换后的小波函数下的面积保持恒定
平移 （translation）	将函数空间位置移动实数 b 的变换。对任意一个实数 b，该变换将函数 $g(x)$ 变换作 $g(x-b)$

（续）

术语	定义
离散小波变换 （discrete wavelet transform）	离散小波变换是将轮廓仅分解为小波族线性组合的运算，其中小波族平移参数为整数，伸缩参数为大于 1 的固定正整数的幂。通常选伸缩参数为 2 的幂，在 GB/Z 26958 的其余部分，离散小波变换称作小波变换
多分辨率分析 （multiresolution analysis）	由一个滤波器组将一个轮廓分解为不同尺度组成的过程。尺度也称作分辨率 根据定义，由于小波变换中没有信息损失，从多分辨率分析得到的阶梯结构重构原始轮廓是可能的
低通成分 （lowpass component）	与一平滑（低通）滤波器卷积且下采样得到的成分
高通成分 （highpass component）	与一差分（高通）滤波器卷积且下采样得到的成分 差分滤波器的权函数定义为来自于具有特殊伸缩参数而无平移的小波函数的特殊小波族
多分辨率阶梯结构 （multiresolution ladder structure）	由所有各阶差分成分和最高阶平滑成分组成的结构
尺度函数 （scalar function）	定义用于获取平滑成分的平滑滤波器权函数的函数 为了避免在多分辨率阶梯结构中的信息损失，小波函数和尺度函数相匹配
下采样 （decimation）	＜小波＞每 k 点进行一次采样的小波操作，其中 k 为正整数，通常 k 取 2
样条小波 （spline wavelet）	相应的重构尺度函数为样条的小波族

6.3.5.2　小波的描述

（1）小波的基本用途　小波分析是指将轮廓分解为来自于某一母小波的小波族 $g_{a,b}(x)$ 的线性组合。类似于傅里叶变换将轮廓分解为正弦波的线性组合。但不同于傅里叶变换的是，小波分析不但能识别轮廓特征的位置，也能识别特征尺度。因此，小波分析能够分解一部分的小尺度结构与其他部分结构不相关的轮廓，如具有局部变化特征（划痕等）的轮廓。此外，小波还适用于分析非静态轮廓。基本上小波将轮廓分解为形状相同但尺度不同的组成部分。

（2）小波变换　对以固定间距 $x_i = i\Delta x$（Δx 为采样间距，$i = \cdots,\ -2,\ -1,\ 0,\ 1,\ 2,\ \cdots$）采样获得的轮廓 $s(t)$，实施以 $g(x)$ 为母小波的离散小波变换式为：

$$S(i\Delta x, a) = \Delta x \sum_{j} s[(i - j)\Delta x] g_{a,j\Delta x}(j\Delta x) \tag{6-56}$$

伸缩参数 a 也限于离散值。通常 a 的连续值成固定比例，即 $a_i/a_{i+1} = $ 常数。常数通常取为 2。

如果小波 $g(x)$ 有界，则在尺度 a 上 $g(x)$ 的采样点数随着 a 线性增长，如此则基于上述公式的算法计算 S 通常不切实际。有效的小波算法依赖于母小波的各种特性。这里考虑的是对于双正交小波非常有效的多分辨算法（见 GB/Z 26958.20）。样条小波属于双正交小波。

小波变换的多分辨率形式由平滑近似到轮廓的阶梯构造组成，如图 6-45 所示。第一层为原始轮廓，阶梯中的每一层都由滤波器组组成（见 GB/Z 26958.20）。滤波器组将轮廓 S^i 分解成两部分，即：

1）轮廓的更平滑形式 S^{i+1}，变成下一层，和。

2）相邻两层平滑轮廓的差值 d^{i+1}。

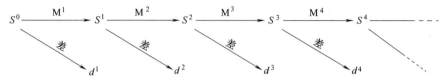

图 6-45　采用小波变换的多分辨率分离示例

滤波器组中的低通（平滑）滤波器 H_0 和高通滤波器 H_1 将轮廓点数减半。

逆着阶梯结构，借助于另一对共轭滤波器 H_0' 和 H_1'，从 $(d^1, d^2, d^3, \cdots, d^n, S^n)$ 可以重构原始轮廓。小波并不像傅里叶变换只有一种实现方法，而是有多种变换方法，这些变换依赖于决定四组滤波器 H_0、H_1、H_0^* 和 H_1^* 的母小波，可以通过多种变换途径实现。

（3）样条小波　对称小波包括样条小波。样条小波是尺度函数为样条的小波族。

第二代小波算法是计算小波变换的有效方法。所有具有有限个滤波器系数的小波都可以用第二代小波描述。

（4）嵌套数学模型　多分辨率阶梯结构，产生了一套轮廓嵌套数学模型，其第 i 个模型 m^i，是从 $(d^i, d^{i+1}, \cdots, d^n, S^n)$ 重构得到的（见图 6-45）。模型的阶次等同于截止波长值，模型的阶次越高，轮廓表达越平滑，也就是说 m^{i+1} 层比 m^i 层的轮廓更平滑。

采用嵌套模型计算两指定轮廓的高度差，可以构建类似于"传输带宽"的量，如：

$$m^{i,j} = m^i - m^j \ (i<j) \tag{6-57}$$

在这个示例中，阶次 i 等于截止波长 λs，阶次 j 等于截止波长 λc。模型阶次与截止波长的确切关系依赖于选定的母小波。

（5）应用　如果没有特殊规定，推荐使用三次插值样条小波（见 6.3.5.3 节）。

建议从一等比对数序列中选择嵌套指数（截止值 λc）。经验表明，连续尺度间比值约等于 10 的平方根时最优。嵌套指数应从下面序列中选取：

$\cdots$, $2.5\mu m$, $8\mu m$, $25\mu m$, $80\mu m$, $250\mu m$, $0.8mm$, $2.5mm$, $8mm$, $25mm$, $\cdots$

6.3.5.3　插值样条小波族

提升（lifting）原理用来定义插值小波族。由原始采样轮廓开始，在多分辨阶梯中的每一层都经过三个阶段从上一层计算获得。这三个阶段为：划分、预测和更新，见表 6-12。

表 6-12　插值样条小波族的计算

计算阶段	解释或描述
划分阶段	小波变换的提升算法首先将第 j 层的平滑轮廓 $A_{j,k}$ 划分成"奇数"和"偶数"子集，每个子集都包含 $A_{j,k}$ 一半的样本数。运算集为： $$\begin{cases} a_{j+1,k} = A_{j,2k} \\ d_{j+1,k} = A_{j,2k+1} \end{cases}$$ 其中 $A_{0,k} = Z_k$ 为原始采样轮廓

（续）

计算阶段	解释或描述
预测阶段	奇数与偶数子集是穿插的。如果轮廓具有区域相关结构,奇数和偶数子集将高度相关,因此可以合理的精度由偶数子集预测奇数子集 小波算法的预测阶段由两步组成,即从偶数子集预测奇数子集,然后从奇数子集值中去除预测值。运算集为: $$d_{j+1,k} = d_{j+1,k} - \rho(a_{j+1,k})$$ 对于插值样条小波族,可采用线性多项式进行预测。$\rho(a_{j+1,k})$ 是小波系数点的加权预测,即: $$\rho(a_{j+1,k}) = \sum_{i=1}^{N} f_i(a_{j+1,k})$$ 其中,$\rho(a_{j+1,k})$ 的值基于偶数子集序列;N 表示参与加权预测的数据点数;f_i 是一个小波系数点的滤波因子(加权函数)集合,通过应用下面的 $(N-1)$ 阶 Neville 多项式插值递归运算可以得到,即: $$f_i = f_{12\cdots N}(x) = \frac{(x-x_1)f_{2\cdots N}(x) - (x-x_N)f_{12\cdots N-1}(x)}{(x_N - x_1)}$$ 其中,初始系数 $f_1, f_2, \cdots, f_N$ 为 $(N-1)$ 阶样条插值的 Bezier 系数集 例如,如果用三次多项式插值生成加权函数,将有四个相邻值参与加权预测。应当考虑如下五种情况: 1) 在间隔两端各有两个相邻点 2) 间隔左边界左边有一个采样点,右边有三个采样点 3) 采样点布局与情况 2) 相同,但分布在右边界 4) 四个采样点全部在左边 5) 四个采样点全部在右边 考虑这些情况是为了保障边界自然而不包含任何人为干扰(所有滤波系数列于表 6-13)。这样做的结果是不再需要通常滤波方法涉及的边界长度 例如,当有两个位于左边的采样点和两个位于右边采样点时,提升因子为: $$f = \left(-\frac{1}{32}, \frac{9}{32}, \frac{9}{32}, -\frac{1}{32} \right)$$ 尺度系数可更新为: $$d_{j+1,k} = d_{j+1,k} - \frac{1}{32}(-a_{j+1,k-2} + 9a_{j+1,k-1} + 9a_{j+1,k} - a_{j+1,k+1})$$
更新阶段	对于多分辨阶梯的每一层,平滑轮廓结果应当都保留有原始轮廓的一些特性,如相同的平均值和其他高阶矩,这可以在更新阶段得到 小波算法的更新阶段是为了尽可能多地保留轮廓矩而从奇数子集更新得到偶数子集。运算集如下: $$A_{j+1,k} = a_{j+1,k} + \mu(d_{j+1,k})$$ 其中加权更新 $\mu(d_{j+1,k})$ 为: $$\mu(d_{j+1,k}) = \sum_{i=1}^{\tilde{N}} l_i(d_{j+1,k})$$ 式中,$\tilde{N}$ 为参与加权更新的小波系数点数,$\tilde{N}$ 越大,轮廓矩保留的越多;l_i 指提升因子。提升因子可以通过下面算法获得: 首先,为多分辨阶梯第一层所有系数定义一个起始矩阵。矩阵 M 通过轮廓点数 s 和 $\tilde{N}$ 定义,即 $$\boldsymbol{M}(p,q) = \begin{pmatrix} m_{1,1} & \cdots & m_{1,\tilde{N}} \\ \vdots & m_{p,q} & \vdots \\ m_{s,1} & \cdots & m_{s,\tilde{N}} \end{pmatrix} = \begin{pmatrix} 1 & 1^2 & \cdots & 1^{\tilde{N}} \\ 2 & 2^2 & \cdots & 2^{\tilde{N}} \\ \vdots & \vdots & & \vdots \\ s & s^2 & \cdots & s^{\tilde{N}} \end{pmatrix} \quad \begin{matrix} 1 \leq p \leq s \\ 1 \leq q \leq \tilde{N} \end{matrix}$$

（续）

计算阶段	解释或描述
更新阶段	更新矩阵需要指出有多少对应于小波系数的滤波因子对更新起作用。当两边相邻点数相同时,矩阵可以表示为: $$m_{2p,q} = m_{2p,q} + \sum_{t,j} f_i m_{t,q}$$ 其中,$t = 2p-N+1, 2p-N+3, \cdots, 2p+N+1; i = 1, \cdots, N$ 提升因子是下面线性系统的解,即: $$\begin{pmatrix} m_{2p-\widetilde{N}+2,1} & \cdots & m_{2p+\widetilde{N},1} \\ \vdots & m_{2p,q} & \vdots \\ m_{2p-\widetilde{N}+2,\widetilde{N}} & \cdots & m_{2p+\widetilde{N},\widetilde{N}} \end{pmatrix}_{\widetilde{N},\widetilde{N}} \begin{pmatrix} l_1 \\ \vdots \\ l_q \\ \vdots \\ l_{\widetilde{N}} \end{pmatrix} = \begin{pmatrix} m_{2p+1,1} \\ \vdots \\ m_{2p+1,q} \\ \vdots \\ m_{2p+1,\widetilde{N}} \end{pmatrix}$$ 例如,当将尺度系数加权更新视作三次样条插值时,更新可利用 4 个相邻小波系数来实现。此时,提升因子为: $$l = \left(-\frac{1}{32}, \frac{9}{32}, \frac{9}{32}, -\frac{1}{32} \right)$$ 尺度系数可更新为: $$A_{j+1,k} = a_{j+1,k} + \frac{1}{32}(-d_{j+1,k-2} + 9d_{j+1,k-1}, 9d_{j+1,k} - d_{j+1,k+1})$$
正变换和 逆变换	正变换为: 1)划分 $\begin{cases} a_{j+1,k} = A_{j,2k} \\ d_{j+1,k} = A_{j,2k+1} \end{cases}$ 2)预测 $d_{j+1,k} = d_{j+1,k} - \rho(a_{j+1,k})$ 3)更新 $A_{j+1,k} = a_{j+1,k} + \mu(d_{j+1,k})$ 提升算法的一个重要特性是,一旦正变换被定义,立即可以得到逆变换,仅仅运算操作逆过来,包括加号和减号切换。因此,逆变换算法如下: 1)更新 $a_{j+1,k} = A_{j+1,k} - \mu(d_{j+1,k})$ 2)预测 $d_{j+1,k} = d_{j+1,k} + \rho(a_{j+1,k})$ 3)组合 $\begin{cases} A_{j,2k} = a_{j+1,k} \\ A_{j,2k+1} = d_{j+1,k} \end{cases}$

三次多项式插值的滤波系数见表 6-13。

表 6-13　三次多项式插值的滤波系数

位于左边的 采样点数	位于右边的 采样点数	$k-7$	$k-5$	$k-3$	$k-1$	$k+1$	$k+3$	$k+5$	$k+7$
0	4					2.1875	-2.1875	1.3125	-0.3125
1	3				0.3125	0.9375	-0.3125	0.0625	
2	2			-0.063	0.5625	0.5625	-0.063		
3	1		0.0625	-0.3125	0.9375	0.3125			
4	0	-0.3125	1.3125	-2.1875	2.1875				

6.3.5.4　三次插值样条小波滤波器的应用实例

示例1：铣削表面。用 $5\mu m$ 的探针对一铣削加工表面进行测量，得到原始轮廓。图 6-46 显示了连续"平滑"轮廓，最上面为原始轮廓和小波分离得到的最平滑轮廓。

如图 6-47 所示为连续平滑间的差异（细节），从图中注意到在第 5 层已经能够很容易地识别出铣削加工的痕迹。

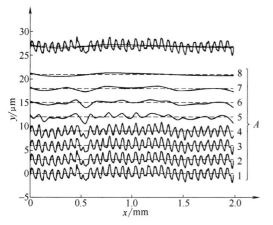

图 6-46　采用三次插值样条小波分离
得到的铣削加工表面连续平滑轮廓
x—间隔　y—高度　A—层

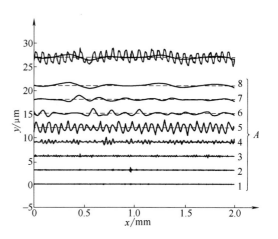

图 6-47　采用三次插值样条小波
区分铣削加工表面差异
x—间隔　y—高度　A—层

示例2：陶瓷轮廓。用 $5\mu m$ 的探针对一粗糙陶瓷表面测量得到原始轮廓。图 6-48 显示了连续"平滑"轮廓，最上面为原始轮廓。

图 6-49 所示为连续平滑间的差异（细节）。从图中可以发现，在第 3 层和第 4 层，可以识别到深的表面谷，在第 1 层和第 2 层可以识别出各种奇异特征。

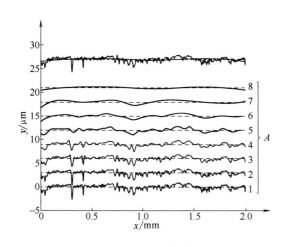

图 6-48　采用三次插值样条小波
分离陶瓷表面的连续"平滑"轮廓
x—间隔　y—高度　A—层

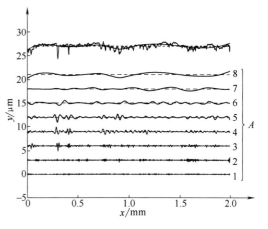

图 6-49　采用三次插值样条小波
区分陶瓷表面差异
x—间隔　y—高度　A—层

6.4 稳健轮廓滤波器

6.4.1 稳健轮廓滤波器的基本概念

GB/Z 26958.30—2017《产品几何技术规范（GPS） 滤波 第 30 部分：稳健轮廓滤波器 基本概念》等同采用了 ISO/TS 16610-30：2009，规定了稳健轮廓滤波器的基本概念。

6.4.1.1 稳健轮廓滤波器的相关术语

稳健轮廓滤波器的相关术语及定义见表 6-14。

表 6-14 稳健轮廓滤波器相关术语及定义

术语	定义及解释
稳健性 （robustness）	输出数据对输入数据中特殊现象的不敏感性。稳健性不是一般意义的轮廓滤波器的绝对特性，而是一个相对特性。若输入数据中的特殊现象在一种轮廓滤波器的响应输出中引起的失真比其在另一种轮廓滤波器响应输出中引起的失真更小，则说明这种轮廓滤波器对于这种特殊现象比另一种轮廓滤波器更稳健 特殊现象如异常值、划伤、台阶等
轮廓不连续 （profile discontinuity）	轮廓特性发生突变的轮廓部分
斜率不连续 （slope discontinuity）	轮廓斜率突变形成的轮廓不连续
台阶不连续 （step discontinuity）	轮廓高度突变形成的轮廓不连续

（续）

术语	定义及解释
尖峰不连续 （spike discontinuity）	轮廓中向上或向下窄凸起部分形成的轮廓不连续
度量 （metric）	<轮廓法>满足以下三个条件的两轮廓间的特性： 1) 正定性，即 $\delta(p_1(x), p_2(x)) \geqslant 0$，当且仅当 $p_1(x) = p_2(x)$ 时等号成立 2) 交换性，即 $\delta(p_1(x), p_2(x)) = \delta(p_2(x), p_1(x))$ 3) 三角不等性，即 $\delta(p_1(x), p_2(x)) + \delta(p_2(x), p_3(x)) \geqslant \delta(p_1(x), p_3(x))$ 式中 $\delta(\cdots, \cdots)$ 是两个轮廓 p_1 和 p_2 的函数，其结果为一个实数
范数 （norm）	<轮廓法>用来定义某一度量的两个轮廓的函数
L1-范数 （L1-norm） 连续绝对偏差范数 （continuous absolute deviation norm）	<轮廓法>由以下积分公式定义的范数： $$\delta(p_1(x), p_2(x)) = \int_x |p_1(x) - p_2(x)|dx$$
l1-范数 （l1-norm） 离散绝对偏差范数 （discrete absolute deviation norm）	<轮廓法>由以下求和公式定义的范数： $$\delta(p_1(x), p_2(x)) = \sum_{i=1}^{n} |p_1(x_i) - p_2(x_i)|$$
L2-范数 （L2-norm） 连续最小二乘范数 （continuous least squares norm）	<轮廓法>由以下积分公式定义的范数： $$\delta(p_1(x), p_2(x)) = \sqrt{\int_x (p_1(x) - p_2(x))^2 dx}$$
l2-范数 （l2-norm） 离散最小二乘范数 （discrete least squares norm）	<轮廓法>由以下求和公式定义的范数： $$\delta(p_1(x), p_2(x)) = \sqrt{\sum_{i=1}^{n} (p_1(x_i) - p_2(x_i))^2}$$
L∞-范数 （L∞-norm） 连续切比雪夫范数 （continuous Chebychev norm）	<轮廓法>由以下公式定义的范数： $$\delta(p_1(x), p_2(x)) = \max_x |p_1(x) - p_2(x)|$$
l∞-范数 （l∞-norm） 离散切比雪夫范数 （discrete Chebychev norm）	<轮廓法>由以下公式定义的范数： $$\delta(p_1(x), p_2(x)) = \max_{i=1,\cdots,n} |p_1(x_i) - p_2(x_i)|$$

（续）

术语	定义及解释
统计估计 （statistical estimator）	基于由总体抽取的样本数据做出的估计
稳健统计估计 （robust statistical estimator）	对输入数据中的特殊现象不敏感的统计估计
M-估计 （M-estimator）	根据数据点偏离基准线的带符号距离,使用影响函数对数据加权的稳健统计估计
影响函数 （influence function）	不对称且尺寸不变的函数
中值绝对偏差 （median absolute deviation） MAD	表征系列观测值离散性的一个参数,它对于尖峰不连续稳健,可通过计算每个观测值到所有观测值中值的绝对偏差的中值得到 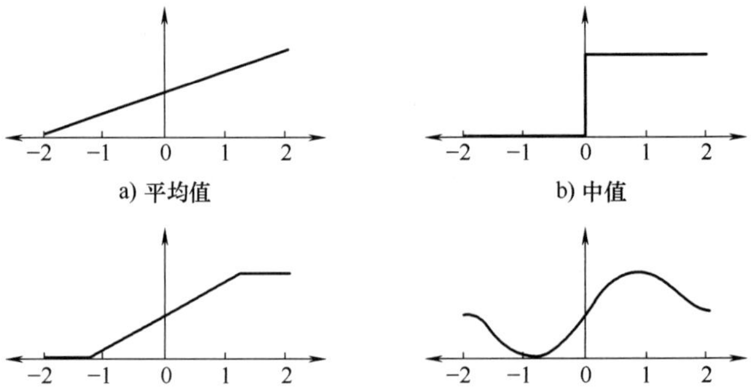 a) 平均值　　b) 中值　　c) 胡贝尔(Huber)函数　　d) 双权函数
贝叶斯估计 （bayesian estimator）	根据各数据点到基准线的带符号距离采用贝叶斯统计加权的稳健统计估计

6.4.1.2　稳健性的处理方法

稳健性不是一般意义的轮廓滤波器的绝对特性，而是一个相对特性。若输入数据中的特殊现象在一种轮廓滤波器的响应输出中引起的失真，比其在另一种轮廓滤波器响应输出中引起的失真更小，则说明这种轮廓滤波器对于这种特殊现象比另一种轮廓滤波器更稳健。稳健性的构建方法见表6-15。

表6-15　稳健性的构建方法

方法	描　　述
基于度量的方法	用于滤波后轮廓贴合原轮廓的度量是一种更稳健的度量 　例如，对于尖峰不连续，基于L1-范数的度量比基于最小二乘范数（L2-范数）的度量更稳健，而基于L2-范数的度量比基于切比雪夫范数（L∞-范数）的度量更稳健 　与这些度量等效的粗糙度参数为 Ra（L1-范数）、Rq（L2-范数）、Rz（L∞-范数）。这些参数对于轮廓中变化的敏感性呈递增趋势
基于统计法的方法	1. M-估计 　轮廓上的每一点根据一个影响函数有不同的权重，此影响函数用轮廓滤波器的低通响应作为基准线。由此，远离低通响应的各点比接近低通响应的点有更小的相对权重。这种方法使滤波后的轮廓对尖峰不连续更加稳健。在关于稳健统计学的标准文献中，可以找到几种常用的影响函数来分配各点权重[胡贝尔（Huber）、比顿（Beaton）函数等] 　注意:这种稳健性方法通常用迭代法实现，因为计算权重需要轮廓滤波器的响应

（续）

方法	描　　述
基于统计法的方法	2. 贝叶斯估计 建立一个统计模型，表达轮廓的典型成分和尖峰不连续成分。首先得到各种成分的分布，然后用贝叶斯法计算轮廓的每一点是尖峰不连续还是轮廓的典型点的概率，并据此给定每一点权重，最后用与 M-估计相似的方法，用这些点的权重得到滤波后轮廓
预处理法	预处理是在滤波前用其他方法去除或大幅度地减小轮廓中不希望成分的技术，这样消除或极大减小不希望成分对轮廓滤波器响应的影响。换言之，预处理后再进行滤波，就可以达到稳健滤波的效果。这种方法的优点是，一旦找到一种去除不需要成分的方法，就可以将其与任意轮廓滤波器组合使用 1. 尺度空间预处理 尺度空间技术（GB/Z 26958.49）可用来在滤波前去除轮廓不连续。通过对尺度空间的每个尺度设置硬阈值以上系数，来识别轮廓的不连续。通过将设置的硬阈值以上系数置零，可以去除轮廓的不连续，并重构轮廓。尺度空间预处理允许所有轮廓滤波器对轮廓不连续都是稳健的 2. 小波预处理 可以用小波（GB/Z 26958.29）在滤波前去除轮廓不连续。通过对尺度小波空间的每个层次设置硬阈值以上系数，来识别轮廓的不连续。通过将设置的硬阈值以上系数置零，可以去除轮廓的不连续，并重构轮廓。小波预处理允许所有轮廓滤波器对轮廓不连续都是稳健的

6.4.1.3　轮廓不连续的类型

轮廓滤波器的一个重要特性是其对轮廓不连续的响应方式。轮廓不连续的三种基本类型为：斜率不连续、台阶不连续、尖峰不连续。

（1）斜率不连续　斜率不连续数据集的定义如下：

1）当 $0 < X < 2$ 时，$Z = 10\mu m$。

2）当 $2 < X < 4$ 时，$Z = (3mm - X)/100$。

3）当 X 为其他值时，Z 无定义。

4）X 间距为 $0.5\mu m$。

图 6-50 是对斜率不连续数据集施加 GB/T 26958.21 规定的高斯滤波器，截止波长为 0.8mm；图 6-51 所示为原始轮廓与滤波轮廓的差别。

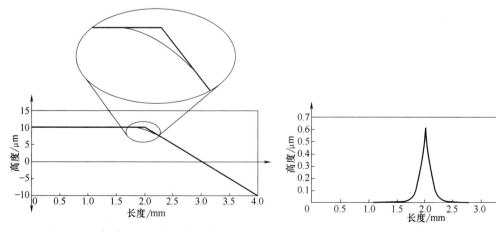

图 6-50　对斜率不连续数据集滤波示例　　　图 6-51　斜率不连续数据集的原始轮廓
　　　　　　　　　　　　　　　　　　　　　　　与滤波轮廓间差值的示例

（2）台阶不连续 台阶不连续数据集的定义如下：

1）当 $0<X<2$ 时，$Z=10\mu m$。

2）当 $2<X<4$ 时，$Z=-10\mu m$。

3）当 X 为其他值时，Z 无定义。

4）X 间距为 $0.5\mu m$。

图 6-52 所示是对台阶不连续数据集施加 GB/T 26958.21 规定的高斯滤波器，截止波长为 0.8mm。

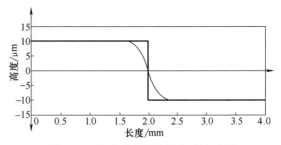

图 6-52 台阶不连续数据集滤波示例

（3）尖峰不连续 尖峰不连续数据集的定义如下：

1）当 $0<X\leqslant4$ 时，$Z=0\mu m$。

2）当 $X=0.75$ 时，$Z=5\mu m$。

3）当 $X=1.5$ 时，$Z=10\mu m$。

4）当 $X=2.5$ 时，$Z=-10\mu m$。

5）当 $X=3.25$ 时，$Z=-5\mu m$。

6）当 X 为其他值时，Z 无定义。

7）X 间距为 $0.5\mu m$。

图 6-53 所示是对尖峰不连续数据集施加 GB/T 26958.21 规定的高斯滤波器，截止波长为 0.8mm。

6.4.2 稳健高斯回归滤波器

GB/Z 26958.31—2011《产品几何技术规范（GPS） 滤波 第 31 部分：稳健轮廓滤波器 高斯回归滤波器》等同采用 ISO/TS 16610-31：2010，规定了离散的稳健高斯回归滤波器的特性，稳健高斯回归

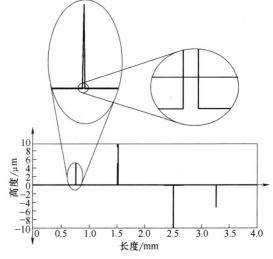

图 6-53 尖峰不连续数据集滤波示例

滤波器适用于评定有深谷或高峰等尖峰不连续的表面轮廓。

6.4.2.1 稳健高斯回归滤波器的特性

（1）权函数 稳健高斯回归滤波器的权函数取决于轮廓点的值（到参考线的距离）以及权函数在轮廓线上的位置。

（2）滤波方程 稳健高斯回归滤波器源自于普通的离散回归滤波器。令其阶数 $p=2$，用双权影响函数和 GB/Z 26958.21 定义的高斯权函数。当 $p=2$ 时，稳健高斯回归滤波器得到高达第 2 阶次的形状分量。

1）用于开放轮廓的稳健高斯回归滤波器的滤波方程。对于开放轮廓，稳健高斯回归滤波器的滤波方程为：

$$w_k=(1\quad0\quad0)(\boldsymbol{X}_k^{\mathrm{T}}\boldsymbol{S}_k\boldsymbol{X}_k)^{-1}\boldsymbol{X}_k^{\mathrm{T}}\boldsymbol{S}_kz \qquad (6-58)$$

回归函数扩展为矩阵：

$$X_k = \begin{pmatrix} 1 & x_{1,k} & x_{1,k}^2 \\ \vdots & \vdots & \vdots \\ 1 & x_{n,k} & x_{n,k}^2 \end{pmatrix} \tag{6-59}$$

$$x_{l,k} = (l-k)\Delta x, l = 1, \cdots, n \tag{6-60}$$

空间变量权函数 S_k:

$$S_k = \begin{pmatrix} s_{1,k}\delta_1 & 0 & \cdots & 0 \\ 0 & s_{2,k}\delta_2 & & \vdots \\ \vdots & & & 0 \\ 0 & \cdots & 0 & s_{n,k}\delta_n \end{pmatrix} \tag{6-61}$$

其中，高斯函数为:

$$s_{l,k} = \frac{1}{\gamma \times \lambda c} \exp\left(-p\left(\frac{x_{l,k}}{\gamma \times \lambda c}\right)^2\right), l = 1, \cdots, n \tag{6-62}$$

参数为:

$$\gamma = \sqrt{\frac{-1 - W\left(-\frac{1}{2\exp(1)}\right)}{p}} \approx 0.7309 \tag{6-63}$$

附加的权为:

$$\delta_l = \begin{cases} \left[1 - \left(\frac{z_l - w_l}{c}\right)^2\right]^2 & , |z_l - w_l| \leqslant c \\ 0 & , |z_l - w_l| > c \end{cases}, l = 1, \cdots, n \tag{6-64}$$

此附加的权源自有以下参数的双权影响函数，即:

$$c = \frac{3}{\sqrt{2}\,\mathrm{erf}^{-1}(0.5)}\mathrm{median}\,|z-w| \approx 4.4478\,\mathrm{median}\,|z-w| \tag{6-65}$$

式中　$W(X)$——"兰波特 W"（Lambert W）函数；

　　　$\mathrm{erf}^{-1}(x)$——反向误差函数；

　　　　n——轮廓数据点数；

　　　　k——轮廓坐标的指数，$k = 1, \cdots, n$；

　　　　z——滤波前轮廓的 n 维向量；

　　　　w——n 维轮廓滤波参考线向量；

　　　　w_k——在位置 k 处的滤波器参考线值；

　　　　λc——轮廓滤波器的截止波长；

　　　　Δx——采样间距。

在默认情况下，c 的定义等效于高斯分布轮廓表面粗糙度 Rq 值的 3 倍。

向量 w 为轮廓长波分量（参考线）。轮廓短波分量 r 可以利用差值向量 $r = z - w$ 获得。

对于边界处有深坑和尖峰的轮廓，可以令 $p = 0$，以增强稳健性。在这种情况下，应先用预滤波技术来消除标称形状。$p = 0$ 时，滤波方程的结果为:

$$w_k = (X_k^{\mathrm{T}} S_k X_k)^{-1} X_k^{\mathrm{T}} S_k z = \left(\sum_{i=1}^{n} s_{l,k}\delta_l\right)^{-1} \sum_{i=1}^{n} (s_{l,k}\delta_l z_l)$$

式中 $\boldsymbol{X}_k = \begin{pmatrix} 1 \\ \vdots \\ 1 \end{pmatrix}$，且 $\gamma = \sqrt{\dfrac{\ln 2}{p}}$。

2）用于闭合轮廓的稳健高斯回归滤波器的滤波方程。对于闭合轮廓，稳健高斯回归滤波器的滤波方程为：

$$\widetilde{w}_k = \begin{pmatrix} 1 & 0 & 0 \end{pmatrix} (\widetilde{\boldsymbol{X}}_k^{\mathrm{T}} \widetilde{\boldsymbol{S}}_k \widetilde{\boldsymbol{X}}_k)^{-1} \widetilde{\boldsymbol{X}}_k^{\mathrm{T}} \widetilde{\boldsymbol{S}}_k \widetilde{z} \tag{6-66}$$

回归函数扩展为矩阵，即：

$$\widetilde{\boldsymbol{X}}_k = \begin{pmatrix} 1 & \widetilde{x}_{1,k} & \widetilde{x}_{1,k}^2 \\ \vdots & \vdots & \vdots \\ 1 & \widetilde{x}_{n,k} & \widetilde{x}_{n,k}^2 \end{pmatrix} \tag{6-67}$$

式中 $\widetilde{x}_{l,k} = \left(\left(l - k + \dfrac{n}{2} \right) \bmod n - \dfrac{n}{2} \right) \Delta x$，$l = 1, \cdots, n$。

空间变量权函数 $\widetilde{\boldsymbol{S}}_k$ 为：

$$\widetilde{\boldsymbol{S}}_k = \begin{pmatrix} \widetilde{s}_{1,k}\widetilde{\delta}_1 & 0 & \cdots & 0 \\ 0 & \widetilde{s}_{2,k}\widetilde{\delta}_2 & & \vdots \\ \vdots & & & 0 \\ 0 & \cdots & 0 & \widetilde{s}_{n,k}\widetilde{\delta}_n \end{pmatrix} \tag{6-68}$$

其中，高斯函数为：

$$\widetilde{s}_{l,k} = \dfrac{1}{\gamma \times \lambda c} \exp\left(-\pi \left(\dfrac{\widetilde{x}_{l,k}}{\gamma \times \lambda c} \right)^2 \right), l = 1, \cdots, n \tag{6-69}$$

参数为：

$$\gamma = \sqrt{\dfrac{-1 - W\left[-\dfrac{1}{2\exp(1)} \right]}{p}} \approx 0.7309 \tag{6-70}$$

附加的权为：

$$\widetilde{\delta}_l = \begin{cases} \left(1 - \left(\dfrac{\widetilde{z}_l - \widetilde{w}_l}{\widetilde{c}} \right)^2 \right)^2 & , |\widetilde{z}_l - \widetilde{w}_l| \leq \overline{c} \\ 0 & , |\widetilde{z}_l - \widetilde{w}_l| > \overline{c} \end{cases}, l = 1, \cdots, n \tag{6-71}$$

此附加的权源自有以下参数的双权影响函数：

$$\overline{c} = \dfrac{3}{\sqrt{2}\,\mathrm{erf}^{-1}(0.5)} \mathrm{median} |\widetilde{z} - \widetilde{w}| \approx 4.4478\,\mathrm{median} |\widetilde{z} - \widetilde{w}| \tag{6-72}$$

式中 $W(X)$——"兰波特 W"（Lambert W）函数；

     $\mathrm{erf}^{-1}(x)$——反向误差函数；

     n——轮廓数据点数；

     k——轮廓坐标的指数，$k = 1, \cdots, n$；

     $\widetilde{z}$——滤波前轮廓的 n 维向量；

     $\widetilde{w}$——n 维轮廓滤波参考线向量；

$\widetilde{w}_k$——在位置 k 处的滤波器参考线值;

λc——轮廓滤波器的截止波长;

Δx ——采样间距。

在默认情况下, c 的定义等效于高斯分布轮廓表面粗糙度 Rq 值的 3 倍。

向量 $\widetilde{w}$ 为轮廓长波成分 (参考线)。轮廓短波分量 $\widetilde{r}$ 可以利用差值向量 $\widetilde{r} = \widetilde{z} - \widetilde{w}$ 获得。

(3) 传输特性 稳健高斯回归滤波器的权函数取决于轮廓点数值及其在轮廓线上的位置, 因此, 无法给出其传输特性。

(4) 嵌套指数的推荐值 (切除长度值 λc) 推荐选取嵌套指数值为轮廓数据集中特征宽度的 3 倍。否则, 应从以下数列中选取嵌套指数值:

···, 2.5μm, 8μm, 25μm, 80μm, 250μm, 0.8mm, 2.5mm, 8mm, 25mm, ···

6.4.2.2 稳健高斯回归滤波器的应用实例

稳健高斯回归滤波器 ($p=2$) 的应用实例如图 6-54~图 6-61 所示。

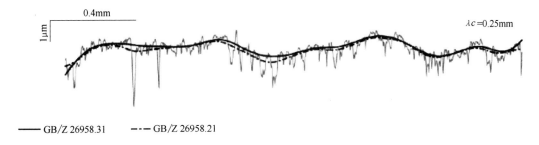

图 6-54　陶瓷表面轮廓

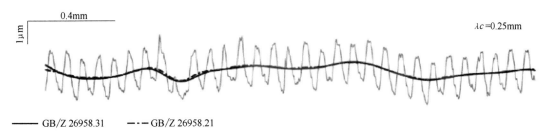

图 6-55　铣削表面轮廓

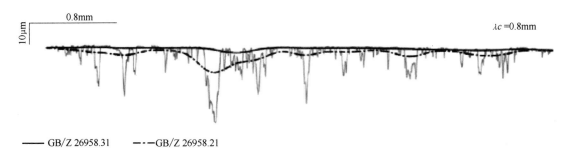

图 6-56　有气孔的烧结表面轮廓

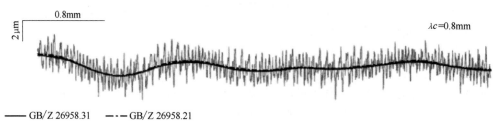

GB/Z 26958.31 —·— GB/Z 26958.21

图 6-57　磨削表面轮廓

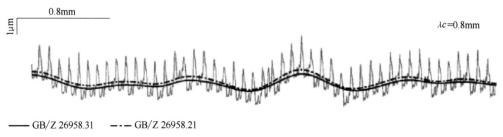

GB/Z 26958.31 —·— GB/Z 26958.21

图 6-58　车削表面轮廓

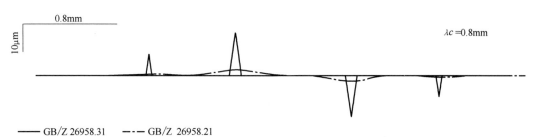

GB/Z 26958.31 —·— GB/Z 26958.21

图 6-59　有尖峰的表面轮廓

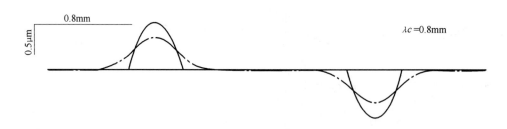

GB/Z 26958.31 —·— GB/Z 26958.21

图 6-60　有凹谷和凸起的表面轮廓

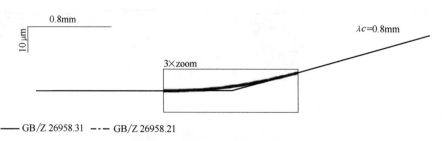

GB/Z 26958.31 —·— GB/Z 26958.21

图 6-61　有向上斜率的表面轮廓

6.4.3　稳健样条滤波器

GB/Z 26958.32—2011《产品几何技术规范（GPS）　滤波　第 32 部分：稳健轮廓滤波器　样条滤波器》等同采用 ISO/TS 16610-32：2009，规定了适用于表面轮廓的稳健样条滤波器特性，以及分离表面轮廓的长波和短波成分的详细方法。

6.4.3.1　稳健样条滤波器的特性

（1）权函数　稳健样条滤波器是非线性的，因此它没有权函数。

（2）适用于开放轮廓的稳健样条滤波器的滤波方程　滤波方程为：

$$[\beta\alpha^2 P + (1-\beta)\alpha^4 Q]w = \frac{\mathrm{sgn}(z-w)}{\sum|(z-w)|} \tag{6-73}$$

式中　P、Q——n 行 n 列矩阵，即：

$$P = \begin{pmatrix} 1 & -1 & & & & & \\ -1 & 2 & -1 & & & & \\ & -1 & 2 & -1 & & & \\ & & \ddots & \ddots & \ddots & & \\ & & & -1 & 2 & -1 & \\ & & & & -1 & 2 & -1 \\ & & & & & -1 & 1 \end{pmatrix}、\quad Q = \begin{pmatrix} 1 & -2 & 1 & & & & \\ -2 & 5 & -4 & 1 & & & \\ 1 & -4 & 6 & -4 & 1 & & \\ & \ddots & \ddots & \ddots & \ddots & \ddots & \\ & & 1 & -4 & 6 & -4 & 1 \\ & & & 1 & -4 & 5 & -2 \\ & & & & 1 & -2 & 1 \end{pmatrix};$$

α——参数，$\alpha = \dfrac{1}{2\sin\dfrac{\pi\Delta x}{\lambda c}}$ 且 $0 \leqslant \beta \leqslant 1$；

n——测得轮廓值的数目；

z——滤波前轮廓值的 n 维向量；

w——参考线矩阵中该轮廓值的 n 维向量；

λc——轮廓滤波器的截止波长；

Δx——采样间距。

$$\mathrm{sgn}(t) \text{——} \mathrm{sgn}(t) = \begin{cases} 1 & t \geqslant 0 \\ -1 & t < 0 \end{cases} \tag{6-74}$$

w 向量为轮廓的长波成分，短波成分 r 可以通过 $r = z - w$ 得到，也就是从轮廓取样数据中减去滤波得到的长波成分。

（3）适用于闭合轮廓的稳健样条滤波器的滤波方程　滤波方程如下：

$$[\beta\alpha^2 \widetilde{P} + (1-\beta)\alpha^4 \widetilde{Q}]\widetilde{w} = \frac{\mathrm{sgn}(\widetilde{z}-\widetilde{w})}{\sum|(\widetilde{z}-\widetilde{w})|} \tag{6-75}$$

式中　P、Q——n 行 n 列矩阵，即：

$$P = \begin{pmatrix} 2 & -1 & & & & & -1 \\ -1 & 2 & -1 & & & & \\ & -1 & 2 & -1 & & & \\ & & \ddots & \ddots & \ddots & & \\ & & & -1 & 2 & -1 & \\ & & & & -1 & 2 & -1 \\ -1 & & & & & -1 & 2 \end{pmatrix}、\quad Q = \begin{pmatrix} 6 & -4 & 1 & & & 1 & -4 \\ -4 & 6 & -4 & 1 & & & 1 \\ 1 & -4 & 6 & -4 & 1 & & \\ & \ddots & \ddots & \ddots & \ddots & \ddots & \\ & & 1 & -4 & 6 & -4 & 1 \\ 1 & & & 1 & -4 & 6 & -4 \\ -4 & 1 & & & 1 & -4 & 1 \end{pmatrix};$$

α——参数，$\alpha = \dfrac{1}{2\sin\dfrac{\pi\Delta x}{\lambda c}}$ 且 $0 \leqslant \beta \leqslant 1$；

n——测得轮廓值的数目；

z——滤波前轮廓值的 n 维向量；

w——参考线矩阵中该轮廓值的 n 维向量；

λc——轮廓滤波器的截止波长；

Δx——采样间距。

（4）传输特性　由于稳健样条滤波器是非线性的，没有权函数，因此稳健样条滤波器不存在传输特性。

（5）推荐值　特别推荐嵌套指数（截止波长 λc）从等比对数序列中选择。经验表明，相邻嵌套指数间的常数在 10 的平方根附近为最佳。嵌套指数应从下面序列中选取：

···，$2.5\mu m$，$8\mu m$，$25\mu m$，$80\mu m$，$250\mu m$，$0.8mm$，$2.5mm$，$8mm$，$25mm$，···

如果没有特别说明，张力参数 β 值取 0。

6.4.3.2　稳健样条滤波器的应用实例

稳健样条滤波器的应用实例如图 6-62 ~ 图 6-65 所示。

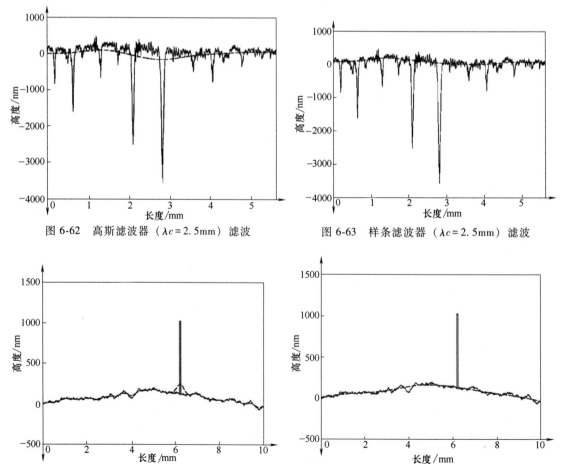

图 6-62　高斯滤波器（$\lambda c = 2.5mm$）滤波　　　　图 6-63　样条滤波器（$\lambda c = 2.5mm$）滤波

图 6-64　高斯滤波器（$\lambda c = 0.8mm$）滤波　　　　图 6-65　样条滤波器（$\lambda c = 0.8mm$）滤波

6.5　形态学轮廓滤波器

6.5.1　形态学轮廓滤波器概述

GB/Z 26958.40—2011《产品几何技术规范（GPS）　滤波　第40部分：形态学轮廓滤波器　基本概念》等同采用 ISO/TS 16610-40：2006，规定了形态学操作和滤波器，包括包络滤波器的基本术语和概念。

6.5.1.1　形态学轮廓滤波器的相关术语

形态学轮廓滤波器的相关术语及定义见表 6-16。

表 6-16　形态学轮廓滤波器相关术语及定义

术　语	定　义
形态学操作 （morphological operation）	对两个几何对象二元操作，得到另一几何对象的操作 膨胀和腐蚀是两种基本的形态学操作，开操作和闭操作是两种次级形态学操作
形态学滤波器 （morphological filter）	单调增加且等幂的形态学操作
包络滤波器 （envelope filter）	输入轮廓或表面输出包络的闭滤波器或开滤波器 闭滤波器产生上包络，开滤波器产生下包络
闵科夫斯基和 （Minkowski addition）	两个特定几何序列点的向量和
闵科夫斯基差 （Minkowski subtraction）	使用闵科夫斯基和对两几何序列定义的二元操作 它是第一序列与第二序列的闵科夫斯基和的补
构造元素 （structuring element）	<形态学滤波器>用于形态学操作的第二个几何对象
膨胀 （morphological）dilation	<形态学>用一个几何对象扩展另一个输入几何对象的形态学操作。膨胀不是等幂的，因此它不是形态学滤波器
腐蚀 （erosion）	<形态学>用一个几何对象收缩另一个输入几何对象的形态学操作 腐蚀不是等幂的，因此它不是形态学滤波器
开操作 （opening）	<形态学滤波器>腐蚀之后再膨胀的操作 开操作既是形态学滤波器，也是形成其他形态学滤波器的两个基础构造单元之一
闭操作 （closing）	<形态学滤波器>膨胀之后再腐蚀的操作 闭操作既是形态学滤波器，也是形成其他形态学滤波器的两个基础构造单元之一
单调增加 （monotonically increasing）	<形态学滤波器>在操作中保留特征包容状态的操作特性
等幂 （idempotent）	应用多次而不改变输出结果的操作特性
扩展性 （extensive）	<形态学滤波器>操作的输出包含输入的操作特性
反扩展性 （anti-extensive）	<形态学滤波器>操作的输出包含在输入中的操作特性
填充变换 （fill transform）	将轮廓特征转换为二维特征、表面特征转换为三维特征的操作

（续）

术语	定　义
阴影变换 （umbra transform）	可用于开放轮廓和开放表面的填充变换
刚体变换 （rigid body transformation）	对几何对象进行平移和旋转，而不改变对象上任意两点距离的操作
刚性运动不变性 （rigid motion invariant）	在刚体变换中不发生变化的操作的特性

6.5.1.2　形态学轮廓滤波器的基本概念

闵科夫斯基操作的基本概念见表 6-17，形态学操作的基本概念见表 6-18。

表 6-17　闵科夫斯基操作的基本概念

基本概念	解　释
闵科夫斯基操作	闵科夫斯基操作是指对任意维的几何特征进行闵科夫斯基和与闵科夫斯基差的操作，几何对象由一系列点来表示
闵科夫斯基和	两个特征 A 和 B 的闵科夫斯基和表示为 $A \oplus B$，定义为向量和： $$A \oplus B = \{a+b : a \in A, b \in B\}$$ 注意：①特征 A 和 B 的维数可以是任意维，也可以不同维，例如 A 是三维变量而 B 可以是二维变量 ②闵科夫斯基和可视作一个对象在另一个对象上扫过。闵科夫斯基和导致被和操作的对象变大，如下图所示 ③闵科夫斯基和具有交换性，即：$A \oplus B = B \oplus A$，从定义可验证这一特性 下图所示为两个对象 A 和 B 在二维空间上的闵科夫斯基和 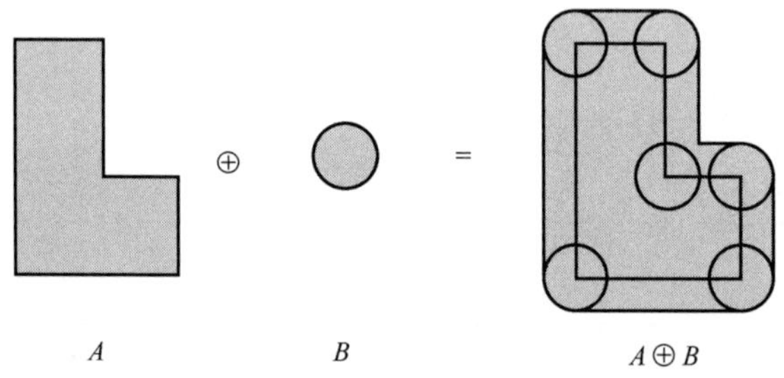
闵科夫斯基差	从特征 A 去除特征 B 的闵科夫斯基差表示为 $A \ominus B$，定义为： $$A \ominus B = \overline{\overline{A} \oplus B}$$ 上画线表示取补运算 注意：①对象 A 和 B 的维数可以是任意的，也可以不同维，例如 A 是三维特征而 B 可以是二维特征 ②闵科夫斯基差引起对象 A 的减小 ③闵科夫斯基差不具有交换性，即：$A \ominus B$ 不等于 $B \ominus A$ 下图所示为二维尺度上从特征 A 去除特征 B 的闵科夫斯基差 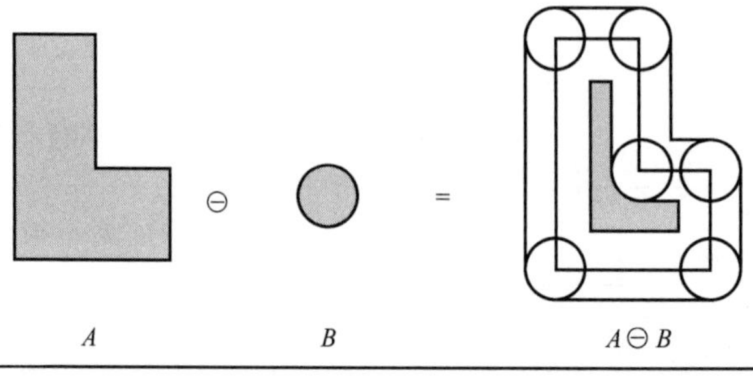

表 6-18　形态学操作基本概念

基本概念	解　释
形态学操作	可以使用闵科夫斯基操作定义两种基本形态学操作膨胀和腐蚀,以及两种次级形态学操作开操作和闭操作 习惯上将特征 A 作为输入对象,而特征 B 作为构造元素。构造元素 B 的对称形式是由 B 对其原点镜像生成,表示为: $$\check{B}=\{-b;b\in B\}$$
膨胀	用 B 对 A 膨胀操作定义为: $$D(A,B)=A\oplus\check{B}$$ 下图所示是由非对称构造元素 B 对输入对象 A 的膨胀,可以看出,膨胀操作用构造元素 B 扩展了输入对象 A 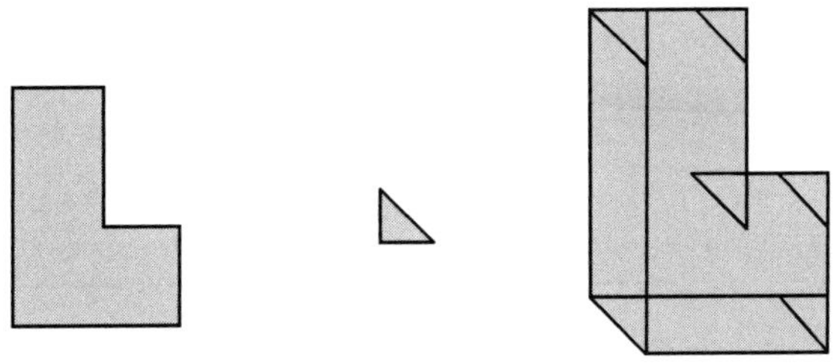 　　　　A　　　　　　B　　　　　$D(A,B)$
腐蚀	使用 B 对 A 进行腐蚀操作定义为: $$E(A,B)=A\ominus\check{B}$$ 下图所示是由非对称构造元素 B 对输入对象 A 的腐蚀,可以看出,腐蚀操作用构造元素 B 收缩了输入对象 A 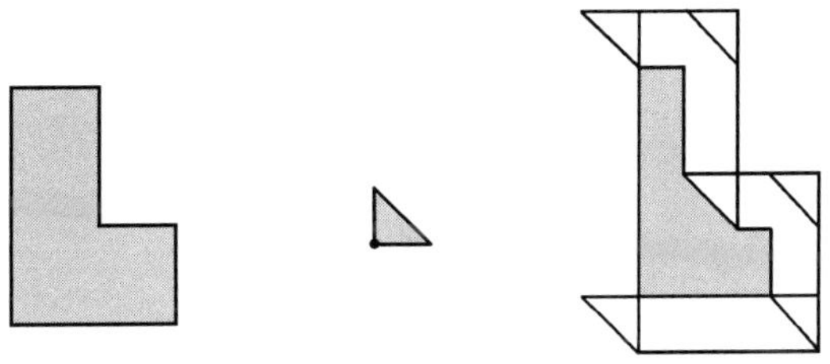 　　　　A　　　　　　B　　　　　$E(A,B)$
开操作	使用 B 对 A 开操作定义为: $$O(A,B)=D(E(A,B),\check{B})$$ 开操作是腐蚀后再膨胀的操作,顺序非常重要。下图所示用圆形构造元素 B 可以将输入特征 A 的凸角倒圆 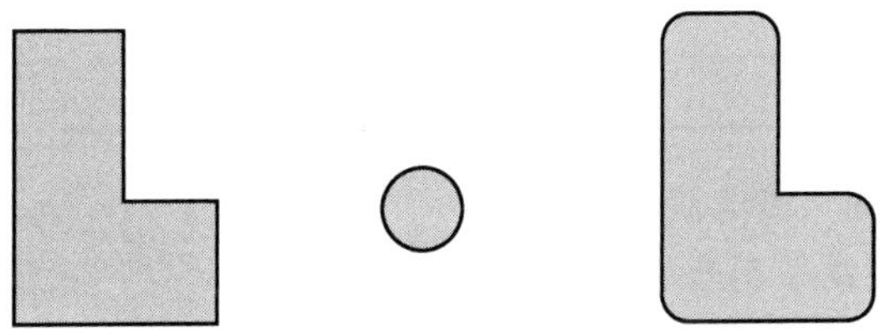 　　　　A　　　　　　B　　　　　$O(A,B)$ 用构造元素 B 对输入对象 A 的开操作

（续）

基本概念	解　释
闭操作	B 对 A 的闭操作定义为： $$C(A,B) = E(D(A,B),\overset{\vee}{B})$$ 闭操作是膨胀后再腐蚀的操作，顺序非常重要。下图所示用圆形构造元素 B 可以将输入特征 A 的凹角倒角。 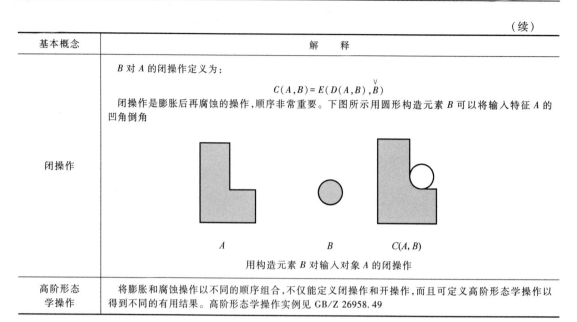 用构造元素 B 对输入对象 A 的闭操作
高阶形态学操作	将膨胀和腐蚀操作以不同的顺序组合，不仅能定义闭操作和开操作，而且可定义高阶形态学操作以得到不同的有用结果。高阶形态学操作实例见 GB/Z 26958.49

6.5.1.3　形态学操作的特性

形态学操作具有几个重要特性。如果 $F(A，B)$ 表示一个形态学操作，其中 A 为输入对象，B 为构造元素，其性质如下：

（1）刚性运动不变性　如果 $tF(A，B) = F(tA，B)$，其中 t 为任意刚体变换，则 $F(A，B)$ 具有刚性运动不变性。

（2）单调增加　如果 $A_1 \supset A_2$ 意味着 $F(A_1，B) \supset F(A_2，B)$，则 $F(A，B)$ 单调增加。

（3）等幂　如果 $F[F(A，B)，B] = F(A，B)$，则 $F(A，B)$ 等幂，即多次使用该操作并不改变输出结果。

（4）扩展和反扩展　如果 $F(A，B) \supset A$，则 $F(A，B)$ 是扩展，如果 $F(A，B) \subset A$，则 $F(A，B)$ 是反扩展。

四种形态学操作的特性总结见表 6-19。

表 6-19　四种形态学操作的特性总结

特性	膨胀	腐蚀	闭操作	开操作
刚性运动不变性	是	是	是	是
单调增加	是	是	是	是
等幂	否	否	是	是
扩展	是	否	是	否
反扩展	否	是	否	是

6.5.1.4　形态学滤波器的应用

形态学滤波器是单调增加和等幂的形态学操作，有开滤波器和闭滤波器两种类型。

（1）构造元素　对轮廓滤波，最常用的构造元素是圆盘和直线段；对表面滤波，最常用的构造元素是球和矩形面。这些构造元素具有对称性质，即 $B = \overset{\vee}{B}$。

（2）填充变换　填充变换将轮廓转换为二维对象，将表面转换为三维对象。如果轮廓或表面封闭，填充变换产生闭合轮廓或表面的内部区域。如图 6-66 所示为闭合轮廓的填充变换结果。如果轮廓和表面不封闭，可采用一种特殊的填充变换即阴影变换。如图 6-67 所示为阴影变换的一个简单实例，其中轮廓 $f(x)$ 定义在 x 的一个有限区间内，其阴影为函数 $f(x)$ 下面的整个二维区域。同理，表面 $f(x)$ 的阴影是其函数图形下面的整个三维区域。

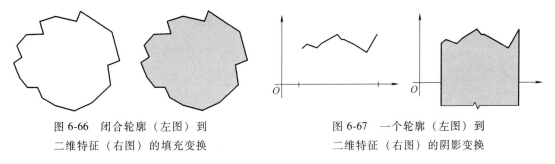

　图 6-66　闭合轮廓（左图）到　　　　　　　　图 6-67　一个轮廓（左图）到
　　二维特征（右图）的填充变换　　　　　　　　二维特征（右图）的阴影变换

（3）离散形态学滤波器　形态学滤波器的输入函数既可以是连续的，也可是离散的。如果输入来自于表面采样的有限个数据点，这是通常情况，它给出了输入函数的离散表达式。对离散数据作适当插值，即可得到连续的输入函数。

离散形态学滤波器是由输入函数的离散表达式和构造元素进行形态学滤波操作，得到滤波结果的离散表达式的形态学滤波器。离散形态学滤波算法可通过膨胀、腐蚀、开滤波器和闭滤波器的离散操作得到。

图 6-68 所示为离散膨胀滤波器的输入和输出的轮廓（采样间距 $0.5\mu m$ 的输入函数，构造元素为半径 $50\mu m$ 的圆盘）。

图 6-69 所示为离散腐蚀滤波器的输入和输出的轮廓（采样间距 $0.5\mu m$ 的输入函数，构造元素为半径 $50\mu m$ 的圆盘）。如果输入为圆形触针中心轨迹的离散采样数据，腐蚀滤波器的输出则可以是被滤波表面的近似表示。

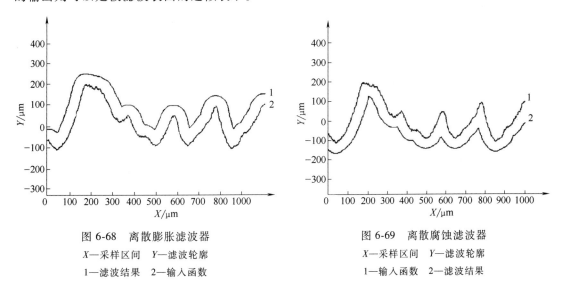

　　　图 6-68　离散膨胀滤波器　　　　　　　　　图 6-69　离散腐蚀滤波器
　　　X—采样区间　Y—滤波轮廓　　　　　　　X—采样区间　Y—滤波轮廓
　　　1—滤波结果　2—输入函数　　　　　　　　1—输入函数　2—滤波结果

图 6-70 所示为离散开滤波器的输入和输出轮廓（采样间距 $0.5\mu m$ 的输入函数，构造元素为半径 $50\mu m$ 的圆盘）。

图 6-71 所示为离散闭滤波器的输入和输出轮廓（采样间距 $0.5\mu m$ 的输入函数，构造元素为半径 $50\mu m$ 的圆盘）。它直接生成包络滤波器。

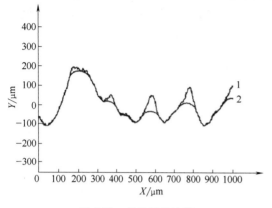

图 6-70　离散开滤波器

X—采样区间　Y—滤波轮廓

1—输入函数　2—滤波结果

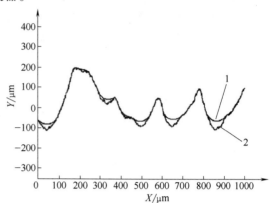

图 6-71　离散闭滤波器

X—采样区间　Y—滤波轮廓

1—滤波结果　2—输入函数

6.5.2　圆盘和水平线段滤波器

GB/Z 26958.41—2011《产品几何技术规范（GPS）　滤波　第 41 部分：形态学轮廓滤波器　圆盘和水平线段滤波器》等同采用 ISO/TS 16610-41：2006，规定了用圆盘和水平线段构造元素计算包括包络滤波器在内的形态学滤波器的技术。

6.5.2.1　形态学滤波器

（1）输入数据的离散表示　采样得到的轮廓数据由大小为 n 的向量 z 表示，这就是轮廓的离散表示。为计算方便，假定采用间隔 Δ 的等距采样。z 的第 i 元素 z_i 即为输入函数在 $i\Delta$ 时的估计值。

示例：假设一个长输入向量的前 5 个元素 z $=[-63.3,\ -65.0,\ -67.0,\ -70.4,\ -69.6,\ \cdots]$，单位为 μm，间距 Δ 为 $0.5\mu m$。通过适当的插值运算，如简单的分片线性插值，可得到采样轮廓的连续表示。图 6-72 所示为由离散向量 z 插值得到的连续表示图形。

（2）构造元素的离散表示　采用圆盘作为构造元素。因其关于原点对称，可以只考虑它在第一象限的形状，并离散地表示为向量 b，如图 6-73 所示。

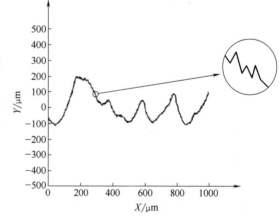

图 6-72　离散采样轮廓线性插值后的图形

X—采样间距　Y—滤波轮廓

示例：一个半径为 $2\mu m$ 的圆盘的简化表示为 $b=(\ 2.0000\quad 1.9365\quad 1.7321\quad 1.3229\quad 0\ )$，其中尺寸单位为 μm，采样间距为 $0.5\mu m$。如图 6-73b 所示，由于圆盘的对称性，仅用第一象限的圆弧表示。

关于原点对称的水平线段，只考虑其右半部分，并用向量 b 离散表示，如图 6-74 所示。

构造元素向量 **b** 的长度远小于输入向量 z。为了计算方便，构造元素向量 **b** 与输入向量 z 以相同的采样间距 Δ 采样。

示例：一个总长 4μm 的水平直线段的简化表示是 **b** = (0　0　0　0　0)，其中尺寸单位 μm，采样间距 Δ = 0.5μm。如图 6-74b 所示，由于线段的对称性，仅用线段的右边表示。

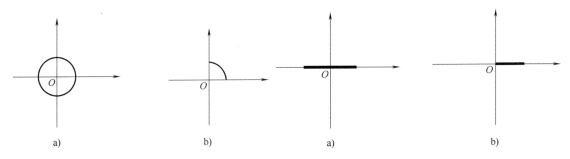

图 6-73　圆盘构造元素	图 6-74　水平直线段构造元素
a）完整形式　b）由于对称性在第一象限的简化表示	a）完整形式　b）由于对称性只由右半部分表示的简化表示

（3）离散形态学滤波器　一个离散滤波器以 z 和 **b** 作为输入，产生一个与输入 z 相同阵列长度的滤波输出，即滤波轮廓的离散表达式。膨胀和腐蚀运算的基本思想是将构造元素的原点移动到输入轮廓的每一点，并对其求和。

例如：图 6-75 显示了圆盘构造元素做膨胀操作时在一些位置点上的情况。圆盘的中心定位在每一个输入点，星号是将圆上采样点坐标与输入点坐标（实点）相加的所有结果的最大高度。集合每一采样点上的极值点，即构成膨胀操作的输出。在所有圆盘位置确定之后，每一垂直线上最顶端的星号集合起来，它们的垂直坐标阵列即形成膨胀操作的输出。

6.5.2.2　离散形态学轮廓滤波器的应用

闭和开滤波器能够按照特定的顺序采用膨胀和腐蚀操作计算。图 6-76 表示如何利用圆盘构造元素对一输入轮廓进行膨胀和腐蚀操作，图 6-77 和图 6-78 分别为开和闭滤波器的滤

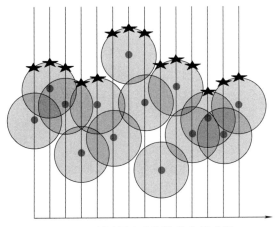

图 6-75　利用圆盘的膨胀操作示意图

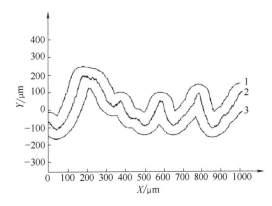

图 6-76　使用半径 50μm 圆盘对输入轮廓
进行膨胀与腐蚀操作的结果

X—采样距离　Y—滤波轮廓

1—膨胀　2—输入轮廓　3—腐蚀结果

波结果。这些图中，输入函数和构造元素均采用 $0.5\mu m$ 的等间隔采样。一般而言，膨胀和闭操作产生的输出是在输入轮廓的上部（扩展），腐蚀和开操作所产生的输出在输入轮廓的下部（反扩展）。图 6-79、图 6-80 和图 6-81 显示一个水平线段构造元素的操作结果。

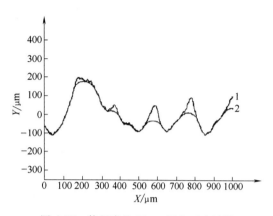

图 6-77　使用半径 $50\mu m$ 圆盘开滤波器
的输入轮廓与输出轮廓
X—采样间距　Y—滤波轮廓
1—输入函数　2—输出

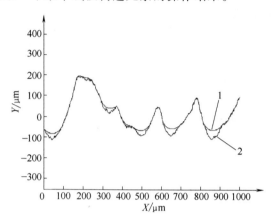

图 6-78　使用半径 $50\mu m$ 圆盘闭滤波器
的输入轮廓与输出轮廓
X—采样间距　Y—滤波轮廓
1—膨胀　2—输入函数

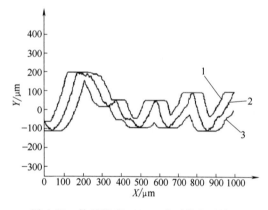

图 6-79　使用长度 $100\mu m$ 水平线段对输入
轮廓进行膨胀与腐蚀操作的结果
X—采样间距　Y—滤波轮廓
1—膨胀结果　2—输入函数　3—腐蚀结果

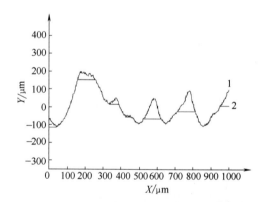

图 6-80　使用长度 $100\mu m$ 水平线段的
开滤波器的输入轮廓和输出轮廓
X—采样间距　Y—滤波轮廓
1—输入函数　2—输出

　　离散包络滤波器与离散闭和开滤波器相同。图 6-78 所示为输入轮廓及以圆盘为构造元素对其进行包容滤波操作的输出结果。图 6-81 所示为将水平线段作为构造元素时得到的相似结果。

6.5.2.3　离散形态学轮廓滤波器的推荐值

　　（1）边界条件　在输入数据的离散表示中，将输入轮廓界定于有限区间内，并假定膨胀操作中输入轮廓在区间外负无穷大。当对输入轮廓做膨胀操作时，输出结果将超出感兴趣的区间。只有感兴趣区间内的结果保留下来，而区间以外的输出视作负无穷大。进行腐蚀操作时，区间之外以正无穷大处理。做腐蚀操作后，截取并保留区间内的结果作为输出结果。

因为闭和开滤波器由膨胀和腐蚀操作定义，这些次级滤波器边界条件将自动处理。

（2）圆盘构造元素　推荐嵌套指数（圆盘构造元素半径）从一等比对数序列中选择。经验表明，比值为 2 的等比对数序列最佳。嵌套指数应大于或等于触针针尖半径，从以下序列值中选取：…，$1\mu m$，$2\mu m$，$5\mu m$，$10\mu m$，$20\mu m$，$50\mu m$，$100\mu m$，$200\mu m$，$500\mu m$，1mm，2mm，5mm，10mm，…

该序列与表面结构（见 GB/T 6062）以及形状规范（见 GB/T 24630.2、GB/T 24631.2、GB/T 24632.2、GB/T 24633.2）

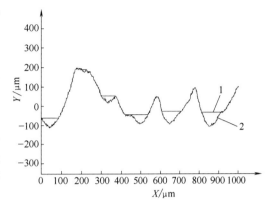

图 6-81　使用长度 $100\mu m$ 水平线段的闭滤波器的输入轮廓与输出轮廓
X—采样间距　Y—滤波轮廓
1—输出　2—输入函数

中推荐使用的测量触针半径一致。因此，用不同触针测量的表面将有尺度重叠，可以直接进行比较。

（3）水平线段构造元素　推荐嵌套指数（水平线段构造元素长度）从一等比对数序列中选择。经验表明，比值为 2 的等比对数序列最佳。嵌套指数应大于或等于触针针尖半径，从以下序列值中选取：

$$…，1\mu m，2\mu m，5\mu m，10\mu m，20\mu m，50\mu m，100\mu m，200\mu m，$$
$$500\mu m，1mm，2mm，5mm，10mm，…$$

该序列与推荐用于表面结构（见 GB/T 6062）测量的触针半径一致。因此，用不同触针测量的表面将有尺度重叠，可以直接进行比较。

（4）默认形态学滤波器　如果没有另外规定，默认的轮廓形态学滤波器应为用圆盘构造元素的形态学滤波器。

6.5.3　尺度空间技术

GB/Z 26958.49—2011《产品几何技术规范（GPS）　滤波　第 49 部分：形态学轮廓滤波器　尺度空间技术》等同采用 ISO/TS 16610-49：2006，规定了形态尺度空间技术，并给出尺度空间技术的基本概念及其用法。

6.5.3.1　尺度空间技术的基本概念

（1）尺度空间　尺度空间是将信号（轮廓/表面）分解成不同尺度对象的方法，具有单调性的尺寸分布或反尺寸分布。所谓的单调性是指如果信号特征（轮廓/表面）在某一尺度出现，则该信号特征在该尺度空间直到零尺度都存在。因为特征的数量必然是尺度的单调递减函数。

为了定义尺度空间，需要定义信号特征（轮廓/表面）的尺度。尺度是尺寸分布或反尺寸分布中的索引参数。

（2）尺寸分布和反尺寸分布　尺寸分布是满足筛选准则的可索引的开操作集合。

反尺寸分布是满足筛选准则的可索引的闭操作集合。

筛选准则是对部分表面先后应用两种基本映射与仅应用其中一种基本映射完全等同，即该基本映射具有最高嵌套指数的准则。筛选法是一个普遍采用的尺寸筛分技术。从物理意义上来讲，筛选就是以一系列网孔大小递减的筛子对小的固体颗粒进行筛分。首先，为将不同大小的颗粒筛分，让包含不同尺寸的颗粒全部穿过这一系列筛子（一种变换），从而将不同尺寸的颗粒筛分。然后，计算或称量每一筛子中得到的颗粒数量，从而得到所有颗粒大小分布的直方图。

因为尺寸分布是基于开滤波器系列的，因而能够测量信号/图像峰的宽度。使用特定尺度的开滤波器可以剔除宽度小于该尺度的峰（见图6-82）。基于闭滤波器系列的反尺寸分布，可用来测量图像谷的宽度，使用特定尺度的闭滤波器可以剔除宽度小于该尺度的谷（见图6-82）。

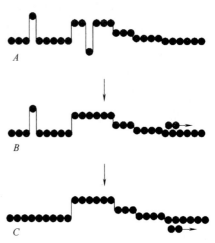

图 6-82　以尺寸为 2 的水平线段构造元素进行闭操作和开操作

A—初始轮廓　B—利用水平线段闭操作后轮廓　C—利用水平线段开操作后轮廓

（3）交替对称滤波器　特定尺度的开放滤波器从尺寸分布中剔除宽度小于该尺度的峰，同样尺度的封闭滤波器从反尺寸分布中剔除宽度小于该尺度的谷。为了同时剔除宽度小于给定尺度的峰和谷，需要采用交替对称滤波器。

为了同时剔除峰和谷，需要联合采用分别基于尺寸分布和反尺寸分布的开操作和闭操作。可以看出，对于某一特定尺度 j，只有四种不同的可能方式组成开滤波器 O_j 和闭 C_j 滤波器，即：

1）$m_j = O_j[C_j(\ )]$。

2）$n_j = C_j[O_j(\ )]$。

3）$r_j = C_j\{O_j[C_j(\ )]\}$。

4）$s_j = O_j\{C_j[O_j(\ )]\}$。

对于给定尺度 i，可以定义如下四种复合对称滤波器，即：

1）M 筛：$M_i = m_1 m_2 m_3,\ \cdots,\ m_{i-1} m_i m_{i-1},\ \cdots,\ m_3 m_2 m_1$。

2）N 筛：$N_i = n_1 n_2 n_3,\ \cdots,\ n_{i-1} n_i n_{i-1},\ \cdots,\ n_3 n_2 n_1$。

3）R 筛：$R_i = r_1 r_2 r_3,\ \cdots,\ r_{i-1} r_i r_{i-1},\ \cdots,\ r_3 r_2 r_1$。

4）S 筛：$S_i = s_1 s_2 s_3,\ \cdots,\ s_{i-1} s_i s_{i-1},\ \cdots,\ s_3 s_2 s_1$。

其中下标数字的增加表示尺度的增加（即如果 $u<v$，那么 m_u 的尺度小于 m_v 的尺度）。

可以看出，交替对称滤波器是满足筛选准则的形态学滤波器，能够剔除宽度小于给定尺度 i 的峰和谷。

交替对称滤波器容许建立原始信号/图像的高阶尺度空间表达式的阶梯结构（见图6-83）。第一层是原始信号（轮廓/表面）。在阶梯中的每一层，信号 S^i 由 $i+1$ 阶（即 M^{i+1}）交替对称滤波器滤波，得到信号/图像的下一层尺度空间表达式 S^{i+1}，它成为下一层并得到两级的差值 d^{i+1}。原始信号可以由（$d^1,\ d^2,\ d^3,\ \cdots,\ d^n,\ S^n$）通过逆向的阶梯结构实现重构。

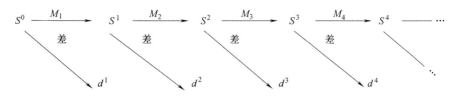

图 6-83 尺度空间梯阶结构的示意图

（4）嵌套数学模型 阶梯结构自然地派生出一套表面嵌套数学模型，第 i 个模型，model^i 由（d^1，d^2，d^3，$\cdots$，d^n，S^n）重构得到。模型的尺度等同于截止波长 λs。

"传输带宽"可以使用嵌套数学模型计算两个给定模型的高度差来定义，如 model^{i,j} = model^i − model^j，$i < j$。因此，在这个特殊的示例中，尺度 i 等于截止波长 λs，尺度 j 等于截止波长 λc。

6.5.3.2 尺度空间的推荐值

（1）圆盘构造元素 推荐尺度值（圆盘构造元素半径）从一等比对数序列 M 筛中选择。经验表明，比值为 2 的等比对数序列最佳。嵌套指数应大于或等于触针针尖半径，从以下序列值中选取：

$$\cdots,\ 1\mu m,\ 2\mu m,\ 5\mu m,\ 10\mu m,\ 20\mu m,\ 50\mu m,\ 100\mu m,\ 200\mu m,$$
$$500\mu m,\ 1mm,\ 2mm,\ 5mm,\ 10mm,\ \cdots$$

该序列与表面结构（见 GB/T 6062）推荐使用的测量触针半径一致。因此，用不同触针测量的表面将有尺度重叠，可以直接进行比较。

（2）水平线段构造元素 推荐尺度值（水平线段构造元素长度）从一等比对数序列 M 筛中选择。经验表明，比值为 2 的等比对数序列最佳。嵌套指数应大于或等于触针针尖半径，从以下序列值中选取：

$$\cdots,\ 1\mu m,\ 2\mu m,\ 5\mu m,\ 10\mu m,\ 20\mu m,\ 50\mu m,\ 100\mu m,\ 200\mu m,$$
$$500\mu m,\ 1mm,\ 2mm,\ 5mm,\ 10mm,\ \cdots$$

该序列与推荐用于表面结构测量的触针半径（见 GB/T 6062）一致。因此，用不同触针测量的表面将有尺度重叠，可以直接进行比较。

（3）默认尺度空间技术 如果没有另外规定，默认尺度空间技术选用以圆盘为构造元素的 M 筛。

6.5.3.3 尺度空间技术滤波器的应用实例

（1）用于铣削加工轮廓操作的圆盘构造元素 本例轮廓为铣削表面轮廓，用 $5\mu m$ 的探针测量获得，所用尺度值系列 A 在图中给出，其第一个值大于探针半径。图 6-84 显示经连续平滑的轮廓，原始轮廓显示在最上面，下面的轮廓是使用不同尺度 A 滤波后的轮廓。

图 6-85 显示连续平滑操作之间的差别。注意，在 2mm 和 5mm 尺度，很容易地识别出了铣削缺陷。在 0.2mm 和 0.5mm 尺度，辨识出了铣削加工痕迹。

（2）铣削表面轮廓上的水平线段 本例轮廓来自于铣削表面，用 $5\mu m$ 的探针测量获得，所用尺度值系列 A 在图中给出，其第一个值大于探针半径。图 6-86 所示是经连续平滑的轮廓，原始轮廓显示在最上面。

图 6-87 给出了连续平滑结果之间的差别。可以看出，0.1mm 尺度可以很容易地辨识出铣削缺陷，0.05mm 尺度辨识出了铣削特征。

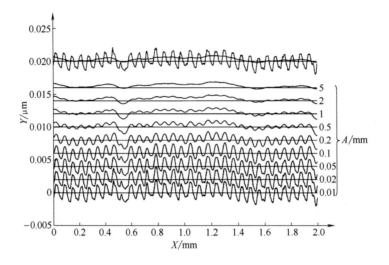

图 6-84　使用圆盘构造元素对铣削轮廓的连续平滑的轮廓

X—间距　Y—高度　A—尺度

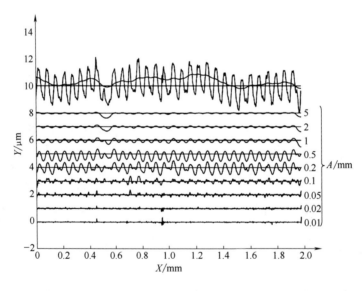

图 6-85　采用圆盘构造元素对铣削轮廓连续平滑操作的差别

X—间距　Y—高度　A—尺度

　　（3）用圆盘构造元素对陶瓷轮廓的操作　下面轮廓来自于粗糙的陶瓷表面，用 5μm 的探针测量获得。所用尺度值系列 A 在图中给出，其第一个值大于探针半径。图 6-88 给出了连续平滑操作得到的结果轮廓。原始轮廓显示在上面，下面的轮廓是使用不同尺度 A 滤波后的轮廓。采取较大尺度值平滑得到的轮廓对深谷具有稳健性。

　　图 6-89 给出了平滑轮廓结果之间的差别。可以看出，从 0.2mm 到 0.01mm 的尺度，可以容易地辨识出深谷。

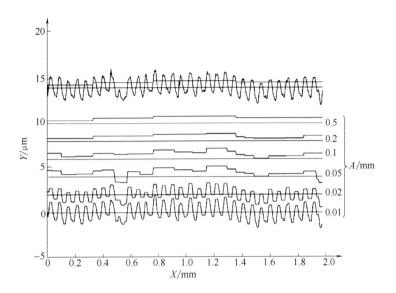

图 6-86　使用水平线对一铣削轮廓进行连续平滑操作的轮廓

X—间距　Y—高度　A—尺度

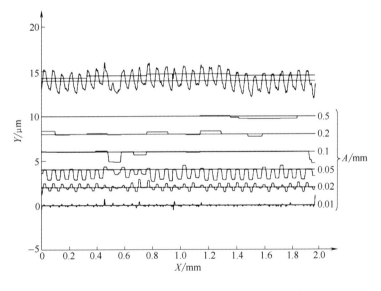

图 6-87　在铣削轮廓上使用水平线段的差别

X—间距　Y—高度　A—尺度

（4）陶瓷轮廓上的水平线　该例轮廓来自于粗糙的陶瓷表面，用5μm的探针测量获得。所用尺度值系列A在图中给出，其第一个值大于探针半径。图6-90显示连续平滑操作的结果，原始轮廓显示在最上面。注意以较大尺度的平滑操作结果对深谷具有稳健性。

图6-91显示平滑轮廓之间的差别。可以看出，尺度0.05mm到0.01mm反映了特征宽度，容易识别出深谷。

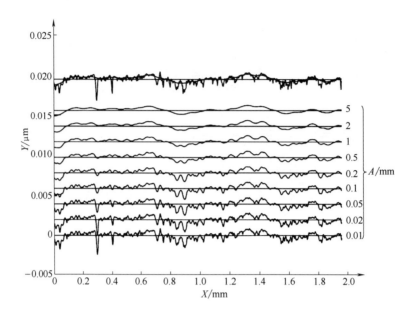

图 6-88　使圆盘对一陶瓷轮廓进行连续平滑操作结果轮廓

X—间距　*Y*—高度　*A*—尺度

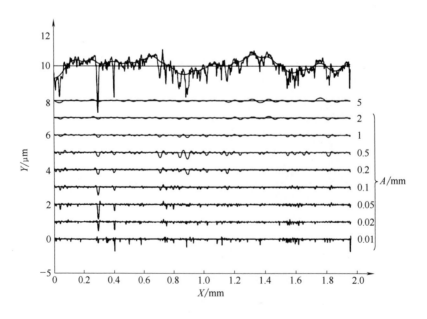

图 6-89　使用圆盘构造元素对陶瓷轮廓操作的差别

X—间距　*Y*—高度　*A*—尺度

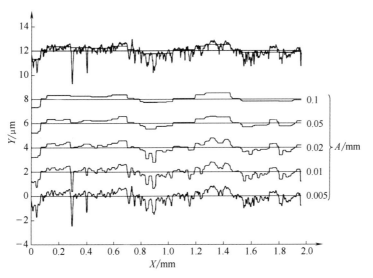

图 6-90　使用水平线对一陶瓷轮廓进行连续平滑操作结果

X—间距　Y—高度　A—尺度

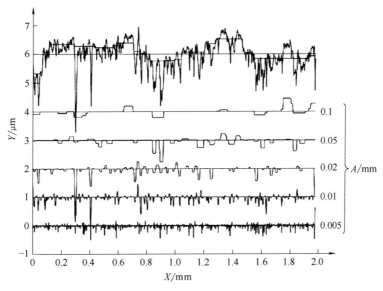

图 6-91　使用水平线段构造元素对陶瓷轮廓操作结果的差别

X—间距　Y—高度　A—尺度

6.6　线性区域滤波器

6.6.1　线性区域滤波器的概述

GB/T 26958.60—2023《产品几何技术规范（GPS）　滤波　第 60 部分：线性区域滤波器　基本概念》等同采用了国际标准 ISO 16610-60：2015，规定了线性区域滤波器的基本概念。

6.6.1.1 线性区域滤波器的术语及定义

线性区域滤波器的术语及定义见表6-20。

表6-20 线性区域滤波器的术语及定义

术 语	定 义
线性区域滤波器 (linear areal filter)	采用线性函数将表面分解为长波和短波成分的区域滤波器 注意:①如果 F 是函数,X 和 Y 是表面,当 F 是线性函数时,$F(aX+bY) = aF(X) + bF(Y)$;②线性区域滤波器适用于特定的坐标系统的表面,例如平面和圆柱面表面;③线性区域滤波器包含高斯、样条、样条小波和复小波滤波器
线性平面滤波器 (linear planar filter)	将以平面作为参考面的表面分解为长波和短波成分的线性区域滤波器。平面是向任意方向开放的表面
线性圆柱面滤波器 (linear cylindrical filter)	将以圆柱面作为参考面的表面分解为长波和短波成分的线性区域滤波器。圆柱面是轴线方向开放而圆周方向闭合的表面
相位修正区域滤波器 (phase correct areal filter)	没有相移,不会产生相移引起的非对称表面变形的线性区域滤波器 相位修正区域滤波器是线性相位滤波器的一种特殊类型,因为任何线性相位滤波器都能够转换为(通过平移权函数)零相移滤波器,即相位修正滤波器
中面 (mean surface)	由区域滤波器决定的长波成分表面
区域滤波器的传输特性 (transmission characteristic of an areal filter)	以衰减量与表面波长的函数关系表示滤波器对正弦表面信号幅值的衰减特性。传输特性是权函数的傅里叶变换
截止波长(嵌套指数) [cut-off wavelength (nesting index)]	通过线性区域滤波器后,正弦表面幅值衰减50%处的波长 线性区域滤波器用滤波器类型和截止波长值来区分。截止波长是线性区域滤波器的推荐嵌套指数。通常截止波长的通过率是50%
滤波器组 (filter bank)	以特定结构排列的高通和低通滤波器序列
多分辨率分析 (multiresolution analysis)	由一个滤波器组将一个表面分解为不同尺度成分的过程。不同尺度成分也称作分辨率

6.6.1.2 线性区域滤波器的基本概念

(1)滤波器的权函数 一般的线性轮廓滤波器定义为:

$$w(x,y) = \iint K(x,y;\mu,\nu)z(\mu,\nu)\,\mathrm{d}\mu\mathrm{d}\nu \tag{6-76}$$

式中 $z(\mu,\nu)$——未滤波表面;

$w(x,y)$——滤波后获得的表面;

$K(x,y;\mu,\nu)$——一个对称且具有空间不变性的实函数核。

如果 $K(x,y;\mu,\nu) = K(x-\mu,y-\nu)$,滤波过程是一个卷积操作,定义如下:

$$w(x,y) = \iint K(x-\mu,y-\nu)z(\mu,\nu)\,\mathrm{d}\mu\mathrm{d}\nu \tag{6-77}$$

该内核称为滤波器的权函数。

由于采样数据总是离散的,这里描述的滤波器也应是离散的。如权函数是连续的,应考虑采样数据的离散特性。

(2)可分离权函数 如果权函数是可分离的,也就是说可以写成一个轮廓滤波器权函数的张量积，即：

$$K(x,y) = u(x)v(y) \tag{6-78}$$

卷积后也是一个张量积，即：

$$w(x,y) = \int u(x-\mu) \left[\int v(y-\nu)z(\mu,\nu)\,\mathrm{d}\nu \right] \mathrm{d}\mu \tag{6-79}$$

卷积也是可以分离的。所以卷积也可以用轮廓滤波器来代替区域滤波器，通过以下的两步来实现计算，即：

$$g(x,y) = \int v(y-\nu)z(x,\nu)\,\mathrm{d}\nu \tag{6-80}$$

和

$$w(x,y) = \int u(x-\mu)g(\mu,y)\,\mathrm{d}\mu \tag{6-81}$$

（3）数据的离散表示　一组采样轮廓数据可以用一个向量表示。可以用 $n \times m$ 的高度 $\mathbf{Z}$ 矩阵来表示。行向量长度 n 和列向量 m 就对应了 x 方向和 y 方向数据点的数目。假定 x 和 y 方向的采样间距都是 Δ，则矩阵元素中的第 i 行和 j 列的数据点为 $z_{ij} = z(x_i, y_j)$，其中 $x_i = i\Delta$（$i = 1, \cdots, n$），$y_i = j\Delta$（$j = 1, \cdots, m$）。

（4）线性区域轮廓滤波器的离散形式　离散的线性区域滤波器用阵列 $\mathbf{H}$ 来表示，只要滤波器具有可分离内核，则该阵列是由 $\mathbf{U}$ 和 $\mathbf{V}$ 两个矩阵的张量积来表达的，即 $\mathbf{H} = \mathbf{U} \otimes \mathbf{V}$，$h_{irjs} = u_{ir}v_{js}$ 是成立的。

矩阵 $\mathbf{U}$ 和 $\mathbf{V}$ 都是方矩阵，每边的维数都等于指定方向经过滤波后的数据点数，也就是说，假如输入数据是一个 $n \times m$ 的矩阵，那么 $\mathbf{U}$ 就是一个 $n \times n$ 矩阵，$\mathbf{V}$ 就是一个 $m \times m$ 矩阵。

根据在两个滤波方向上的周期性不同，区域滤波器有三种不同的分类。如果滤波器在两个方向上都是周期性的，就叫周期性区域滤波器；如果在两个方向上都是非周期性的，就叫非周期性区域滤波器；如果只有在一个方向是周期性的，就叫半周期性区域滤波器。

非周期性滤波器适用于开放的表面，例如平面表面；周期性滤波器适用于闭合的表面，例如环形表面；半周期性滤波器适用于半闭合表面，例如圆柱面。

如果滤波器是非周期性的，则该矩阵为一恒定对角矩阵，见下式：

$$\begin{pmatrix} \ddots & \ddots & \ddots & \ddots & \ddots \\ & c' & b' & a & b & c \\ & & c' & b' & a & b & c \\ & & & c' & b' & a & b & c \\ & & & & \ddots & \ddots & \ddots & \ddots & \ddots \end{pmatrix} \tag{6-82}$$

反之，若滤波器为周期性的，则该矩阵为一循环矩阵，见下式：

$$\begin{pmatrix} a & b & c & \cdots & & c' & b' \\ b' & a & b & c & \cdots & \cdots & c' \\ c' & b' & a & b & c & \cdots & \cdots \\ & \ddots & \ddots & \ddots & \ddots & \ddots & \ddots \\ & & \cdots & c' & b' & a & b & c \\ c & \cdots & \cdots & & c' & b' & a & b \\ b & c & \cdots & \cdots & & c' & b' & a \end{pmatrix} \tag{6-83}$$

如果滤波器是相位修正滤波器，则该滤波器的矩阵为对称矩阵，即 $b=b'$，$c=c'$，…（通常 $a_{ij}=a_{ji}$）。矩阵每一行 i 的所有元素 a_{ij} 之和为定值，对于低通滤波器来说，该值等于 1，即：$\sum\limits_{j} a_{ij}=1$。

对一个对称矩阵，矩阵每一列 j 的元素 a_{ij} 之和恒定，也等于 1，即：$\sum\limits_{i} a_{ij}=1$。

（5）权函数的离散表示 若经过相应的平移后，滤波器矩阵表达式的每一行都相同，则矩阵元素可以只用一行表示，即：

$$u_{ir}=f_k, k=i-r \tag{6-84}$$

$$v_{js}=g_l, l=j-s \tag{6-85}$$

得到张量积，即：

$$h_{irjs}=u_{ir}v_{js}=f_kg_l=h_{kl} \tag{6-86}$$

其中，$k=i-r$ 且 $l=j-s$

h_{kl} 构成矩阵 h，其长度等于输入或输出数据矩阵的长度。该矩阵就是滤波器权函数的离散表示。

注意：通常权函数的长度远小于数据列的长度，因此 h 两端都要补零。

示例1：移动平均区域滤波器通常用于数据集的简易平滑处理（不一定是最优方法），其滤波器离散权函数（两个方向长度取值为3）为：

$$\frac{1}{9}\begin{pmatrix} & \vdots & \vdots & \vdots & \vdots & \vdots & \\ \cdots & 0 & 0 & 0 & 0 & 0 & \cdots \\ \cdots & 0 & 1 & 1 & 1 & 0 & \cdots \\ \cdots & 0 & 1 & 1 & 1 & 0 & \cdots \\ \cdots & 0 & 1 & 1 & 1 & 0 & \cdots \\ \cdots & 0 & 0 & 0 & 0 & 0 & \cdots \\ & \vdots & \vdots & \vdots & \vdots & \vdots & \end{pmatrix}$$

权函数通常又称为脉冲响应函数，因为它是当输入数据列为单一单位脉冲时，滤波器的输出数据列。

如果权函数连续，应对它进行采样以获得离散数据列，且采样间距应等于滤波数据的采样间距。为了使权函数的离散采样满足归一化条件，从而避免偏离效应，应对其进行再次归一化处理。

6.6.1.3 线性区域滤波器的特性

（1）滤波方程 如果滤波器由两个矩阵 U 和 V 来表示，输入数据由矩阵 Z 来表示，输出数据由矩阵 W 来表示，则滤波操作可用线性运算表示为：

$$W=(U\otimes V)Z \tag{6-87}$$

这个方程是滤波方程。

如果 $(U\otimes V)^{-1}$ 是张量积 $(U\otimes V)$ 的逆矩阵，则：

$$Z=(U\otimes V)^{-1}W \tag{6-88}$$

也是有效的滤波方程。

滤波器可以用张量积 $(U\otimes V)$ 或其逆矩阵 $(U\otimes V)^{-1}$ 定义，二者都会产生一个比较简单的定义。但是，权函数只能由矩阵的张量积给出。

在逆矩阵不存在的情况下，滤波过程不可逆，也就是说，不可能进行数据重构，这种滤波器称不可逆滤波器。滤波器的可逆性可由它的传递函数看出，一个不可逆滤波器的传递函数 H (ω_x, ω_y) 至少在一个频率 (ω_x, ω_y) 位置时值为零。

示例 2：移动平均区域滤波器矩阵由于在某个特定频率下的传递函数的绝对值为 0，所以是不可逆的。如果该滤波器改变为权移动平均滤波器，则权函数 $(\alpha < 1/2)$ 是可逆的，即：

$$\frac{1}{(1+2\alpha)^2}\begin{pmatrix} & \vdots & \vdots & \vdots & \vdots & \vdots & \\ \cdots & 0 & 0 & 0 & 0 & 0 & \cdots \\ \cdots & 0 & \alpha^2 & \alpha & \alpha^2 & 0 & \cdots \\ \cdots & 0 & \alpha & 1 & \alpha & 0 & \cdots \\ \cdots & 0 & \alpha^2 & \alpha & \alpha^2 & 0 & \cdots \\ \cdots & 0 & 0 & 0 & 0 & 0 & \cdots \\ & \vdots & \vdots & \vdots & \vdots & \vdots & \end{pmatrix}$$

（2）离散卷积　如果权函数是可分离的，并用作卷积滤波器，则滤波方程可以写为：

$$w_{ij} = \sum_r \sum_s h_{irjs} z_{rs} = \sum_r u_{i-r}\Big(\sum_s v_{j-s} z_{rs}\Big) \tag{6-89}$$

或

$$t_{rj} = \sum_s v_{j-s} z_{rs} \text{ 和 } w_{ij} = \sum_r u_{i-r} t_{rj} \tag{6-90}$$

式（6-90）称为离散卷积，缩写为 $t = vz$ 和 $w = ut$。如果滤波器矩阵 U 或 V 是循环矩阵，则相应的卷积也循环，也就是说，系数 $u_{i-r} v_{j-s}$ 可以视为在两端周期性地延伸（包裹）。

（3）传递函数　对离散卷积作离散傅里叶变换得到：

$$\Im(W) = \Im(H)\Im(Z) \tag{6-91}$$

式中　$\Im(Z)$——输入矩阵 Z 的离散傅里叶变换；

$\Im(W)$——输出矩阵 W 的离散傅里叶变换；

$\Im(H)$——权函数 H 离散表达式的离散傅里叶变换。

函数 $\Im(H)$ 称为滤波器的传递函数。它依赖于波长 (λ_x, λ_y) 或角频率 $\omega_x = 2\pi/\lambda_x$ 和 $\omega_y = 2\pi/\lambda_y$，因为傅里叶变换把函数从时域转换到频域。

权函数的离散表达式是由 h_{kl} 组成的矩阵 H，其傅里叶变换 $\Im(H)(\omega_x \omega_y)$ 由下式计算得到，即：

$$\Im(H)(\omega_x \omega_y) = \sum \sum h_{kl} e^{-i(\omega_x k + \omega_y l)} \tag{6-92}$$

如果权函数可分离，即 $h_{kl} = u_k v_l$，上式可简化为：

$$\Im(H)(\omega_x, \omega_y) = \Big(\sum_k u_k e^{-i\omega_x k}\Big)\Big(\sum_l v_l e^{-i\omega_x l}\Big) \tag{6-93}$$

通常来说，传递函数是复函数，但是如果权函数是对称的，也就是 $u_{-k} = u_k$（对所有的 k）以及 $v_{-l} = v_l$（对所有的 l），上式简化为实传递函数，即：

$$\Im(H)(\omega_x, \omega_y) = \Big(u_0 + 2\sum_{k>0} u_k \cos\omega_k k\Big)\Big(u_0 + 2\sum_{l>0} v_l \cos\omega_l l\Big) \tag{6-94}$$

相位修正滤波器的传递函数总是实函数，也就是其虚部为零。这是因为虚部表示相移，而相位修正滤波器不存在相移。

示例3：移动平均区域滤波器的传递函数为：

$$\Im(H)(\omega_x,\omega_y) = \frac{(1 + 2\cos\omega_x)(1 + 2\cos\omega_y)}{9} \tag{6-95}$$

该传递函数图形如图 6-92 所示。因为存在频率对（ω_x，ω_y）使式（6-95）为零，导致该滤波器不可逆。这种平均滤波器在 $|\omega|>2\pi/3$ 和 $|\omega|<\pi$ 之间存在旁瓣，其高频抑制效果较差。

如图 6-92 所示的移动平均滤波器是一个低通滤波器，因为 $\Im(H)(\omega_x,\omega_y)$ 在频率 $\omega_x=0$ 和 $\omega_y=0$ 附近得到最大值。反之，高通滤波器 $\Im(H)(\omega_x,\omega_y)$ 在接近 $\omega_x=\pm\pi$ 和 $\omega_y=\pm\pi$ 的高频率区得到最大值。如果给定一个低通滤波器的传递函数 $\Im(H_0)$

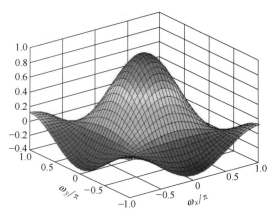

图 6-92　3×3 的移动平均滤波器的传递函数

（ω_x，ω_y），获得高通滤波器的传递函数 $\Im(H_1)(\omega_x,\omega_y)$ 的最简单办法就是计算 $\Im(H_1)(\omega_x,\omega_y) = [1-\Im(H_0)(\omega_x,0)][1-\Im(H_0)(0,\omega_y)]$。但是，该方法并不总是最佳选择。

示例4：稳定的移动平均区域滤波器具有（低通）传递函数，即：

$$\Im(H_0)(\omega_x,\omega_y) = \frac{(1+2\alpha\cos\omega_x)(1+2\alpha\cos\omega_y)}{(1+2\alpha)^2} \tag{6-96}$$

而相应的高通滤波器具有传递函数，即：

$$\Im(H_1)(\omega_x,\omega_y) = \left(\frac{2\alpha}{1+2\alpha}\right)^2(1-\cos\omega_x)(1-\cos\omega_y) \tag{6-97}$$

低通滤波器的加权函数是：

$$\frac{1}{(1+2\alpha)^2}\begin{pmatrix} \vdots & \vdots & \vdots & \vdots & \vdots \\ \cdots & 0 & 0 & 0 & 0 & 0 & \cdots \\ \cdots & 0 & \alpha^2 & \alpha & \alpha^2 & 0 & \cdots \\ \cdots & 0 & \alpha & 1 & \alpha & 0 & \cdots \\ \cdots & 0 & \alpha^2 & \alpha & \alpha^2 & 0 & \cdots \\ \cdots & 0 & 0 & 0 & 0 & 0 & \cdots \\ & \vdots & \vdots & \vdots & \vdots & \vdots \end{pmatrix}$$

高通滤波器的加权函数可以简单地表示为：

$$\frac{\alpha^2}{(1+2\alpha)^2}\begin{pmatrix} \vdots & \vdots & \vdots & \vdots & \vdots \\ \cdots & 0 & 0 & 0 & 0 & 0 & \cdots \\ \cdots & 0 & 1 & -2 & 1 & 0 & \cdots \\ \cdots & 0 & -2 & 4 & -2 & 0 & \cdots \\ \cdots & 0 & 1 & -2 & 1 & 0 & \cdots \\ \cdots & 0 & 0 & 0 & 0 & 0 & \cdots \\ & \vdots & \vdots & \vdots & \vdots & \vdots \end{pmatrix}$$

这种滤波器叫区域（权）移动差分滤波器。

（4）可分离滤波器组 滤波器组是滤波器的集合。在轮廓双通道滤波器组中，两类滤波器一般是高通和低通滤波器。在可分离滤波器组中，可采用两个轮廓滤波器组：例如在双轮廓双通道滤波器组中，先在 x 方向进行一次轮廓双通道滤波，然后在 y 方向再进行一次轮廓双通道滤波，这样得到 4 组输出（见图 6-93）。其中一组输出是原始表面的平滑处理后的低频数据，其他三组输出还包含了原始表面的高频细节。

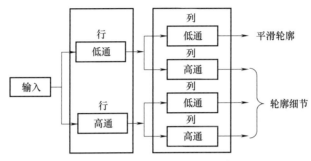

图 6-93 可分离滤波器组示例

滤波器组的级联实现了多分辨分析，每一级滤波都能得到轮廓数据更平滑的细节，它们会出现在多个尺度上，然而，滤波器组应特别设计，以获得多分辨的能力。

6.6.2 线性区域高斯滤波器

GB/T 26958. 61—2023《产品几何技术规范（GPS） 滤波 第 61 部分：线性区域滤波器 高斯滤波器》等同采用了 ISO 16610-61：2015，规定了线性区域高斯滤波器，特别给出了如何分离表面的长波和短波成分，适用于标称平面的旋转对称滤波和标称圆柱面的滤波。

6.6.2.1 线性平面的高斯轮廓滤波器特性

（1）权函数 区域滤波器的权函数（见图 6-94）是具有截止波长 λc 的旋转对称的高斯函数，其定义为

$$s(x,y) = \frac{1}{\alpha^2 \lambda c^2} \exp\left[-\frac{\pi}{\alpha^2}\left(\frac{x^2+y^2}{\lambda c^2}\right)\right] \tag{6-98}$$

式中 x——距权函数中心在 X 方向上的（最大）的距离；

y——距权函数中心在 Y 方向上的（最大）的距离；

λc——截止波长；

α——常数，此时截止波长 λc 处有 50% 传输特性。

在实际应用中，滤波器的权函数（见图 6-94）由 $-L_c \times \lambda c \leqslant \sqrt{x^2+y^2} \leqslant L_c \times \lambda c$ 表示，其中 L_c 是高斯滤波器的截取常数。

如果使用较小的 L_c 指数值，则由系统误差引起的不确定度可能变得不可接受，见式 (6-99)

$$s(x,y) = \begin{cases} \dfrac{1}{\alpha^2 \lambda c^2} \exp\left[-\dfrac{\pi}{\alpha^2}\left(\dfrac{x^2+y^2}{\lambda c^2}\right)\right], & -L_c \lambda c \leqslant \sqrt{x^2+y^2} \leqslant L_c \times \lambda c \\ 0 & \text{其他} \end{cases} \tag{6-99}$$

式中 α——常数，$\alpha = \sqrt{\dfrac{\ln 2}{\pi}} \approx \dfrac{318}{677} \approx 0.4697 \approx \dfrac{31}{66}$。

（2）长波成分的传输特性　通过傅里叶变换，由权函数确定传输特性。长波成分（均值）的传输特性由式（6-100）给出：

$$\frac{a_1}{a_0} = H(\lambda \mid \lambda c) = \exp\left[-\pi\left(\alpha\frac{\lambda c}{\lambda}\right)^2\right]$$

$$(6\text{-}100)$$

式中　a_0——滤波前正弦波表面的幅值；

　　　a_1——正弦波表面长波成分的幅值；

　　　λ——任意方向上正弦表面的波长。

图 6-95 所示为正弦波在波长为 λ 的任意方向上具有 λc 的长波成分的传输特性。

（3）短波成分的传输特性　通过傅里叶变换，由权函数确定传输特性，并且与长波成分的传输特性互补。短波成分的传输特性由式（6-101）给出：

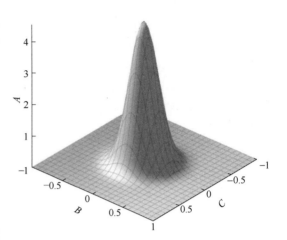

图 6-94　区域滤波器权函数

A—修改权重使其成为单位数：$\lambda c^2 s(x,\ y)$

B—修改长度使其成为单位数：$\dfrac{y}{\lambda c}$

C—修改长度使其成为单位数：$\dfrac{x}{\lambda c}$

$$\frac{a_2}{a_0} = 1 - \frac{a_1}{a_0} = 1 - H(\lambda \mid \lambda c) = 1 - \exp\left[-\pi\left(\alpha\frac{\lambda c}{\lambda}\right)^2\right] \qquad (6\text{-}101)$$

式中　a_2——正弦波表面短波成分的幅值。

图 6-96 所示为正弦波在波长 λ 的任意方向上具有 λc 的短波成分的传输特性。

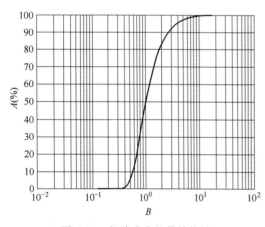

图 6-95　长波成分的传输特性

A—幅值比 $\dfrac{a_1}{a_0}$　　B—$\dfrac{\lambda}{\lambda c}$

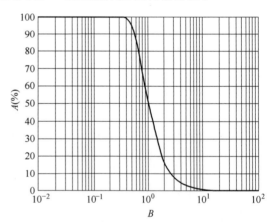

图 6-96　短波成分的传输特性

A—幅值比 $\dfrac{a_2}{a_0}$　　B—$\dfrac{\lambda}{\lambda c}$

（4）端部效应　线性平面高斯权函数是可分离的，可以写成两个线性开放轮廓高斯权函数的乘积，即

$$s(x,y \mid \lambda c, \lambda c) = s(x \mid \lambda c)s(y \mid \lambda c) \qquad (6\text{-}102)$$

式中　$s(x \mid \lambda c) = \dfrac{1}{\alpha \times \lambda c}\exp\left[-\pi\left(\dfrac{x}{\alpha \times \lambda c}\right)^2\right]$——$x$ 方向的权函数；

$$s(y|\lambda c)=\frac{1}{\alpha\times\lambda c}\exp\left[-\pi\left(\frac{y}{\alpha\times\lambda c}\right)^2\right]——y\text{ 方向的权函数。}$$

滤波后的表面由式（6-103）给出：

$$w(x,y)=\int s(x-\mu\mid\lambda c)\left[\int s(y-\nu\mid\lambda c)z(\mu,\nu)\mathrm{d}\nu\right]\mathrm{d}\mu \tag{6-103}$$

式中　$z(x,y)$——未滤波的表面；

　　　$w(x,y)$——滤波后的表面。

即卷积也是可分离的。因此，可以用轮廓滤波器而不是区域滤波器通过两步计算卷积，即

$$\begin{cases}g(x,y)=\int s(y-\nu\mid\lambda c)z(x,\nu)\mathrm{d}\nu\\ w(x,y)=\int s(x-\mu\mid\lambda c)g(\mu,y)\mathrm{d}\mu\end{cases} \tag{6-104}$$

6.6.2.2　线性圆柱面高斯滤波器的特性

（1）权函数　线性圆柱面高斯权函数是可分离的，它可以写成两个线性轮廓高斯权函数的乘积：

$$s(t,z|f_c,\lambda cz)=s(t|f_c)s(z|\lambda cz) \tag{6-105}$$

在 T 方向（圆周方向），使用线性闭合轮廓高斯滤波器。T 方向（圆周方向）上的权函数是沿着圆周长度 L 的圆周闭合轮廓缠绕在圆柱形表面上的高斯密度函数表达式，截止频率 $f_c=L/\lambda c$，使用式（6-105）：

$$s(t|f_c)=\begin{cases}\dfrac{f_c}{\alpha L}\exp\left[-\pi\left(\dfrac{tf_c}{\alpha L}\right)^2\right], & -\dfrac{L_{ct}L}{f_c}\leqslant t\leqslant\dfrac{L_{ct}L}{f_c}\\ 0, & \text{其他}\end{cases} \tag{6-106}$$

式中　t——权函数的中心在 T 方向上的（最大）距离；

　　　f_c——每转波数的截止频率；

　　　L——闭合轮廓的长度，对于圆，$L=2\pi R$；

　　　L_{ct}——高斯滤波器的截断指数（参考值见表6-7）；

　　　α——常数，由 $\alpha=\sqrt{\dfrac{\ln 2}{\pi}}\approx\dfrac{318}{677}\approx 0.4697\approx\dfrac{31}{66}$ 给出。

在 Z 方向（轴向）上，使用线性开放轮廓高斯滤波器，由式（6-107）给出：

$$s(z|\lambda cz)=\frac{1}{\alpha\times\lambda cz}\exp\left[-\pi\left(\frac{z}{\alpha\times\lambda cz}\right)^2\right] \tag{6-107}$$

式中　z——权函数的中心在 Z 方向上的（最大）距离；

　　　λcz——Z 方向的截止波长；

　　　L_{cz}——高斯滤波器的截断指数（参考值见表6-7）。

（2）长波成分的传输特性　通过傅里叶变换，由权函数确定传输特性。传输特性是可分离的。

在长波成分（平均值）圆周方向（T 方向）上，当 $\lambda c\ll L$ 时，中线的滤波器特性可以用式（6-108）近似表示（见图6-97）：

$$\frac{a_1}{a_0} = \exp\left[-\pi\left(\frac{\alpha f}{f_c}\right)^2\right] \tag{6-108}$$

式中　a_0——轮廓滤波之前圆周方向上正弦波轮廓的幅值；

　　　a_1——圆周方向上正弦波轮廓长波成分的幅值；

　　　f——在每转波动中沿圆周方向正弦波轮廓的频率。

长波成分（均值）在轴向（Z 方向）中线的滤波器特性为（见图 6-98）

$$\frac{a_1}{a_0} = \exp\left[-\pi\left(\frac{\alpha \times \lambda cz}{\lambda}\right)^2\right] \tag{6-109}$$

式中　a_0——滤波前轴向正弦波轮廓的幅值；

　　　a_1——轴向正弦波轮廓长波成分的幅值；

　　　λ——正弦波轮廓的轴向波长。

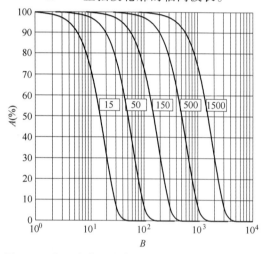

图 6-97　在 T 方向上选定 UPR 数量的长波传输函数

A—幅值传输比 $\dfrac{a_1}{a_0}$　　B—每转波数（UPR）

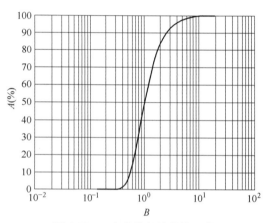

图 6-98　Z 方向的长波传输函数

A—幅度传输比 $\dfrac{a_1}{a_0}$　　B—$\dfrac{\lambda}{\lambda cz}$

（3）短波成分的传输特性　短波表面成分的传输特性与长波表面成分的传输特性互补。短波表面成分是未滤波表面和长波表面成分之间的差。

传输特性通过傅里叶变换由权函数确定，并且是可分离的。

在 T 方向（圆周方向）上，当 $\lambda c = L_1$ 时，短波成分（均值）的中线滤波器特性可由式（6-110）近似得到（见图 6-99）：

$$\frac{a_2}{a_0} = 1 - \exp\left[-\pi\left(\frac{\alpha f}{f_c}\right)^2\right] \tag{6-110}$$

式中　a_2——圆周方向上正弦轮廓短波成分的幅值。

Z 方向（轴向）上长波成分（均值）的中线滤波器特性与开放轮廓滤波器（参见 GB/Z 26958.21）相同（见图 6-100），如式（6-111）中给出的：

$$\frac{a_2}{a_0} = 1 - \exp\left[-\pi\left(\frac{\alpha \times \lambda cz}{\lambda}\right)^2\right] \tag{6-111}$$

式中　a_2——轴向正弦波轮廓短波成分的幅值。

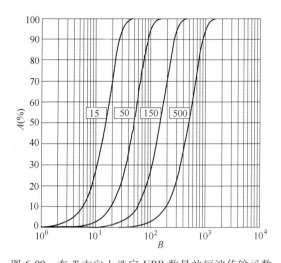

图 6-99 在 T 方向上选定 UPR 数量的短波传输函数

A—幅值传输比 $\dfrac{a_2}{a_0}$ B—每转波数（UPR）

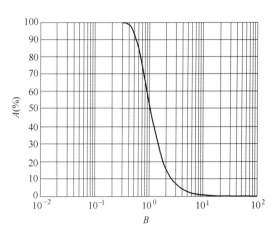

图 6-100 Z 方向的短波传输函数

A—幅值传输比 $\dfrac{a_1}{a_0}$ B—$\dfrac{\lambda}{\lambda cz}$

6.6.2.3 区域高斯滤波器的应用实例

图 6-101~图 6-103 所示为区域高斯滤波器应用于平面的实例。

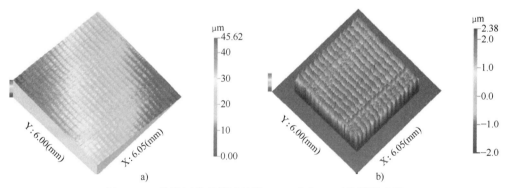

图 6-101 线性区域高斯滤波器，$\lambda c = 0.8$mm 时的铣削表面

a）原始表面 b）滤波表面

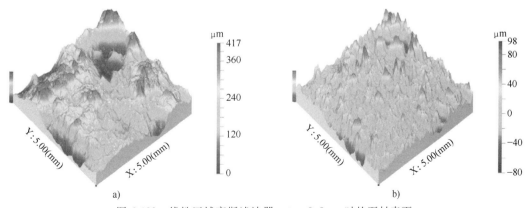

图 6-102 线性区域高斯滤波器，$\lambda c = 0.8$mm 时的石材表面

a）原始表面 b）滤波表面

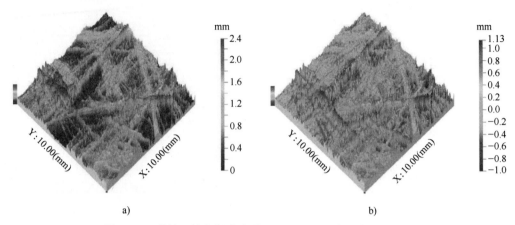

图 6-103　线性区域高斯滤波器，$\lambda c = 2.5\text{mm}$ 时的碳纤维表面

a）原始表面　b）滤波表面

第7章

表面结构参数的选择及应用

表面结构参数的选择是一项重要的技术经济指标，它的合理选用不仅影响产品的使用性能和寿命，而且直接关系到产品的质量及成本效益等。所以，在选择表面结构参数时，既要满足零件表面的使用要求，也要考虑经济合理性。本章主要以表面粗糙度参数的选择及应用为例，说明评定参数的选用和参数值的选用。

7.1 表面结构参数的典型测量过程

表面结构轮廓法测量仪器从实际表面上提取 X、Z 值，据此计算表面结构轮廓法参数，典型测量过程如图 7-1 所示。

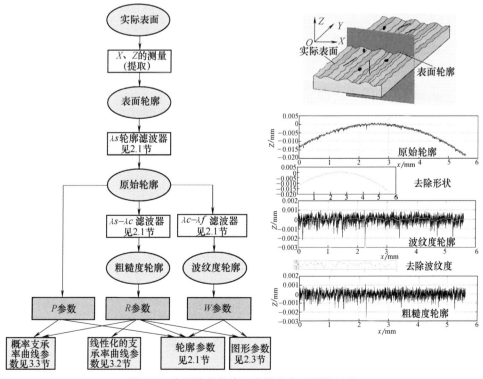

图 7-1　表面结构轮廓法参数的典型测量过程

表面结构区域法测量仪器从实际表面上提取 X、Y、Z 值，据此计算表面结构区域法参数，典型测量过程如图 7-2 所示。

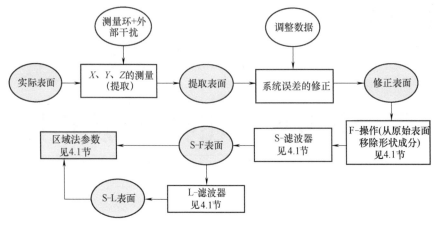

图 7-2   表面结构区域法参数的典型测量过程

7.2   规定表面粗糙度要求的一般规则

1）在规定表面粗糙度要求时，应给出表面粗糙度参数值和测定时的取样长度值两项基本要求，必要时也可规定表面加工纹理、加工方法、加工顺序和不同区域的粗糙度等附加要求。

2）表面粗糙度的标注方法应符合 GB/T 131 的规定；默认评定长度值应符合 GB/T 10610 的规定。

3）为保证制品表面质量，可按功能需要规定表面粗糙度参数值。否则，可不规定其参数值，也不需要检查。

4）表面粗糙度各参数的数值应在垂直于基准面的各截面上获得。对给定的表面，当截面方向与高度参数（Ra、Rz）最大值的方向一致时，则可不规定测量截面的方向，否则应在图样上标出。

5）对表面粗糙度的要求不适用于表面缺陷。在评定过程中，不应把表面缺陷（如沟槽、气孔、划痕等）包含进去。必要时，应单独规定对表面缺陷的要求。

6）根据表面功能和生产的经济合理性，当选用表 2-6、表 2-8 和表 2-10 中 Ra、Rz、Rsm 的系列值不能满足要求时，可选取补充系列值。

7.3   表面粗糙度中线制参数的选用方法

评定参数的选取，首先考虑对零件使用功能要求的侧重及各评定参数的特征，其次应考虑仪器设备条件等因素。

1）给出表面粗糙度要求时，除数值无要求，均应从轮廓的算术平均偏差 Ra 和轮廓的最大高度 Rz 中选择一项或两项。在二者不能满足要求的情况下，再考虑 Rsm、Rmr（c）作为附加参数。Rsm 一般不单独使用，Rmr（c）可以单独使用。

2）由于 Ra 既能反映加工表面的微观几何形状特征又能反映凸峰高度，且在测量时便于进行数值处理，因此在幅度参数常用的参数值范围内（Ra 为 $0.025 \sim 6.3 \mu m$，Rz 为 $0.1 \sim 25 \mu m$）推荐优先选用 Ra。参数 Rz 只能反映表面轮廓的最大高度，不能反映轮廓的微观几何形状特征，但可能控制表面不平度的极限情况，常用于某些零件不允许出现较深的加工痕迹及小零件的表面。

3）在必须控制零件表面间距的疏密度时，才需要增选 Rsm。

4）$Rmr(c)$ 能直观反映零件耐磨特性，对提高承载能力也具有重要意义。在间隙配合零件中，$Rmr(c)$ 值大的表面，使配合面之间的接触面积增大，减少了摩擦损耗，从而可以延长零件的使用寿命。当两个零件的配合表面给出相同的 c 值时，若 $Rmr(c)$ 值小，则表明零件配合的实际接触面积小，表面磨损较快。反之，$Rmr(c)$ 值越大，则配合表面实际接触面积越大，表面的耐磨性就越好。

7.4 表面粗糙度中线制参数值的选用原则

选用表面粗糙度参数值应遵循如下的一般原则：

（1）根据零件的功能要求选择表面粗糙度参数值 在满足零件表面功能要求的前提下，评定参数的允许值应尽量选取较大的参数值［$Rmr(c)$ 值反之］。

（2）用类比法确定表面粗糙度参数值 表面粗糙度参数值的选择有 3 种方法，即计算法、试验法和类比法。在机械零件设计中应用最普遍的是类比法，此法简单有效。运用类比法需要有充足的参考资料。现有的各类机械设计手册中都提供了较全面的资料和文献，供设计时参考，见表 7-1 和表 7-2。具体设计时，首先用类比法选择评定参数值的大小，然后再对比具体的工作条件做适当的调整，调整过程中应注意以下几点：

1）同一零件上，工作表面的表面粗糙度参数值应小于非工作表面的表面粗糙度参数值。

2）摩擦表面的表面粗糙度参数值应小于非摩擦表面的表面粗糙度参数值，滚动摩擦表面的表面粗糙度参数值应小于滑动摩擦表面的表面粗糙度参数值；运动速度高、单位面积承受压力大的表面粗糙度要求高些。

3）承受交变载荷的表面及容易引起应力集中的部位，应选用较小的表面粗糙度参数值。

4）接触刚度要求较高的表面，应选用较小的表面粗糙度参数值。

5）承受腐蚀的零件表面，应选取小的表面粗糙度参数值。

6）对配合性质有稳定可靠性要求的表面，应选取小的表面粗糙度参数值。

7）配合性质相同时，小尺寸比大尺寸、轴比孔的表面粗糙度参数值应该选用的小些。

8）间隙配合中，间隙越小，表面粗糙度参数值也应越小；在条件相同时，间隙配合的表面粗糙度参数值应比过盈配合的表面粗糙度参数值小；在过盈配合中，为了保证连接强度，应选取较小的表面粗糙度参数值。

9）一般情况下，公差要求越小，表面应越光滑。但对于有操作用途的外露零件，如机床的手柄、手轮以及食用工具、卫生用品等，虽然它们没有配合或装配功能要求，公差往往较大，但为了美观和使用安全，应选用较小的表面粗糙度参数值。

10）为了限定和减弱表面波纹度对表面粗糙度测得结果的影响，评定表面粗糙度时应选择一段基准线长度作为取样长度 lr。对于微观不平度间距较大的端铣、滚铣及其他大进给量的加工表面,应按表 2-13 和表 2-14 规定的取样长度系列选取较大的取样长度值。

11)由于加工表面的不均匀性,在评定表面粗糙度时,其评定长度应根据不同的加工方法和相应的取样长度来确定。一般情况下,当测量 Ra 和 Rz 时,推荐按表 2-13 和表 2-14 选取相应的评定长度值。若被测表面均匀性较好,测量时可选用小于 $5lr$ 的评定长度值;均匀性较差的表面可选用大于 $5lr$ 的评定长度值。

表 7-1　表面粗糙度轮廓算术平均偏差 Ra 值的选用示例

$Ra/\mu m$,≤	表面特征	加工方法	应用举例
100	明显可见刀痕	粗车、镗、刨、钻	粗加工的表面,如粗车、粗刨、切断等表面,用粗锉刀和粗砂轮等加工的表面,一般很少采用
50、25	微见刀痕		粗加工后的表面,焊接前的焊缝、粗钻孔壁等
12.5	可见刀痕	粗车、刨、铣、钻	一般非连接表面,如轴的端面、倒角、齿轮及带轮的侧面、键槽的非工作表面、减重孔眼表面等
6.3	可见加工痕迹	车、镗、刨、钻、铣、锉、磨、粗铰、铣齿	不重要零件的非配合表面,如支柱、支架、外壳、衬套、轴、盖等的端面;紧固件的自由表面,紧固件普通的精度表面,内、外花键的非定心表面,不作为计量基准的齿轮齿顶圆表面等
3.2	微见加工痕迹	车、镗、刨、铣、刮(1～2点/cm²)、拉、磨、锉、滚压、铣齿	和其他零件连接不形成配合的表面,如箱体、外壳、端盖等零件的端面;要求有定心及配合特性的固定支承面,如定心的轴肩、键和键槽的工作表面;不重要的紧固螺纹的表面;需要滚花或氧化处理的表面等
1.6	看不清加工痕迹	车、镗、刨、铣、铰、拉、磨、滚压、刮(1～2点/cm²)、铣齿	安装直径超过 80mm 的 C 级轴承的外壳孔,普通精度齿轮的齿面,定位销孔,V 带轮的表面,外径定心的内花键外径,轴承盖的定中心凸胸表面等
0.8	可辨加工痕迹的方向	车、镗、拉、磨、立铣、刮(3～10点/cm²)、滚压	要求保证定心及配合特性的表面,如锥销与圆柱销的表面,与 C 级精度滚动轴承相配合的轴颈和外壳孔,中速转动的轴颈,直径超过 80mm 的 E、D 级滚动轴承配合的轴颈及外壳孔,内、外花键的定心内径,外花键键侧及定心外径,过盈配合公差等级为 IT7 的孔(H7),间隙配合公差等级为 IT8～IT9 的孔(H8、H9),磨削的轮齿表面等
0.4	微辨加工痕迹的方向	铰、磨、镗、拉、刮(3～10点/cm²)、滚压	要求长期保持配合性质稳定的配合表面,公差等级为 IT7 的轴、孔配合表面,精度较高的轮齿表面,受变应力作用的重要零件,与直径小于 80mm 的 E、D 级轴承配合的轴颈表面,与橡胶密封件接触的轴表面,尺寸大于 120mm 的公差等级为 IT13～IT16 的孔和轴用量规的测量表面
0.2	不可辨加工痕迹的方向	布轮磨、磨、研磨、超级加工	工作时受变应力作用的重要零件的表面;保证零件的疲劳强度、耐蚀性和耐久性,并在工作时不破坏配合性质的表面,如轴颈表面;要求气密的表面和支承表面、圆锥定心表面等;公差等级为 IT5、IT6 的配合表面、高精度齿轮的齿面,与 C 级滚动轴承配合的轴颈表面,尺寸大于 315mm 的公差等级为 IT7～IT9 的孔和轴用量规及尺寸大于 120～315mm 的公差等级为 IT10～IT12 的孔和轴用量规的测量表面等

（续）

$Ra/\mu m$, $\leq$	表面特征	加工方法	应用举例
0.1	暗光泽面	—	工作时承受较大变应力作用的重要零件的表面；保证精确定心的锥体表面。液压传动用的孔表面；气缸套的内表面，活塞销的外表面，仪器导轨面，阀的工作面；尺寸小于120mm的公差等级为IT10~IT12的孔和轴用量规测量面等
0.005	镜亮光泽面	超级加工	保证高度气密性的接合表面，如活塞、柱塞和气缸内表面；摩擦离合器的摩擦表面；对同轴度有精确要求的轴和孔；滚动导轨中的钢球或滚子和高速摩擦的工作表面
0.025	镜状光泽面		高压柱塞泵中柱塞和柱塞套的配合表面，中等精度仪器零件配合表面，尺寸大于120mm的公差等级为IT6的孔用量规、小于120mm的公差等级为IT7~IT9的轴用和孔用量规测量表面
0.012	雾状镜面		仪器的测量表面和配合表面，尺寸超过100mm的量块工作面
0.0063	镜面		量块的工作表面，高精度测量仪器的测量面，高精度仪器摩擦机构的支承表面

表 7-2　常用零件的表面粗糙度轮廓算术平均偏差 Ra 值与对应的

相对支承长度率 $Rmr(c)$ 值和取样长度 lr 值的选用示例

表面	$Ra/\mu m$	$Rmr(c)$(%)	lr/mm
与滑动轴承配合的支承轴颈	**0.32**	30	0.8
与青铜轴瓦配合的支承轴颈	0.40	15	0.8
与巴比特合金轴瓦配合的支承轴颈	**0.25**	20	0.25
与铸铁轴瓦配合的支承轴颈	**0.32**	40	0.8
与石墨片轴瓦配合的支承轴颈	**0.32**	40	0.8
与滚动轴承配合的支承轴颈、滚动轴承的钢球和滚柱的工作面	0.8	—	0.8
保证摩擦力选择性转移情况的表面	**0.25**	5	0.25
与齿轮孔配合的轴颈	1.6	—	0.8
按疲劳强度设计的轴表面	—	60	0.8
喷镀过的滑动摩擦面	**0.08**	10	0.25
准备喷镀的表面	—	—	0.8
电化学镀层前的表面	0.2~0.8	—	—
齿轮配合孔	0.5~2.0	—	0.8
齿轮齿面	0.63~1.25	—	0.8
蜗杆牙侧面	**0.32**	—	0.25
铸铁箱体的主要孔	1.0~2.0	—	0.8
钢箱体上的主要孔	1.6~1.63	—	0.8
箱体和盖的结合面	—	—	2.5

（续）

表面		$Ra/\mu m$	$Rmr(c)(\%)$	lr/mm
机床滑动导轨	普通的	**0.63**	—	0.8
	高精度的	0.10	15	0.25
	重型的	1.6		0.25
滚动导轨		**0.16**	—	0.25
缸体工作面		0.40	40	0.8
活塞环工作面		**0.25**	—	0.25
曲轴轴颈		**0.32**	30	0.8
曲轴连杆轴颈		**0.25**	20	0.8
活塞侧缘		0.80	—	0.8
活塞上的活塞销孔		**0.50**	—	0.8
活塞销		**0.25**	15	0.25
分配轴轴颈和凸轮部分		**0.32**	30	0.8
油针偶件		**0.08**	15	0.25
摇杆小轴孔和轴颈		**0.63**	—	0.8
腐蚀性的表面		**0.063**	10	0.25

注：表中黑体字为GB/T 1031—2009附录A中的补充系列值，不适用于新产品设计。表中所有数字仅供参考。

（3）考虑表面粗糙度与尺寸公差、几何公差之间的关系　在确定零件表面尤其是配合表面的表面粗糙度参数值时，还应注意尺寸公差、几何公差与表面粗糙度之间的关系协调，表7-3列出了孔、轴公差等级与表面粗糙度参数 Ra 的对应关系，表7-4列出了与常用、优先公差带相对应的表面粗糙度参数 Ra 的数值。一般尺寸公差、几何公差要求高时，表面粗糙度要求亦应高。但尺寸公差、几何公差和表面粗糙度三者之间并不存在确定的函数关系，如手轮、手柄的公差值较大，但表面粗糙度要求却很高。在正常工艺条件下，三者之间有一定的对应关系。设几何公差值为 T，尺寸公差值为 IT，则有如下对应关系：

若 $T \approx 0.6IT$，则 $Ra \leqslant 0.05IT$，$Rz \leqslant 0.2IT$。

若 $T \approx 0.5IT$，则 $Ra \leqslant 0.04IT$，$Rz \leqslant 0.15IT$。

若 $T \approx 0.4IT$，则 $Ra \leqslant 0.025IT$，$Rz \leqslant 0.1IT$。

若 $T \approx 0.25IT$，则 $Ra \leqslant 0.012IT$，$Rz \leqslant 0.05IT$。

若 $T < 0.25IT$，则 $Ra \leqslant 0.15IT$，$Rz \leqslant 0.6IT$。

表7-3　孔、轴公差等级与表面粗糙度参数 Ra 的对应关系

公差等级	轴		孔	
	公称尺寸/mm	表面粗糙度 $Ra/\mu m$	公称尺寸/mm	表面粗糙度 $Ra/\mu m$
IT5	≤6	0.2（▽10）	≤6	0.2（▽10）
	>6~30	0.4（▽9）	>6~30	0.4（▽9）
	>30~180	0.8（▽8）	>30~180	0.8（▽8）
	>180~500	1.6（▽7）	>180~500	1.6（▽7）

（续）

公差等级	轴		孔	
	公称尺寸/mm	表面粗糙度 $Ra/\mu m$	公称尺寸/mm	表面粗糙度 $Ra/\mu m$
IT6	≤10	0.4（▽9）	≤50	0.8（▽8）
	>10~80	0.8（▽8）		
	>80~250	1.6（▽7）	>20~250	1.6（▽7）
	>250~500	3.2（▽6）	>250~500	3.2（▽6）
IT7	≤6	0.8（▽8）	≤6	0.8（▽8）
	>6~120	1.6（▽7）	>6~120	1.6（▽7）
	>120~500	3.2（▽6）	>120~500	3.2（▽6）
IT8	≤3	0.8（▽8）	≤3	0.8（▽8）
			>3~30	1.6（▽7）
	>3~50	1.6（▽7）	>30~250	3.2（▽6）
	>50~500	3.2（▽6）	>250~500	6.3（▽5）
IT9	≤6	1.6（▽7）	≤6	1.6（▽7）
	>6~120	3.2（▽6）	>6~120	3.2（▽6）
	>120~400	6.3（▽5）	>120~400	6.3（▽5）
	>400~500	12.5（▽4）	>400~500	12.5（▽4）
IT10	≤10	3.2（▽6）	≤10	3.2（▽6）
	>10~120	6.3（▽5）	>10~120	6.3（▽5）
	>120~500	12.5（▽4）	>120~500	12.5（▽4）
IT11	≤10	3.2（▽6）	≤10	3.2（▽6）
	>10~120	6.3（▽5）	>10~120	6.3（▽5）
	>120~500	12.5（▽4）	>120~500	12.5（▽4）
IT12	≤80	6.3（▽5）	≤80	6.3（▽5）
	>80~250	12.5（▽4）	>80~250	12.5（▽4）
	>250~500	25（▽3）	>250~500	25（▽3）
IT13	≤30	6.3（▽5）	≤30	6.3（▽5）
	>30~120	12.5（▽4）	>30~120	12.5（▽4）
	>120~500	25（▽3）	>120~500	25（▽3）

注：括号中值是 GB 1031—1968 表面光洁度符号。

（4）考虑加工方法确定表面粗糙度　表面粗糙度与加工方法有密切的关系，在确定零件的表面粗糙度时，应考虑可能的加工方法。表 7-5~表 7-7 列出了不同加工方法与表面粗糙度参数值之间的对应关系，供设计时参考。

表 7-4　与常用、优先公差带相对应的表面粗糙度参数 Ra 的数值

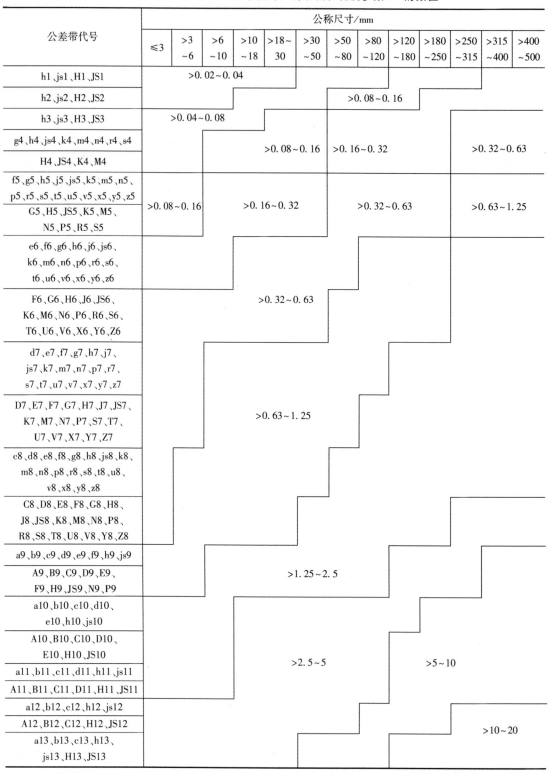

公差带代号	公称尺寸/mm												
	≤3	>3~6	>6~10	>10~18	>18~30	>30~50	>50~80	>80~120	>120~180	>180~250	>250~315	>315~400	>400~500
h1、js1、H1、JS1	>0.02~0.04										>0.08~0.16		
h2、js2、H2、JS2													
h3、js3、H3、JS3	>0.04~0.08												
g4、h4、js4、k4、m4、n4、r4、s4　H4、JS4、K4、M4				>0.08~0.16			>0.16~0.32			>0.32~0.63			
f5、g5、h5、j5、js5、k5、m5、n5、p5、r5、s5、t5、u5、v5、x5、y5、z5　G5、H5、JS5、K5、M5、N5、P5、R5、S5	>0.08~0.16			>0.16~0.32			>0.32~0.63			>0.63~1.25			
e6、f6、g6、h6、j6、js6、k6、m6、n6、p6、r6、s6、t6、u6、v6、x6、y6、z6　F6、G6、H6、J6、JS6、K6、M6、N6、P6、R6、S6、T6、U6、V6、X6、Y6、Z6				>0.32~0.63									
d7、e7、f7、g7、h7、j7、js7、k7、m7、n7、p7、r7、s7、t7、u7、v7、x7、y7、z7　D7、E7、F7、G7、H7、J7、JS7、K7、M7、N7、P7、S7、T7、U7、V7、X7、Y7、Z7				>0.63~1.25									
c8、d8、e8、f8、g8、h8、js8、k8、m8、n8、p8、r8、s8、t8、u8、v8、x8、y8、z8　C8、D8、E8、F8、G8、H8、J8、JS8、K8、M8、N8、P8、R8、S8、T8、U8、V8、Y8、Z8													
a9、b9、c9、d9、e9、f9、h9、js9　A9、B9、C9、D9、E9、F9、H9、JS9、N9、P9				>1.25~2.5									
a10、b10、c10、d10、e10、h10、js10　A10、B10、C10、D10、E10、H10、JS10													
a11、b11、c11、d11、h11、js11　A11、B11、C11、D11、H11、JS11				>2.5~5						>5~10			
a12、b12、c12、h12、js12　A12、B12、C12、H12、JS12													
a13、b13、c13、h13、js13、H13、JS13										>10~20			

注：1. 本表适用于一般通用机械，并且不考虑几何公差对表面粗糙度的要求。

　　2. 对特殊的配合件，如配合件的孔和轴，其公差等级相差较多时，应按其较高等级的公差带来选取。

表 7-5　不同加工方法可能达到的表面粗糙度轮廓算术平均偏差 Ra 值

加工方法		表面粗糙度参数 $Ra/\mu m$													
		0.012	0.025	0.05	0.1	0.2	0.4	0.8	1.6	3.2	6.3	12.5	25	50	100
铸钢	砂型铸造											△	△	50~400	
	壳型铸造								△	△	6.3~50				
	熔模铸造							△	1.6~25						
铸铁	砂型铸造										△	△	12.5~200		
	壳型铸造								△	△	6.3~25				
	熔模铸造							△	1.6~25						
	金属型铸造										6.3~25				
铸造铜合金	砂型铸造										△	△	12.5~200		
	熔模铸造							△	1.6~25						
	金属型铸造									△	△	12.5~100			
	压力铸造								△	△	6.3~50				
铸造铝合金	砂型铸造										△	△	12.5~200		
	熔模铸造							△	1.6~25						
	金属型铸造							△	△	3.2~25					
	压力铸造						△	△	1.6~25						
铸造镁合金	砂型铸造										△	△	12.5~200		
	熔模铸造								△	3.2~25					
	压力铸造					△	△	0.8~25							
铸造锌合金	砂型铸造										△	△	12.5~200		
	压力铸造					△	△	0.8~25							
铸造钛合金	石墨型铸造											△	12.5~50		
	熔模铸造									3.2~25					
热轧											6.3~100				
模锻									1.6~100						
冷轧						0.2~12.5									
挤压							0.4~12.5								
冷拉						0.2~6.3									
锉							0.4~25								
刮削							0.4~12.5								
刨削	粗										6.3~25				
	半精								1.6~6.3						
	精						0.4~1.6								
插削									1.6~25						
钻孔								0.8~25							
扩孔	粗										6.3~25				
	精								1.6~12.5						

（续）

加工方法		表面粗糙度参数 Ra/μm													
		0.012	0.025	0.05	0.1	0.2	0.4	0.8	1.6	3.2	6.3	12.5	25	50	100
金刚镗孔				0.05~0.4											
镗孔	粗										6.3~50				
	半精							0.8~6.3							
	精						0.4~1.6								
铰孔	粗								1.6~12.5						
	半精						0.4~3.2								
	精				0.1~1.6										
拉削	半精						0.4~3.2								
	精				0.1~0.4										
滚铣	粗									3.2~25					
	半精							0.8~6.3							
	精						0.4~1.6								
端面铣	粗									3.2~12.5					
	半精						0.4~6.3								
	精					0.2~1.6									
车外圆	粗										6.3~25				
	半精								1.6~12.5						
	精					0.2~1.6									
金刚车			0.025~0.2												
车端面	粗										6.3~25				
	半精								1.6~12.5						
	精						0.4~1.6								
磨外圆	粗							0.8~6.3							
	半精					0.2~1.6									
	精		0.025~0.4												
磨平面	粗								1.6~3.2						
	半精						0.4~1.6								
	精		0.025~0.4												
珩磨	平面		0.025~1.6												
	圆柱	0.012~0.4													
研磨	粗					0.2~1.6									
	半精		0.05~0.4												
	精	0.012~0.1													
抛光	一般				0.1~1.6										
	精	0.012~0.1													

（续）

加工方法		表面粗糙度参数 Ra/μm													
		0.012	0.025	0.05	0.1	0.2	0.4	0.8	1.6	3.2	6.3	12.5	25	50	100
液压抛光				0.05~3.2											
超精加工	平面	0.012~0.4													
	圆柱面	0.012~0.4													
化学磨								0.8~25							
电解磨		0.012~1.6													
电化花加工								0.8~25							
切削	气割										6.3~200				
	锯								1.6~100						
	车									3.2~25					
	铣											12.5~50			
	磨								1.6~6.3						
螺纹加工	丝锥板牙							0.8~6.3							
	梳铣							0.8~6.3							
	滚					0.2~0.8									
	车							0.8~12.5							
	搓丝							0.8~6.3							
	滚压						0.4~3.2								
	磨					0.2~1.6									
	研磨			0.05~1.6											
齿轮及花键加工	刨							0.8~6.3							
	滚							0.8~6.3							
	插							0.8~6.3							
	磨				0.1~0.8										
	剃					0.2~1.6									

注：1. △表示需要采用特殊措施才能达到的表面粗糙度。

　　2. 表格中的空格项表示不适用或无此项。

表 7-6　不同加工方法可能达到的表面粗糙度轮廓最大高度 Rz 值

加工方法	表面粗糙度参数 Rz/μm							
	0.2	0.8	3.2	6.3	25	50	100	250
火焰切割						50~100		
砂型铸造							100~250	
壳型铸造					25~250			
压力铸造					25~100			
锻造				6.3~100				
爆炸成形					25~500			

（续）

加工方法	表面粗糙度参数 Rz/μm							
	0.2	0.8	3.2	6.3	25	50	100	250
成形法		0.8~100						
钻孔				6.3~25				
铣削			3.2~50					
铰孔			3.2~50					
车削		0.8~250						
磨削			3.2~50					
珩磨		0.2~6.3						
研磨		0.2~6.3						
抛光	0.2~0.8							

表 7-7　不同加工方法可能达到的表面粗糙度轮廓单元平均宽度 Rsm 和相对支承长度率 Rmr(c) 值

加工方法			参数值	
			Rsm/mm	c = 20%, Rmr(c) (%)
外圆表面	车	粗	0.32~12.5	10~15
		半精	0.16~0.4	10~15
		精	0.08~0.16	10~15
		精细	0.02~0.10	10~15
	磨	粗	0.063~0.20	10
		精	0.025~0.10	10
		精细	0.008~0.025	40
	超精磨		0.006~0.020	10
	抛光		0.008~0.025	10
	研磨		0.006~0.040	10~15
	滚压		0.025~1.25	10~70
	振动滚压		0.010~1.25	10~70
	电机械加工		0.025~1.25	10~70
	磁磨粒加工		0.008~1.25	10~30
内圆表面	钻孔		0.160~0.80	10~15
	扩孔	粗	0.160~0.80	10~15
		精	0.08~0.25	10~15
	铰孔	粗	0.08~0.25	10~15
		精	0.0125~0.04	10~15
		精细	0.008~0.025	10~15
	拉孔	粗	0.08~0.16	10~15
		精	0.02~0.10	10~15

（续）

加工方法			参数值	
			Rsm/mm	$c=20\%, Rmr(c)(\%)$
内圆表面	镗孔	粗	0.25~1.0	10~15
		半精	0.125~0.32	10~15
		精	0.08~0.160	10~15
		精细	0.020~0.10	10~15
	磨孔	粗	0.063~0.25	10
		精	0.025~0.10	10
		精细	0.008~0.025	10
	珩磨	粗	0.063~0.25	10
		精	0.020~0.10	10
		精细	0.008~0.025	10
	研磨		0.005~0.04	10~15
	滚压		0.025~1.00	10~70
	振动滚压		0.010~1.25	10~70
	滚光		0.025	10
平面	端铣	粗	0.160~0.40	10~15
		精	0.080~0.20	10~15
		精细	0.025~0.10	10~15
	平铣	粗	1.25~5.0	10
		精	0.50~2.0	10
		精细	0.160~0.63	10~15
	刨	粗	0.20~1.60	10~15
		精	0.080~0.25	10~15
		精细	0.025~0.125	10~15
	端车	粗	0.20~1.25	10~15
		精	0.08~0.25	10~15
		精细	0.025~0.125	10~15
	拉	粗	0.160~2.0	10~15
		精	0.050~0.50	10
	磨	粗	0.10~0.32	10
		精	0.025~0.125	10
		精细	0.010~0.032	10~15
	刮	粗	0.20~0.25	10~15
		精	0.04~0.125	10~15
	滚柱钢球滚压		0.025~5.0	10~70
	振动滚压		0.025~12.5	10~70
	振动抛光		0.010~0.032	10
	研磨		0.008~0.040	10~15

（续）

加工方法			参数值	
			Rsm/mm	$c=20\%,Rmr(c)(\%)$
花键侧表面	花键铣	粗	1.00~5.0	10~15
		精	0.10~2.0	10~15
	花键刨		0.08~2.5	10~15
	花键拉		0.08~2.0	10~15
	花键磨	粗	0.1~0.32	10
		精	0.032~0.10	10
	插		0.08~5.0	10~15
	滚压		0.063~2.0	10~70
齿轮齿面	铣齿		1.25~5.0	10~15
	滚齿		0.32~1.60	10~15
	插齿		0.20~1.25	10~15
	拉齿		0.08~2.0	10~15
	珩齿		0.08~5.0	10~15
	剃齿		0.125~0.50	10~15
	磨齿		0.04~0.10	10
	滚压齿		0.063~2.0	10~70
	研磨		0.032~0.50	10~70
螺纹型面	车刀或梳刀车		0.08~0.25	10~15
	攻螺纹和板牙或自动板牙头切		0.063~0.20	10~15
	铣螺纹	粗	0.125~0.32	10
		精	0.032~0.125	10
	滚压		0.040~0.10	10~20

7.5 表面粗糙度的选用实例

表7-8列出了典型零件的表面粗糙度参数 Ra 值的选用实例，供参考。

表7-8 典型零件的表面粗糙度参数 Ra 值的选用实例

类型		螺纹精度等级		
		4、5	6、7	8、9
螺纹连接	紧固螺纹	1.6	3.2	3.2~6.3
	在轴上、杆上和套上螺纹	0.8~1.6	1.6	3.2
	丝杠和起重螺纹	—	0.4	0.8
	丝杠螺母和起重螺母	—	0.8	1.6

（续）

类型	精度等级								
	3	4	5	6	7	8	9	10	11
齿轮和蜗轮传动 — 直齿、斜齿、人字齿蜗轮（圆柱）齿面	0.1~0.2	0.2~0.4	0.2~0.4	0.4	0.4~0.8	1.6	3.2	6.3	6.3
锥齿轮齿面	—	—	0.2~0.4	0.4~0.8	0.4~0.8	0.8~1.6	1.6~3.2	3.2~6.3	6.3
蜗杆牙型面	0.1	0.2	0.2	0.4	0.4~0.8	0.8~1.6	1.6~3.2		—

齿轮和蜗轮传动		
齿根圆	和工作面相同或接近的更粗些的优先数	
齿顶圆	3.2~12.5	

链轮	类型	应用精度	
		普通的	提高的
	工作表面	3.2~6.3	1.6~3.2
	齿根圆	6.3	3.2
	齿顶圆	3.2~12.5	3.2~12.5

分度机构表面,如分度板、插销	定位精度/μm					
	≤4	6	10	25	63	>63
	0.1	0.2	0.4	0.8	1.6	3.2

球面支承	面轮廓度公差/μm	
	≤30	>30
	0.8	1.6

端面接触不动的支承面（法兰等）	垂直度公差/（μm/100mm）		
	≤25	60	>60
	1.6	3.2	6.3

箱体分界面（减速箱）	类型	有垫片	无垫片
	密封的	3.2~6.3	0.8~1.6
	不密封的	6.3~12.5	6.3~12.5

和其他零件接触但不是配合面	3.2~6.3

凸轮和靠模工作面	类型	线轮廓度公差/μm			
		≤6	30	50	>50
	用刀口或滑块	1.4	0.8	1.6	3.2
	用滚柱	0.8	1.6	3.2	6.3

V带轮和平胶带轮工作表面	带轮直径/mm		
	≤120	>120~315	>315
	1.6	3.2	6.3

摩擦传动中的工作表面	和尺寸大小及工作条件有关 0.2~0.8

摩擦件工作表面	摩擦片、离合器	压块式	离合器	片式
		1.6~3.2	0.8~1.6	0.1~0.8
	制动鼓轮	鼓轮直径/mm		
		≤500	>500	
		0.8~1.6	1.6~6.3	

（续）

圆锥连接工作面			密封连接		对中连接		其他	
			0.1~0.4		0.4~1.6		1.6~6.3	

	类型		键	轴上键槽	毂上键槽
键连接	不动连接	工作面	3.2	1.6~3.2	1.6~3.2
		非工作面	6.3~12.5	6.3~12.5	6.3~12.5
	用导向键	工作面	1.6~3.2	1.6~3.2	1.6~3.2
		非工作面	0.8~1.6	6.3~12.5	6.3~12.5

	类型	孔槽	轴齿	定心面		非定心面	
				孔	轴	孔	轴
渐开线花键连接	不动连接	1.6~3.2	1.6~3.2	0.8~1.6	0.4~0.8	3.2~6.3	1.6~6.3
	动连接	0.8~1.6	0.4~0.8	0.8~1.6	0.4~0.8	3.2	1.6~6.3

	公差等级	表面	公称尺寸/mm	
			≤50	>50~500
配合表面	5	轴	0.2	0.4
		孔	0.4	0.8
	6	轴	0.4	0.8
		孔	0.4~0.8	0.8~1.6
	7	轴	0.4~0.8	0.8~1.6
		孔	0.8	1.6
	8	轴	0.8	1.6
		孔	0.8~1.6	1.6~3.2

		公差等级	表面	公称尺寸/mm		
				≤50	>50~120	>120~500
过盈配合	压入装配	5	轴	0.1~0.2	0.4	0.4
			孔	0.2~0.4	0.8	0.8
		6~7	轴	0.4	0.8	1.6
			孔	0.8	1.6	1.6
		8	轴	0.8	0.8~1.6	1.6~3.2
			孔	1.6	1.6~3.2	1.6~3.2
	热装	—	轴	1.6		
			孔	1.6~3.2		

	表面	分组公差/μm				
		≤2.5	2.5	5	10	20
分组装配的零件表面	轴	0.05	0.1	0.2	0.4	0.8
	孔	0.1	0.2	0.4	0.8	1.6

	表面	径向圆跳动公差/μm					
		2.5	4	6	10	16	25
高定心精度的配合表面	轴	0.05	0.1	0.1	0.2	0.4	0.8
	孔	0.1	0.2	0.2	0.4	0.8	1.6

（续）

滑动轴承表面	表面	公差等级		流体润滑
		IT6～IT9	IT10～IT12	
	轴	0.4～0.8	0.8～3.2	0.1～0.4
	孔	0.8～1.6	1.6～3.2	0.2～0.8

液压系统的液压缸活塞等表面	表面	高压		普通压力	低压
		直径≤10mm	直径>10mm		
	轴	0.025	0.05	0.1	0.2
	孔	0.05	0.1	0.2	0.4

密封材料处的孔轴表面	密封材料	速度/(m/s)		
		≤3	5	>5
	橡胶	0.8～1.6 抛光	0.4～0.8 抛光	0.2～0.4 抛光
	毛毡	0.8～1.6 抛光		—
	迷宫式的	3.2～6.3		—
	涂油槽的	3.2～6.3		—

导轨面	性质	速度/(m/s)	平面度公差/(μm/100mm)				
			≤6	10	20	60	>60
	滑动	≤0.5	0.2	0.4	0.8	1.6	3.2
		>0.5	0.1	0.2	0.4	0.8	1.6
	滚动	≤0.5	0.1	0.2	0.4	0.8	1.6
		>0.5	0.05	0.1	0.2	0.4	0.8

端面支承表面、端面轴承等	速度/(m/s)	轴向圆跳动公差/μm			
		≤6	16	25	>15
	≤0.5	0.1	0.4	0.8～1.6	3.2
	>0.5	0.1	0.2	0.8	1.6

齿轮、链轮和蜗轮的非工作端面	3.2～12.5	影响零件平衡的表面	直径/mm	≤180	1.6～3.2
孔和轴的非工作表面	6.3～12.5			>180～500	6.3
倒角、倒圆角、退刀槽等	3.2～12.5			>500	12.5～25
螺栓、螺钉等用的通孔	25	光学读数的精密刻度尺			0.025～0.05
精制螺栓和螺母	3.2～12.5	普通精度刻度尺			0.8～1.6
半精制螺栓和螺母	25	刻度盘			0.8
螺钉头表面	3.2～12.5	操纵机构表面（如手轮、手柄）指示表面、其他需光整表面			0.4～1.6 抛光
压簧支承表面	12.5～25				
准备焊接的倒棱	50～100	离合器、支架、轮辐等和其他件不接触的表面			6.3～12.5
对疲劳强度有影响的非连接面	0.2～0.4 抛光				

注：本表参数值 Ra 的单位为 μm。

参 考 文 献

[1] 张琳娜，赵凤霞，郑鹏. 机械精度设计与检测标准应用手册 [M]. 北京：化学工业出版社，2015.

[2] 张琳娜，赵凤霞，李晓沛. 简明公差标准应用手册 [M]. 2版. 上海：上海科学技术出版社，2010.

[3] 全国产品尺寸和几何技术规范标准化技术委员会. 产品几何技术规范（GPS） 技术产品文件中表面结构的表示法：GB/T 131—2006 [S]. 北京：中国标准出版社，2006.

[4] 全国产品尺寸和几何技术规范标准化技术委员会. 产品几何技术规范（GPS） 表面结构 轮廓法 术语、定义及表面结构参数：GB/T 3505—2009 [S]. 北京：中国标准出版社，2009.

[5] 全国产品尺寸和几何技术规范标准化技术委员会. 产品几何技术规范（GPS） 表面结构 轮廓法 表面粗糙度参数及其数值：GB/T 1031—2009 [S]. 北京：中国标准出版社，2009.

[6] 全国产品尺寸和几何技术规范标准化技术委员会. 产品几何技术规范（GPS） 表面结构 轮廓法 图形参数：GB/T 18618—2009 [S]. 北京：中国标准出版社，2009.

[7] 全国产品尺寸和几何技术规范标准化技术委员会. 产品几何技术规范（GPS） 表面结构 轮廓法 表面波纹度 词汇：GB/T 16747—2009 [S]. 北京：中国标准出版社，2009.

[8] 全国产品尺寸和几何技术规范标准化技术委员会. 产品几何量技术规范（GPS） 表面结构 轮廓法 木制件表面粗糙度参数及其数值：GB/T 12472—2003 [S]. 北京：中国标准出版社，2003.

[9] 全国产品尺寸和几何技术规范标准化技术委员会. 产品几何技术规范（GPS） 表面结构 轮廓法 木制件表面粗糙度比较样块：GB/T 14495—2009 [S]. 北京：中国标准出版社，2009.

[10] 全国产品尺寸和几何技术规范标准化技术委员会. 产品几何量技术规范（GPS） 表面缺陷 术语、定义及参数：GB/T 15757—2002 [S]. 北京：中国标准出版社，2002.

[11] 全国产品尺寸和几何技术规范标准化技术委员会. 产品几何量技术规范（GPS） 表面结构 轮廓法 表面粗糙度 术语 参数测量：GB/T 7220—2004 [S]. 北京：中国标准出版社，2004.

[12] 全国产品尺寸和几何技术规范标准化技术委员会. 产品几何量技术规范（GPS） 表面结构 轮廓法 具有复合加工特征的表面：第1部分 滤波和一般测量条件：GB/T 18778.1—2002 [S]. 北京：中国标准出版社，2002.

[13] 全国产品尺寸和几何技术规范标准化技术委员会. 产品几何量技术规范（GPS） 表面结构 轮廓法 具有复合加工特征的表面：第2部分 用线性化的支承率曲线表征高度特性：GB/T 18778.2—2003 [S]. 北京：中国标准出版社，2003.

[14] 全国产品尺寸和几何技术规范标准化技术委员会. 产品几何技术规范（GPS） 表面结构 轮廓法 具有复合加工特征的表面：第3部分 用概率支承率曲线表征高度特性：GB/T 18778.3—2006 [S]. 北京：中国标准出版社，2006.

[15] 全国产品尺寸和几何技术规范标准化技术委员会. 产品几何技术规范（GPS） 表面结构 轮廓法 评定表面结构的规则和方法：GB/T 10610—2009 [S]. 北京：中国标准出版社，2009.

[16] 全国产品尺寸和几何技术规范标准化技术委员会. 产品几何量技术规范（GPS） 表面结构 轮廓法 测量标准：第1部分 实物测量标准：GB/T 19067.1—2003 [S]. 北京：中国标准出版社，2003.

[17] 全国产品尺寸和几何技术规范标准化技术委员会. 产品几何量技术规范（GPS） 表面结构 轮廓法 测量标准：第2部分 软件测量标准：GB/T 19067.2—2004 [S]. 北京：中国标准出版社，2004.

[18] 全国产品尺寸和几何技术规范标准化技术委员会. 产品几何技术规范（GPS） 表面结构 轮廓法 相位修正滤波器的计量特性：GB/T 18777—2009 [S]. 北京：中国标准出版社，2009.

[19] 全国产品尺寸和几何技术规范标准化技术委员会. 产品几何技术规范（GPS） 表面结构 轮廓法 接触（触针）式仪器的标称特性：GB/T 6062—2009 [S]. 北京：中国标准出版社，2009.

[20] 全国产品尺寸和几何技术规范标准化技术委员会. 产品几何量技术规范（GPS） 表面结构 轮廓法 接触（触针）式仪器的校准：GB/T 19600—2004 [S]. 北京：中国标准出版社，2004.

[21] 全国铸造标准化技术委员会. 表面粗糙度比较样块：第1部分 铸造表面：GB/T 6060.1—2018 [S]. 北京：中国标准出版社，2018.

[22] 全国量具量仪标准化技术委员会. 表面粗糙度比较样块：第2部分 磨、车、镗、铣、插及刨加工表面：GB/T

6060.2—2006 [S]. 北京：中国标准出版社，2006.

[23] 全国量具量仪标准化技术委员会. 表面粗糙度比较样块 第3部分 电火花、抛（喷）丸、喷砂、研磨、锉、抛光加工表面：GB/T 6060.3—2008 [S]. 北京：中国标准出版社，2004.

[24] 全国有色金属标准化技术委员会. 粉末冶金制品 表面粗糙度 参数及其数值：GB/T 12767—1991 [S]. 北京：中国标准出版社，1991.

[25] 信息产业部（电子）. 电子陶瓷件表面粗糙度：GB/T 13841—1992 [S]. 北京：中国标准出版社，1992.

[26] 全国塑料标准化技术委员会. 塑料件表面粗糙度：GB/T 14234—1993 [S]. 北京：中国标准出版社，1993.

[27] 全国产品几何技术规范标准化技术委员会. 产品几何技术规范（GPS） 表面结构 区域法：第1部分 表面结构的表示法：GB/T 33523.1—2020 [S]. 北京：中国标准出版社，2020.

[28] 全国产品几何技术规范标准化技术委员会. 产品几何技术规范（GPS） 表面结构 区域法 第2部分 术语、定义及表面结构参数：GB/T 33523.2—2017 [S]. 北京：中国标准出版社，2017.

[29] 全国产品几何技术规范标准化技术委员会. 产品几何技术规范（GPS） 表面结构 区域法 第3部分 规范操作集：GB/T 33523.3—2022 [S]. 北京：中国标准出版社，2004.

[30] 全国产品几何技术规范标准化技术委员会. 产品几何技术规范（GPS） 表面结构 区域法 第6部分 表面结构测量方法的分类：GB/T 33523.6—2017 [S]. 北京：中国标准出版社，2017.

[31] 全国产品几何技术规范标准化技术委员会. 产品几何技术规范（GPS） 表面结构 区域法 第601部分 接触（触针）式仪器的标称特性：GB/T 33523.601—2017 [S]. 北京：中国标准出版社，2017.

[32] 全国产品几何技术规范标准化技术委员会. 产品几何技术规范（GPS） 表面结构 区域法 第701部分 接触（触针）式仪器的校准与测量标准：GB/T 33523.701—2017 [S]. 北京：中国标准出版社，2017.

[33] 全国产品几何技术规范标准化技术委员会. 产品几何技术规范（GPS） 表面结构 区域法 第70部分 实物测量标准：GB/T 33523.70—2020 [S]. 北京：中国标准出版社，2020.

[34] 全国产品几何技术规范标准化技术委员会. 产品几何技术规范（GPS） 表面结构 区域法 第71部分 软件测量标准：GB/T 33523.71—2020 [S]. 北京：中国标准出版社，2020.

[35] 全国产品几何技术规范标准化技术委员会. 产品几何技术规范（GPS） 滤波 第1部分 概述和基本概念：GB/Z 26958.1—2011 [S]. 北京：中国标准出版社，2011.

[36] 全国产品几何技术规范标准化技术委员会. 产品几何技术规范（GPS） 滤波 线性轮廓滤波器 第20部分 基本概念：GB/Z 26958.20—2011 [S]. 北京：中国标准出版社，2011.

[37] 全国产品几何技术规范标准化技术委员会. 产品几何技术规范（GPS） 滤波 线性轮廓滤波器 第21部分 高斯滤波器：GB/T 26958.21—2011 [S]. 北京：中国标准出版社，2011.

[38] 全国产品几何技术规范标准化技术委员会. 产品几何技术规范（GPS） 滤波 线性轮廓滤波器 第22部分 样条滤波器：GB/Z 26958.22—2011 [S]. 北京：中国标准出版社，2004.

[39] 全国产品几何技术规范标准化技术委员会. 产品几何技术规范（GPS） 滤波 线性轮廓滤波器 第28部分 端部效应：GB/T 26958.28—2020 [S]. 北京：中国标准出版社，2004.

[40] 全国产品几何技术规范标准化技术委员会. 产品几何技术规范（GPS） 滤波 线性轮廓滤波器 第29部分 样条小波滤波器：GB/Z 26958.29—2011 [S]. 北京：中国标准出版社，2011.

[41] 全国产品几何技术规范标准化技术委员会. 产品几何技术规范（GPS） 滤波 稳健轮廓滤波器 第30部分 基本概念：GB/Z 26958.30—2017 [S]. 北京：中国标准出版社，2017.

[42] 全国产品几何技术规范标准化技术委员会. 产品几何技术规范（GPS） 滤波 稳健轮廓滤波器 第31部分 高斯回归滤波器：GB/Z 26958.31—2011 [S]. 北京：中国标准出版社，2011.

[43] 全国产品几何技术规范标准化技术委员会. 产品几何技术规范（GPS） 滤波 稳健轮廓滤波器 第32部分 样条滤波器：GB/Z 26958.32—2011 [S]. 北京：中国标准出版社，2011.

[44] 全国产品几何技术规范标准化技术委员会. 产品几何技术规范（GPS） 滤波 形态学滤波器 第40部分 基本概念：GB/Z 26958.40—2011 [S]. 北京：中国标准出版社，2011.

[45] 全国产品几何技术规范标准化技术委员会. 产品几何技术规范（GPS） 滤波 形态学滤波器 第41部分 圆盘和水平线段：GB/Z 26958.41—2011 [S]. 北京：中国标准出版社，2011.

[46] 全国产品几何技术规范标准化技术委员会. 产品几何技术规范（GPS） 滤波 第49部分 形态学滤波器 尺度

空间技术：GB/Z 26958.49—2011 [S]. 北京：中国标准出版社，2011.

[47] 全国产品几何技术规范标准化技术委员会. 产品几何技术规范（GPS）　滤波　第60部分　线性区域滤波器　基本概念：GB/T 26958.60—2023 [S]. 北京：中国标准出版社，2023.

[48] 全国产品几何技术规范标准化技术委员会. 产品几何技术规范（GPS）　滤波　第61部分　线性区域滤波器　高斯滤波器：GB/T 26958.61—2023 [S]. 北京：中国标准出版社，2023.

[49] 全国产品几何技术规范标准化技术委员会. 产品几何技术规范（GPS）　滤波　第71部分　稳健区域滤波器　高斯回归滤波器：GB/T 26958.71—2022 [S]. 北京：中国标准出版社，2022.

[50] 全国产品几何技术规范标准化技术委员会. 产品几何技术规范（GPS）　滤波　第85部分　形态学区域滤波器　分割：GB/T 26958.85—2022 [S]. 北京：中国标准出版社，2022.

[51] 全国产品几何技术规范标准化技术委员会. 产品几何技术规范（GPS）　表面结构　区域法　第602部分　非接触（共聚焦色差探针）式仪器的标称特性：GB/T 33523.602—2022 [S]. 北京：中国标准出版社，2022.

[52] 全国产品几何技术规范标准化技术委员会. 产品几何技术规范（GPS）　表面结构　区域法　第603部分　非接触（相移干涉显微）式仪器的标称特性：GB/T 33523.603—2022 [S]. 北京：中国标准出版社，2022.

[53] 全国产品几何技术规范标准化技术委员会. 产品几何技术规范（GPS）　表面结构　区域法　第604部分　非接触（相干扫描干涉）式仪器的标称特性：GB/T 33523.604—2022 [S]. 北京：中国标准出版社，2022.

[54] 全国产品几何技术规范标准化技术委员会. 产品几何技术规范（GPS）　表面结构　区域法　第605部分　非接触（点自动对焦探针）式仪器的标称特性：GB/T 33523.605—2022 [S]. 北京：中国标准出版社，2022.

[55] 全国产品几何技术规范标准化技术委员会. 产品几何技术规范（GPS）　表面结构　区域法　第606部分　非接触（变焦）式仪器的标称特性：GB/T 33523.606—2022 [S]. 北京：中国标准出版社，2022.